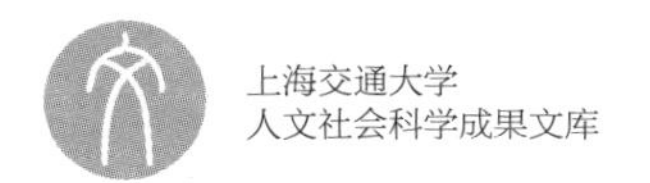

科技成就中国

编者 黄庆桥 田 锋 杨 凯
侯 琨 李芳薇 张家明

内容提要

本书以新中国成立以来若干重大科技成就、事件或人物为主题，通过具体的案例，生动反映70年来我国科技事业的发展历程、主要成就、关键节点和历史意义，力图总结历史经验，启发当下发展。

图书在版编目（CIP）数据

科技成就中国 / 黄庆桥主编. — 上海: 上海交通大学出版社,2020（2021重印）
ISBN 978-7-313-22611-2

Ⅰ.①科… Ⅱ.①黄… Ⅲ.①科学技术–技术发展–成就–中国 Ⅳ.①N12

中国版本图书馆CIP数据核字（2019）第296585号

科技成就中国
KEJI CHENGJIU ZHONGGUO

主　　编: 黄庆桥
出版发行: 上海交通大学出版社
地　　址: 上海市番禺路951号
邮政编码: 200030
电　　话: 021-64071208
印　　制: 上海盛通时代印刷有限公司
经　　销: 全国新华书店
开　　本: 880 mm × 1230 mm　1/32
印　　张: 11.375
字　　数: 253千字
版　　次: 2020年2月第1版
印　　次: 2021年8月第5次印刷
书　　号: ISBN 978-7-313-22611-2
定　　价: 68.00元

序

习近平总书记指出："中国要强盛、要复兴，就一定要大力发展科学技术，努力成为世界主要科学中心和创新高地。"新中国成立以来，我国科技发展取得了巨大的成就，有力地保障了国家安全，有力地促进了经济社会发展，有力地提升了人民生活水平，这既是中国老百姓能够切身感受到的，也是国际社会普遍赞许的。这是一个基本的结论。可以说，"科技成就中国"是新中国成立 70 年来壮丽辉煌发展历程的真实写照。

本书以新中国成立以来若干重大科技成就、事件或人物为主题，以具体案例的方式，生动地反映了 70 年来我国科技事业的发展历程、主要成就、关键节点和历史意义，力图总结中国科技发展的历史经验和当下启示。

科技成就中国的历史转型

回顾 70 年的发展历程，我们可以发现，中国科技事业发展有三大转变，即从国防驱动向经济驱动的转变、从学习苏联向学习欧美日的转变、从跟踪模仿向自主创新的转变。

第一，从国防驱动向经济驱动的转变。

科技发展的国防驱动与经济驱动，既有联系又有区别。在时间上，改革开放前主要是国防驱动，改革开放后主要是经济驱动；在目标上，国防驱动是要解决生存问题，经济驱动是要解决发展问题。特别需要指出的是，国防驱动与经济驱动并不是对立矛盾的，而是相互促进的。

所谓国防驱动，就是说改革开放以前，中国科技发展主要是服务于国防建设，并因国防建设的需要促进了相关科学技术领域的快速发展。这种科技发展主要由国防驱动，是有着深刻的时代背景的。当时，东西方两大阵营对峙，冷战思维主导世界格局发展，我国面临着严重的核威胁和核讹诈。在这种时代背景下，新中国只有先解决生存问题，然后才能谈得上发展。因此，发展国防科技，确保主权独立自主，便成为首要战略目标。科技发展国防驱动的经典案例，就是集中全国的力量研制“两弹一星”。邓小平同志曾对此有过深刻的评价，他说：“如果 60 年代以来中国没有原子弹、氢弹，没有发射卫星，中国就不能叫有重要影响的大国，就没有现在这样的国际地位，这些方面反映一个民族的能力，也是一个民族、一个国家兴旺发达的标志。”

所谓经济驱动，就是说改革开放之后，中国科技发展主要是面向经济社会发展主战场，为经济社会发展服务，并在此过程中促进科学技术的快速发展。特别是“科学技术是第一生产力”革命性重大论断的实践与落地，彻底打破了对科技事业和科技人员的各种束缚，从而逐步确立起新的关于科技发展的世界观和方法论。从 20 世纪 80 年代的“科学技术必须面向经济建设，经济建设必须依靠科学技术”的“面向、依靠”方针，到后来的科教兴国战略，再到今天的科技强国战略等，还有不同时期的各类型科技发展战略和中长期规划，都把科技创新发展与经济社会发展紧密结合起来统筹考虑。可以说，经济发展与科技创新双向驱动已成为当今中国发展进步的重要标志。

第二，从学习苏联向学习欧美日的转变。

自从 1840 年以来，“师夷长技以制夷”救亡图强的危机意识已经成为新的传统，由此向“夷”之先进学习，便成为近代以来中国文化的主流之一。善于学习，也是中华民族的一种优秀传统。最开始，我们的学习停留在器物层面，比如老一辈人熟知的“洋枪”“洋炮”“洋火”等带有鲜明舶来品烙印的东西，就是我们的先人在器物层面向外国学习的结果。从 19 世纪末开始，有识之士开始认识到，仅仅在器物层面向外国学习，并不能从根本上改变中国的面貌，于是向外国学习从器物层面逐渐拓展、深入到思想、文化、制度层面，我们不仅要学习引进“洋枪”“洋炮”，更要学习深层次的科学和民主、先进的制度和管理等。学习的对象也逐步扩大和转移，苏联、欧洲、美国、日本都先后是我们的学习对象。

新中国成立后，两大阵营对峙，新中国别无选择，只能“一边倒”，向苏联学习。因此可以说，那时候我们学习苏联，是国际大环境决定的。向苏联学习是全方位的，也因此有了所谓的“苏联模式”。就学习苏联科学技术而言，首先是引进苏联的先进技术。苏联援建中国的 156 项大型工程是比较有名的，这对于新中国打下重工业基础发挥了十分重要的作用；其次就是军事技术援助，这也是新中国国防科技快速发展的重要原因；最后是移植苏联发展科学技术的经验和做法，包括科学教育制度、学部委员制度等。正因为新中国真心诚意地学习苏联，后来留下了“苏联模式”的烙印和弊端，成为新时期改革的突破口。

改革开放后，中国主要向欧美和日本学习。这种学习一直延续至今。一方面，国家层面大力引进先进高科技，包括基础科学和应用高技术；另一方面，以市场换技术，将引进外资与引进先进设备同步，在经济发展实践中不断提高技术水平。同时，不断扩大对外开放，加强对外科技文化交流，将“请进来”与“走出去”结合起来，在国际合作交往中不断提升我国的科技水平。可以说，加强国际科技交流与合作，过去是、现在是、将来也一定是提高我国科技发展水平的重要途径。正如习近平总书记所言，“中国对外开放的大门不会关闭，只会越开越大”。中国的科技发展，既在对外开放的过程中吸取养分，同时也会为人类社会的发展和福祉做出积极的贡献。

第三，从跟踪模仿向自主创新的转变。

改革开放以来，我国科技发展之路，如果说前半程主要是以跟踪模仿为主的话，那么后半程则是跟踪模仿与自主创新并重的阶段，而时代发展到今天，我们更加强调自主创新的意义和重要性。

对于后发国家而言，跟踪模仿是必由之路，这是善于学习的表现。中国科技跟踪模仿战略的典型代表，莫过于“863 计划”和“973 计划”，这两个计划的出台，就是定位于跟踪世界科技发展的前沿和趋势，前者聚焦于高技术领域，后者则聚焦于基础科学领域。这两个计划的成功实施，对于我国科技发展整体水平的提升，起到了不可替代的作用，功不可没。没有良好的制度保障和文化环境，科学技术就难以健康、快速地发展。正是看到了这一点，我国在大力跟踪、引进“硬”科技的同时，也十分注重学习、模仿“软”的方面，比如科学技术的组织方式、科学教育的制度与内容、科学评价体系的建设等。尽管跟踪、模仿的过程并不顺利，甚至在某些方面还存在不少问题，但总的来说，我国科技发展坚持“硬”“软”两手一起抓，坚持两条腿走路，这是中国科技发展取得巨大成就的重要原因。

自主创新则是跟踪模仿到一定时候的必然选择。中国科技发展不可能永远跟在别人后面跑，中国是一个有着悠久文明历史的大国，曾经为人类文明发展做出过巨大贡献。展望未来，中国理应为人类文明进步做出新贡献，因此，没有自主创新是不行的。其实，自主创新也是中国进一步发展的客观急需。当今世界，世界各国都高度重视科技的发展，尽管在基础科学领域国际合作频繁，但在高技术领域，各国都将其视为国之重器，进而严禁出口。新时代的中国，常规技术我们该掌握的，基本上都掌握了；而关键核心科技，是买不来、讨不来、换不来的，正如习近平总书记所说的那样，国之重器，一定要掌握在我们自己手里。这既是历史发展给我们的深刻教训，也是冷峻现实给我们提出的一道高难度“考题”。从这个意义上讲，自主创新的广度、深度和力度，将直接决定着未来中国的发展。

科技成就中国的基本经验

中国科技发展取得巨大成就得益于三大经验，即举国体制、规划科学和科教并举。

经验之一：举国体制。

举国体制是指以国家利益为最高目标，动员和调配全国有关力量，包括精神意志和物质资源，攻克某项世界尖端领域或国家级特别重大项目的工作体系和运行机制。在一定意义上，举国体制是中国共产党“集中优势兵力，各个歼灭敌人”思想的延续。实践证明，举国体制对于中国科技事业的发展起到了十分重要的推动作用。世界尖端领域或国家级特别重大项目，一般都是涉及面广、要求高、难度大的系统工程。

举国体制发展科技的经典案例是“两弹一星”的研制。1962年，在原子弹研制的关键时期，中央专委一次例行会议上布置的任务，就很好地说明举国体制的特点：“放射化学工厂，需要钢材5万吨，不锈钢材1万吨，由冶金部解决；生产二氧化铀的特种树脂，由天津、上海负责生产；二机部所需要的非标准设备82 000台件，由一机部、三机部负责；新技术材料240项，其中冶金部200项，化工部8项，建工部19项，轻工部11项；部队支援问题，公路、铁路、热力管线、输水管线、输电线路等交给军队，装备器材自带，由贺龙、瑞卿同志负责；电力方面，扩建火力发电站、水电站，由煤炭部、水电部分别解决……”

我们必须深刻认识到，70年来，中国取得的巨大科技成就，在根本上得益于我们的制度优势。现在很多大家耳熟能详的重大科技成就，都是通过立项重大科技工程的方式取得的。这些重大科技工程，有的我们已经取得很大成就，比如“两弹一星”、核潜艇、载人航天、高铁、“北斗”导航系统等；有的我们正在奋力研制，比如大飞机、芯片、航空母舰等。这些重大科技都关系国家安全，关系国计民生，关系未来发展，是国家实力的重要标志，是中国崛起并参与国际竞争的必要条件。应当说，集中人力物力财力，实施重点突破，是中国科技事业70年来取得历史性成就的基本经验之一，也是社会主义制度集中力量办大事优势的体现。在新时代，整合制度优势，释放体制活力，将是中国科技再铸辉煌的根本保障。

经验之二：规划科学。

近代科学的发展及其应用，给人类带来了福祉，让人类看到了科学的巨大力量，国家开始介入科学的发展之中。尽管每个具体的科学发现和突破无法预测，但增加对科学的投入，有效组织对科学问题的攻关，给予科学家以更多的鼓励，总是能够加大科学突破发生的概率。于是，将科学纳入国家战略，实施科学规划，激励科学发展，几乎成为20世纪以来所有有所作为的国家和政府的不二选择。

新中国规划科学的经典案例肇始于《十二年科学规划》的制定。1956年1月14～20日，中共中央在北京召开知识分子问题会议。周恩来代表中共中央在会上做了“关于知识分子问题的报告”，提出“向科学进军”的号召，要求组织力量，制定出《一九五六年至一九六七年科学技术发展远景规划》（简称《十二年科学规划》）。历史实践证明，《十二年科学规划》取得了极大的成功，并影响深远，直接奠定了中国科技事业发展的基本模式——领导体制、管理制度、运行机制等。

改革开放以来，在党中央的领导下，各级政府积极谋划发展科学，制定规划，对促进我国科技事业的发展起到了巨大的保障和推动作用。比如，2003年前后，中央启动了《国家中长期科学和技术发展规划纲要（2006—2020）》的编制工作，来自社会各界的2 000多名专家学者组成了20个战略研究专题研究小组，600家企业参加了规划工作，先后到124个地方和部门征求意见，最终提出了2006年到2020年中国科学技术发展的指导思想和方针、战略目标、重点部署和相关配套保障措施，并于2006年由国务院发布，自主创新和建设创新型国家成为国家战略。

经验之三：科教并举。

发展科技离不开大批高素质人才，而人才培养离不开教育。科教并举并重是中国发展道路的重要经验。新中国成立70年来，特别是改革开放40多年来，我国教育事业取得了巨大成就，有力地支撑了科技事业的快速发展。正如杨振宁先生于2004年12月21日在《光明日报》上发表的《中国文化与近代科学》一文中所谈到的那样，从大学对国家建设的贡献角度来看，几十年来中国的大学培养了几代毕业生，他们对国家的贡献是巨大的，是无法用金钱来衡量的。没有这些人的贡献，中国就不可能取得今天的成就。中国大学生的平均水平并不低，而且中国最急需的就是大多数学生能够达到较好水平从而成才，为社会做出贡献。从中美两国教育的比较来看，各有优劣，不能一概否定中国而盲目迷信美国。

应当说，杨振宁的观点并非主观臆断，亦非赞美之词，所论比较持中。其实，持类似观点的，在海外知名学者中，并非杨振宁一人。比如，长期担任清华大学经济与管理学院院长的钱颖一教授也发表了类似观点。2014年12月14日，在“中国教育三十人论坛”首届年会上，钱颖一发表了题为“中国教育问题中的‘均值’与‘方差’”的著名演讲。在谈到中国教育的成绩时钱颖一说，中国过去35年经济高速增长，如果教育完全失败，这是不可能的。不过，肯定成绩是容易的，但是肯定到点子上并不容易。第一个观察是，中国教育在大规模的基础知识和技能传授上很有效，使得中国学生在这方面的平均水平比较高。用统计学的语言，叫作“均值”（mean）较高，意思是“平均水平”较高，是就同一年龄段、同一学习阶段横向比较而言的，包括小学、中学和大学。这是中国教育的重要优势，是其他发展中国家，甚至一些发达国家都望尘莫及的。

那么，如何看待中国科技和教育在快速发展中面临的问题呢？杨振宁先生的另一段话非常有启发意义，他说：“中国要想在三五十年内创造一个西方人四五百年才创造出来的社会，时间要缩短十倍，是不可能不出现问题的。所以客观来说，中国现在的成就已经是很了不起了。”

科技成就中国的现实启示

70 年来的科技发展成就启示我们，没有改革就没有科技发展与进步。科学技术的健康快速发展涉及方方面面，体制机制、政策法规、社会环境、文化教育等都会对科技的发展产生影响。实践证明，通过改革，破除阻碍科技发展的体制机制障碍和软硬约束，建立健全为科技发展保驾护航的制度与软环境，是解放科技生产力的根本途径。在 2018 年 5 月的两院院士大会上，习近平总书记的一句话赢得了大家热烈的掌声：“不能让繁文缛节把科学家的手脚捆死了，不能让无穷的报表和审批把科学家的精力耽误了。”时代在发展，情况在变化，以前行之有效的改革措施，也可能面临着更新换代、调整完善的新任务，更何况很多体制机制弊端和利益藩篱正阻碍着科技创新发展，亟待改革破除。因此，在新时代背景下，既需要将改革进行到底的勇气，也需要将改革更好深入下去的智慧。

70 年来的科技发展成就也启示我们，没有开放就没有科技发展与进步。对于中国这样一个后发国家来说，主动学习先进科技、千方百计引进先进科技、以市场换技术、实行“拿来主义”等，都是实现自身科技发展与水平提升的必经阶段和必要环节。中国科技发展得益于开放，得益于世界科技革命，中国的发展进步也有力地推动了世界和平与发展事业。身处科技革命的大潮中，任何创新绝不可能闭门造车，而是要聚四海之气、借八方之力。在新时代背景下，继续扩大开放，加强国际科技交流与合作，过去是、现在是、未来仍然是中国科技发展实现飞跃的重要途径。

70 年来的科技发展成就还启示我们，发展科技，必须坚持自力更生、自主创新。成功的实践已经证明，坚持自主创新，根据国情和实际需要研发关键核心技术和产品，是中国实现科学技术突破的关键。事实告诉我们，关键核心科技是买不到的！只有坚持自力更生、自主创新，才能掌握自己的命运。对此，习近平总书记在 2018 年的两院院士大会上再次强调了自主创新的重要性，掷地有声地指出，“要以关键共性技术、前沿引领技术、现代工程技术、颠覆性技术创新为突破口，敢于走前人没走过的路，努力实现关键核心技术自主可控，把创新主动权、发展主动权牢牢掌握在自己手中”。如今，中国科技的基础与实力已今非昔比，正如习近平总书记所说，“一些前沿方向开始进入并行、领跑阶段，科技实力正处于从量的积累向质的飞跃、点的突破向系统能力提升的重要时期”。我们有充分的理由更加自信，更加自立，在继续“跟跑”的既有历史进程中，勇敢地实现“并行”“领跑”的新跨越。

科技成就中国，这既是历史，也是现实，更是未来。在新时代，改革开放再出发，科技创新争先锋。习近平总书记强调，“我国科技事业发展的目标是，到2020年时使我国进入创新型国家行列，到2030年时使我国进入创新型国家前列，到新中国成立100年时使我国成为世界科技强国”。这是新时代科技强国战略的伟大宣言，也是对科技成就中国的生动诠释。

展望中国科技事业发展的未来，我们要充满信心，既不能妄自菲薄，也不能妄自尊大；既不能无视成绩，也不能回避问题；既不能自我矮化，也不能自欺欺人。第一，我们要坚守制度自信，不断完善党对科技事业的领导，守正出新，充分发挥集中力量办大事这一社会主义制度的优势，不断完善体制机制，让科技创新活力充分释放。第二，我们要坚定中国道路，咬定青山不放松，顶天立地搞科研；博采众长为我所用，海纳百川不封闭僵化，走出一条中国特色科技发展自主创新之路。第三，我们要坚信科技强国的伟大目标，让科技强国的理念更加深入人心，让科技强国的制度安排更加科学有力，让科技强国的伟大力量更加充分展现，最终让科技强国的宏伟蓝图早日实现。

本书由黄庆桥（上海交通大学）、田锋（东华大学）、杨凯（南京信息工程大学）、侯琨（上海交通大学）、李芳薇（北京大学）、张家明（上海交通大学）合作完成，每人独立承担不同的专题任务。新中国成立70年来的科技成就博大精深、领域广泛，我们不可能面面俱到、一一细数，只能在我们了解的范围内选取一些有代表性的成果加以阐述，以达举一反三、触类旁通之期望。囿于我们的学识和能力，对每个主题的阐述和表达难免会有缺漏甚至谬误之处。我们在写作过程中参考了很多专业文献和资料，考虑到本书的通俗性和大众阅读习惯，故而将参考文献统一置于书后，在此表达我们诚挚的谢意。

黄庆桥

2019 年 12 月 30 日

于上海交通大学科学史与科学文化研究院

目　录

自力更生：国家安全需要驱动科技自立

独立自主：中国科学家的创造性贡献

科教兴国：科技面向经济建设主战场

自主创新：抢占世界科技前沿阵地

创新驱动：新时代科技强国战略实践

自力更生：

国家安全需要驱动科技自立

直面危机：新中国下决心研制“两弹一星”

“两弹一星”工程是新中国历史上的经典之作，对于中华民族的独立、自强与崛起，具有伟大的奠基性意义。从1955年1月正式启动“两弹”之一的原子弹工程，到1970年4月人造地球卫星发射成功，在历时15年的时间里，中国接连创造了令世界惊叹不已的伟大奇迹。回顾这段历史，我们发现，“两弹一星”工程的启动及成功，有着深刻的时代背景，是国际、国内多种因素和历史机缘共同作用的结果。

抗美援朝战争的启示

中国人民解放军用“小米加步枪”赶跑了日本侵略者，打败了国民党用美式武器装备的几百万军队，曾经被视为一种骄傲。然而，抗美援朝战争却改变了新中国领导层对这种骄傲的看法。尽管我们取得了这场战争的胜利，但这一胜利来之不易，中国人民志愿军伤亡惨重，付出了巨大的代价。

在有关朝鲜战争的研究中，对中国人民志愿军在战争中牺牲和负伤者的数据，有不同的说法。但最保守的数据，志愿军的伤亡总数不少于 36 万人，其中有 19 万人长眠异国他乡。

据美国方面近年的数据统计，在整个战争中，所谓的“联合国”军也损失数十万人，其中美国军队共计阵亡 33 629 人，其他原因死亡 20 600 余人，负伤 103 248 人，另外尚有 8 142 人失踪。

在战争的人员消耗上，中美之间为什么会有这么大的差别呢？其中一个非常重要的原因就是双方的武器不在一个水平上。

《半岛都市报》曾刊登过一篇名为《朝鲜战争中美装备对比》的文章，从这篇文章中我们可以看出中美双方在武器装备上的差距。在美国第 8 军军长泰勒眼中，中国人民志愿军“长于数量和勇气，在战术方面受过配合地形的良好训练，但其装备却极为原始化，其中大部分都是我们早已送入军事博物馆的古董”。不算空军，中国陆军不但武器装备落后，一个军的火力密度甚至远不如美军一个师。战后各方公认，如果志愿军使用美军那样的装备，朝鲜战争将会是另一个完全不同的结局。在这场异常艰难的战争中，通过美军王牌陆战 1 师和中国精锐的第 9 兵团装备之间的对比，最能了解中美两军的装备差异，了解战争的艰难和胜利的不易。

空军方面，美军的陆战 1 师每个步兵营都配备前线航空控制人员，可以随时用无线电呼叫航空火力支援。这直接导致志愿军只能在夜晚行军和进攻，白天的战场则是美国人的天下。志愿军第 9 兵团则没有空军支援，防空武器数量基本为零。为了避免对空射击导致更严重的空袭，甚至严令禁止用轻武器对空射击。志愿军白天只能隐蔽，一般不主动作战。

坦克方面，美军陆战1师每团有1个坦克营，下辖4个坦克连，共有70辆坦克，包括M–26潘兴式坦克和M–4A3中型坦克。每个陆战团的反坦克炮兵连另有5辆坦克。志愿军第9兵团无坦克和任何装甲车辆。

火炮方面，美军陆战1师编制有3个炮兵团，每团通常配备1个105毫米榴弹炮营、1个坦克连和1个工兵连。每个步兵营的火力支援分队装备有12门107毫米重迫击炮连。每个陆战团另有1个反坦克炮兵连，装备有75毫米无后坐力炮和5辆坦克。陆战1师师属炮兵团则拥有3个105毫米榴弹炮营，共54门105毫米榴弹炮。另有1个155毫米重型榴弹炮营，共18门火炮。此外，还包括防空部队拥有的高射炮、高射机枪等自动武器。志愿军第9兵团每个师约有1个炮兵营，共12门火炮，主要是榴弹炮或山炮。由于不能自行生产，苏联也没有提供武器，志愿军的火炮都是缴获的装备，所以每个师的火炮新旧程度和型号都基本不同。团以下主要支援火力以82毫米口径以下的火炮为主。运输火炮的工具主要为骡马，机动性差。105毫米以上的大口径火炮数量为零。

通信器材方面，美军陆战1师每个陆战团一直到排级都拥有完备的电台等联络设备，可以随时获得空军几乎不间断的火力支持。志愿军第9兵团由于通信器材奇缺，只有团以上部队才有少量无线电台，营级部队采用有线电话，在战场上非常脆弱。营级以下则主要用军号、哨子、信号弹和手电筒等联络，这导致美军在野战中印象最深刻的就是中国人尖厉的哨声。通信器材严重不足，导致一旦团级部队下达作战命令，基本上很难在战场上根据情况加以变更，战术缺乏灵活性。

轻武器方面，美军陆战1师主要步兵武器为伽兰德M1式7.62毫米半自动步枪、勃朗宁M1918A2式自动步枪、7.62毫米口径M1919A4式重机枪和12.7毫米口径的M2HB式大口径机枪。美军这几种轻武器都是第二次世界大战中轻武器的杰作，性能优秀可靠。志愿军第9兵团的轻武器全部是缴获来的，来源有苏联、美国、德国、日本、英国、加拿大和捷克等不一而足。在美军看来，那些是不折不扣的落后古董级武器，性能参差不齐，弹药补给困难。

抗美援朝战争结束后，彭德怀在回国的列车上给毛泽东写了一封信，信中说："主席，朝鲜战争结束了，我们取得了胜利，但我们吃了大亏，亏就亏在我们的武器不如人。我们的代价太大了……"毛泽东对周恩来说："过去我说枪杆子里出政权，现在看来，光有枪杆子还不行，还要有炮杆子，要有强大的海军、空军，没有，我们用枪杆子打下的政权就不稳，中国人就还要受帝国主义的欺负。彭老总说得对，抗美援朝战争的胜利，是用我国战士的血肉堆起来的。"

在战后的冷静分析中，从军方到中共高层，逐渐认识到武器落后是我们付出惨痛代价的根本所在。现代军事技术变革已经到来，站起来的中国人要想少流血、不挨打，真正做到保家卫国，就必须紧紧跟上世界军事技术发展的步伐，拥有先进的军事装备。当时世界各国竞相研发的以原子弹、导弹为代表的空间军事技术，无疑就成为具有远见卓识的新中国领导人的首选目标。

打破大国的核威胁和核垄断

自 20 世纪中叶，人类开始步入核武器时代。在第二次世界大战中，美国率先研制成功原子弹，并投入实战之中。1945 年 7 月 16 日，人类第一颗原子弹在美国成功爆炸，爆炸中心温度是太阳表面温度的 1 万倍。1945 年 8 月 6 日，代号“小男孩”的美国原子弹被投掷在日本广岛上空爆炸，日本战后公布的罹难数字是 176 987 人。1945 年 8 月 9 日，第二颗代号为“胖子”的美国原子弹在长崎上空爆炸，4 万多人死亡，6 万多人受伤。这是人类第一次，也是迄今为止唯一一次在战争中使用原子弹。

原子弹的威力令世人震惊，世界各大国纷纷加紧研制原子弹。1949 年 8 月 29 日，苏联成功爆炸第一颗原子弹。1952 年 10 月 3 日，英国成功爆炸第一颗原子弹。1960 年 2 月 13 日，法国成功爆炸第一颗原子弹。

美国针对中国的核威胁从朝鲜战争就已经开始。据学者们研究，根据解密档案，朝鲜战争期间，美国高层和军方为了尽快而体面地结束战争，多次打算对中国实施核打击。1950 年 11 月 30 日，美国总统杜鲁门召开记者发布会，扬言要对中国使用原子弹：

杜鲁门：我们将采取必要的措施，以应付军事局势。

记者：那是不是包括使用原子弹？

杜鲁门：包括我们拥有的各种武器。

记者：总统先生，这是不是说正在积极考虑使用原子弹？

杜鲁门：是的，我们一直在积极考虑使用它。

从五角大楼后来解密的文件中，我们得知，1950 年 12 月，一批还没有装配好的原子弹已经运到停泊在朝鲜半岛海域的航空母舰上，供舰上飞机进行模拟训练。同时，一批装有核弹头的导弹被送到美国设在日本的军事基地——冲绳。核攻击的目标就是中国。

艾森豪威尔后来在其回忆录《白宫岁月：受命变革（1953—1956)》中写道："为使我们的代价不至于过于高昂，我们将不得不使用原子武器。"艾森豪威尔明确告诉来访的印度总理尼赫鲁，他曾三次打算对中国使用原子弹。

朝鲜战争结束后，中美关系降至冰点，美国针对中国的核讹诈更是反复上演，尤其是 1954 年金门事件后，美国国务卿杜勒斯在公开场合多次表示，一旦在远东发生战争，美国将使用一些小型战术原子武器。在后来的一次记者招待会上，有人请艾森豪威尔对杜勒斯的话发表看法，于是他说出了那句让人难忘的话："我找不出任何理由不使用核武器，就像你在打仗时找不到任何理由不使用子弹一样。"艾森豪威尔在回忆录里说："我希望这一回答能帮助中国人了解美国保卫台湾的坚定决心。"

"厦门将是第二个广岛"，这是当时美军的流行说法。可见，新中国成立之初，面临着多么严重的核威胁！处于美国核威胁下的新中国，日子是异常难过的。那么，怎样打破这种核威胁呢？办法只有一个，那就是中国自己要拥有核武器。

国内、国际条件日趋成熟

新中国领导层之所以下决心研制核武器，启动"两弹一星"

工程；除了上述背景之外，国内的条件也越来越成熟。“两弹”费钱，而国民经济逐渐恢复发展；“两弹”急需高科技人才，大量人才纷纷学成回国；“两弹”需要技术外援，苏联在关键时刻给予中国一定的技术援助。天遂人愿，得道多助，到了20世纪50年代中期，蒸蒸日上的新中国研制“两弹一星”的条件日趋成熟。

国民经济的恢复发展。尖端军事技术的研制是一项庞大的系统工程，不仅需要科学家在实验室的辛劳，更需要浩大的工程技术建设和强大的工业生产能力的配合。说到底，没有一定的经济基础，就不可能搞尖端军事技术。新中国成立后，在党的领导下，经过农村的土地改革、城市的工商业改造、“一五”计划的实施，短短几年时间里，整个中国已是一派欣欣向荣的景象，国民经济逐步得到恢复和发展，工业体系开始建立。这就为适时开展“两弹”工程，打下了重要的国力基础。

高端人才的回归与新中国成立之初的科研储备。研制“两弹一星”，最重要的是人才；没有高端科技人才，一切都无从谈起。清末民初通过各种途径远赴重洋去国外求学的中国人中，有一大批爱国科学家回到祖国。新中国成立后，海外华人更是扬眉吐气，在20世纪50年代出现了一股回国潮，一大批科学家纷纷回国，这其中就有钱学森、李四光、郭永怀等国际知名科学家，他们都得到了人民政府的妥善安置。另外，新中国成立后，尽管国家经济困难，但党和国家仍非常重视科学研究工作，成立了中国科学院，提出了“科学为人民服务”的口号和学术研究上的“双百”方针。科学家们根据国家计划和战略，发挥特长，钻研科学。他们中的大部分在中国科学院，还有一部分在各大学、工业部门的科研机构等从事研究。可以说，新中国成立初期有效的人才政策、人才储备与科学事业的建制化发展，为“两弹一星”工程的人才储备打下了坚实的基础。

苏联的援助。讲到“两弹一星”，不能不谈苏联给予我们的帮助——尽管这种帮助是非常有限的。新中国成立后，成为社会主义阵营的重要一员。苏联出于自身国家利益，起初给予中国经济上的援助；赫鲁晓夫上台后，为了得到中国的支持，也为了遏制其对手美国，开始在高技术上给予中国一定的帮助，1957 年签署的中苏《国防新技术协定》被视为苏联对华援助的高峰。原子弹、导弹技术就是《国防新技术协定》的重要内容——尽管苏联提供的都是过时的技术，甚至很多也没有兑现，但苏联有限的技术援助，在新中国“两弹”工程研制初期，起到了重要的促进作用。

“两弹一星”的深远影响

“两弹一星”的成功，确立了中国在世界上的大国地位：1971 年，联合国恢复了中华人民共和国常任理事国的合法席位；1972 年，美国总统尼克松访华，揿开了中美关系新的一页。

“两弹一星”的成功，不是窃取西方的绝密科学情报的结果——尽管美国人的《考克斯报告》一厢情愿地这样认为。“两弹一星”的成功，也不是苏联人的馈赠——尽管苏联在“两弹一星”发展初期给予我们一定的帮助。“两弹一星”的成功，是特定历史条件下，奋发图强的中国人独立自主、自力更生的产物。

对于“两弹一星”，邓小平在 1988 年说：“如果 60 年代以来中国没有原子弹、氢弹，没有发射卫星，中国就不能叫有重要影响的大国，就没有现在这样的国际地位。这些方面反映了一个民族的能力，也是一个民族、一个国家兴旺发达的标志。”1992年，在南方谈话中，邓小平再一次动情地说：“大家要记住那个年代，钱学森、李四光、钱三强那一批老科学家，在那么困难的条件下，把‘两弹一星’和好多高科技搞起来。”这是对于“两弹一星”及其深远影响的最高褒奖。

1999年9月18日，中共中央、国务院、中央军委在人民大会堂表彰为研制“两弹一星”做出突出贡献的科技专家，他们中的23位科学家被授予“两弹一星”功勋奖章。授奖大会上，江泽民深情讲道：“我们要永远记住那火热的战斗岁月，永远记住那光荣的历史足印：1964年10月16日，我国第一颗原子弹爆炸成功；1966年10月27日，我国第一颗装有核弹头的地地导弹飞行爆炸成功；1967年6月17日，我国第一颗氢弹空爆试验成功；1970年4月24日，我国第一颗人造卫星发射成功。这是中国人民在攀登现代科技高峰的征途中创造的非凡的人间奇迹。”

的确，“两弹一星”是个奇迹。“两弹一星”极大地鼓舞了中国人民的志气，振奋了中华民族的精神，为增强我国的科技实力特别是国防实力，奠定我国在国际舞台上的重要地位，做出了不可磨灭的巨大贡献。

东方巨响：中国第一颗原子弹的研制

中国人的原子弹梦想，可以追溯到国民政府时期。美国在日本广岛和长崎投下两颗原子弹之后，原子弹的威力震惊全世界！当时的国民政府也为之心动，并于1946年派出人员赴美作专门考察和学习，朱光亚即是其中之一。但此后的国民政府已处于风雨飘摇之中，加上美国的反对与遏制，国民政府的原子弹梦想无疾而终。

中共中央决策研制原子弹

从目前可以看到的材料来看，中国共产党对原子能事业的关注始于1949年春。1949年3月，钱三强被通知准备前往巴黎参加世界和平拥护者大会，他提出了可否借巴黎参会之机，带些外汇托约里奥-居里——钱三强的老师买些原子能方面的仪器设备和书籍，以备日后所用。后来，经周恩来批准，拨给钱三强5万美金专款供他使用。

在新中国成立之初的5年里，由于客观条件的限制（人力、财力短缺），百废待兴，研制原子弹并没有立即进入决策者的视野。但这并不意味着中央高层没有在这方面做准备，恰恰相反，新中国从一开始就在做准备。这种准备是从两个方面着手的：一是成立有关原子能的科学研究机构；二是开展地质工作，找铀矿，为原子能事业提供原料。我们不妨从这两个方面来考察。

首先看科研机构的组建。新中国成立后的一个月，也就是 1949 年 11 月，便成立了中国科学院，在下属的研究机构中，就有近代物理研究所，后改名为物理研究所、原子能研究所，主要从事原子能科学技术研究，为研制原子弹打下人才与技术基础。该所经过筹备，于 1950 年 5 月正式成立，先由吴有训任所长，钱三强为副所长，一年后钱三强任所长。该所成立之初，钱三强在周恩来的支持下，广纳原子能科技人才，先后请彭桓武和王淦昌作自己的副手。钱三强还亲自给海外留学人员写公开信，现身说法，诚邀广大留学生回国效力。据《中国原子能科学院简史》和《钱三强年谱长编》记载，在建所之初短短几年的时间里，从国外回来到研究所工作的科学家有金星南、郭挺章、肖健、邓稼先、朱洪元、胡宁、杨澄中、陈奕爱、戴传曾、杨承宗、张文裕等；从国内其他单位调入的科学家有金建中、忻贤杰、黄祖洽、肖振喜、王树芬、陆祖荫、李德平、叶铭汉、于敏等。在广纳贤才的同时，钱三强还根据日后发展需要，极有远见地部署了近代物理研究所发展初期的研究方向，1950 年便确定了以“实验原子核物理、放射化学、宇宙线、理论物理”为主攻方向，这一思想在 1952 年又得到进一步的充实和发展。总的来说，作为中国原子能科学技术研究的大本营，近代物理研究所在新中国原子弹的研制中发挥了特殊作用，原子弹研制工程中的骨干力量大部分都是从该所抽调而来的。

再看铀矿的查找。铀是实现核裂变反应的主要物质，有没有铀，直接决定着能不能制造出真正的原子弹。新中国成立后，在国务院所属部门里，专门设立了地质部，著名地质学家李四光被任命为部长。地质部的工作内容很多，其中一项重要工作就是寻找、开采铀矿。地质部起初的工作是很艰难的，但随着 1954 年找矿工作的重大突破，尤其是 1955 年 1 月中苏签订《关于在中华人民共和国进行放射性元素的寻找、鉴定和地质勘察工作的议定书》之后，铀矿的探测与开采取得了重大进展。

国务院设立专门机构负责原子弹研制

中国正式启动原子弹研制工程是在 1955 年初。1955 年 1 月 15 日，毛泽东在中南海主持召开中共中央书记处扩大会议，会议听取了李四光、刘杰、钱三强的汇报。毛泽东在此次会上做出了研制原子弹的决定，并说“现在苏联对我们援助，我们一定要搞好！我们自己干，也一定能干好！我们只要有人，又有资源，什么奇迹都可以创造出来！”毛泽东在这里提到了启动原子弹研制工程的一个重要原因，即苏联愿意在这方面援助我们。这一时期，苏联出于与美国争霸以及维护其在社会主义阵营中地位的需要，愿意在原子能上给予其他社会主义国家以帮助。1954 年 10 月，赫鲁晓夫等苏联领导人前来参加新中国成立 5 周年庆典时，毛泽东和中共中央已经得到了苏联方面的口头承诺。1955 年 1 月 17 日，苏联部长会议发表《关于苏联在促进原子能和平用途的研究方面，给予其他国家以科学、技术和工业上帮助的声明》。中国政府对此声明做出迅速反应。1月31日，周恩来主持第四次国务院会议，通过《关于苏联建议帮助中国研究和平利用原子能问题的决议》。4月，钱三强与刘杰、赵忠尧等人组成政府代表团赴苏，就苏联帮助中国原子能和平利用进行谈判。4月27日，两国签署协定，明确由苏联帮助中国建造一座功率为7 000千瓦的研究性重水实验反应堆和一台磁极直径为1.2米的回旋加速器。原子反应堆和回旋加速器（简称“一堆一器”）是发展核科学和核工业的必备实验研究设备，反应堆更是被誉为“可控的不爆炸的原子弹”。

为了加强对核工业的领导，推进原子弹的研制，周恩来于1956年7月28日向毛泽东和中共中央报告，建议成立原子能事业部。同年11月16日，第一届全国人大常务委员会第51次会议通过决议，设立中华人民共和国第三机械工业部（后改称第二机械工业部，简称“二机部”），具体负责组织原子弹的研制。上将宋任穷被任命为该部部长，钱三强为5名副部长之一。紧接着，将钱三强任所长的中科院原子能研究所划给二机部，名义上原子能研究所由中科院和二机部共同管理，对外仍用中科院原子能研究所的名义，但实际上归二机部管理和使用。1957年夏，二机部又秘密成立了核武器研究院（又称“九局”），少将李觉被任命为院长。这样，新中国原子弹的研制工作，进入实质性的操作阶段了。

1957年对于新中国的原子弹研制工程而言是个特殊的年份，专门进行原子弹研制的二机部正式成立并运转了，其下属的核武器研究院也成立了，更重要的是，在这一年苏联答应在研制原子弹上给予中国帮助。当时，赫鲁晓夫因为全盘否定斯大林，在苏联国内遭到了极大的反对，社会主义阵营也多有不满，国际上苏联与西方的矛盾也十分尖锐，在内外交困的情况下，苏联表示愿意在国防尖端技术上援助中国。1957 年 10 月 15 日，聂荣臻代表中国政府在莫斯科与苏方签署了《国防新技术协定》。该协定明确，苏联政府承诺，在建立综合性的原子能工业、生产与研究原子武器、火箭武器、作战飞机、雷达无线电设备，以及试验火箭武器、原子武器的靶场方面对中国政府进行技术援助，并向中国提供原子弹的教学模型及图纸资料。也就是说，根据这个协定，中国的原子弹本应该是苏联人帮助制造的，尽管中央高层当时也强调“自力更生”的思想，但在操作层面却主要还是依靠苏联的指导和技术，由苏联提供原子弹样品，在苏方专家的指导下，完成对苏联原子弹的仿制，并在苏方的帮助下，建设试验靶场，进而完成原子弹试验任务。总之，根据这个《国防新技术协定》，一切都是美好的，中国将很快拥有原子弹。

然而，苏联除了援助他们自己已经淘汰的技术之外，一些核心技术却迟迟不肯给我们，比如，原子弹样品没有给，这样中国的科学家就不知道原子弹的外形和内部结构；又比如，苏联援建铀浓缩气体扩散厂，却不给扩散机上的分离膜，反正只要是核心技术，都拖着不给。随着中苏两党分歧的加大，尤其是中国在国家主权问题上的坚定立场——反对苏联在中国领土上建长波电台和由苏方控制的联合舰队，依靠苏联帮助研制原子弹的梦想越发渺茫了。1959 年 6 月，苏共中央致中共中央的信，宣告了中苏“蜜月”的结束，依靠苏联研制原子弹的希望也随之破灭。也就是从这时起，党中央下定决心“我们自己动手，从头摸起，准备用八年时间，搞出原子弹”。

毛泽东批示“大力协同”攻克原子弹

1959年对于新中国的原子弹工程而言又是一个特殊的年份。如果说在此之前，新中国是想依靠苏联的帮助研制原子弹的话，那么，从1959年开始，就真正是彻底丢掉幻想，依靠自己的力量独立自主地来研制原子弹了。在1959年之前，因为有依赖思想，实事求是地讲，我们是有失误的，主要就是没有重视原子弹的科学研究工作和关键技术的攻关。因此，到1959年，尽管前期准备工作已经得到了极大的推进，但有关原子弹的核心技术仍然没有任何突破。原子弹的研制是一项庞大的系统工程，非常复杂：一是理论设计，也就是要把原子弹设计出来，原子弹的样子、内部结构等，都要在科学论证的基础上设计出来；二是爆轰试验，目的是摸清原子弹内爆规律，配合理论设计，验证理论设计正确与否，用现场试验来解决理论计算无法解决的问题；三是制造，也就是根据上述正确的理论设计与现场试验，生产制造出原子弹产品，这里的关键是要有合格的浓缩铀；四是核试验现场观测，主要是为了取得大量真实的核爆炸数据，如果拿不到核试验数据，核试验就不能叫真正的成功。

要想完成上述四大方面的工作，主要依靠二机部核武器研究院、原子能研究所和兰州铀浓缩厂。不过，在当时的情况下，这些机构的科研力量和物质条件都不具备完成任务的条件，必须要取得国家的支持，动员全国的力量。那么，在这个最需要支持的关键时刻，中央高层对研制原子弹持什么态度呢？这里就不得不说有关“两弹”上马还是下马的争论了。当时的中国真可谓“祸不单行”，苏联单方撕毁协定不说，还逼迫中国还债，更要命的是，从 1959 年起，连续三年自然灾害，使本来就捉襟见肘的中国经济雪上加霜。天灾人祸一齐来，使“费钱”的“两弹”面临着考验。这样就出现了一种声音，认为“两弹”要放慢速度，甚至应该暂停，等国民经济好转之后再说。不能因为“两弹”而影响到国民经济的全局，“饭都吃不饱，还搞什么两弹”是不少领导者的心里话。对于“两弹”上马与下马的争论，毛泽东的表态起着决定性的作用。1960 年 7 月 18 日，毛泽东在北戴河听取李富春的汇报时指出：“要下决心搞尖端技术。赫鲁晓夫不给我们尖端技术，极好。如果给了，这个账是很难还的。”1961 年 7 月，聂荣臻指示国防科委起草了一份“两弹”要继续上马的报告报给毛泽东和中共中央，毛泽东等认可了这个报告。这样，在毛泽东和中共中央的支持下，“两弹”不仅没有下马，还得到了特殊的关照，相关特殊政策和措施迅速跟上，最精锐的力量迅速向原子弹工程聚集。

在中央的大力支持下，二机部迅速调整原子弹研制的战略和思路，深入分析了原子弹工程最薄弱的方面——技术难关，进而迅速调集力量，集中攻克原子弹技术难关。从 1960 年初开始，在中央的支持下，从中科院和全国各地区各部门选调了郭永怀、程开甲、陈能宽、龙文光等 105 名中高级科研人员加入攻克原子弹技术难关的队伍。同时，又将原子能研究所的王淦昌、彭桓武等一批高级研究人员调到核武器研究院。这些科研人员与先期参加原子弹研制工作的朱光亚、邓稼先等人，构成了中国原子弹研制工作的骨干力量。当时正值国家最困难的时候，全国人民勒紧裤腰带支持原子弹、导弹的研制工作，广大科技工作者是深知这一点的。也正是这个原因，激发了广大科技工作者发愤图强的意志和决心，他们忘我工作，不舍昼夜。中国能在短时间内突破原子弹关键技术，与广大科技工作者的这种精神是分不开的。

1962 年对于中国的原子弹研制工程又是一个特殊的年份。一方面，调整原子弹研制战略后，在党中央给予的人、财、物等方面的大力支持下，经过三年的艰苦攻关，原子弹研制工程的各个子系统都有很大的进展。具体表现在：到 1962 年底，在理论上通过大量的计算和分析，对浓缩铀作为内爆型原子弹核装料的动作规律与性能有了比较系统的了解；在实验方面，基本掌握了获得内爆的重要手段及其主要规律和实验技术；兰州铀浓缩厂方面，铀 ^{235} 生产线各个环节的技术难关，大都被突破和掌握。总的来说，整个原子弹的研制工作已经由量变开始发生局部质变，让人们看到了胜利的希望。另一方面，中央领导人的关心进一步促进了全国的大协作，支持原子弹的研制。1962 年 8 月，中央工作会议在北戴河召开，毛泽东等中央领导人分析了中苏分裂后的严峻国际形势，认为在这种形势下，原子弹的研制要加快进行。根据中央的这一态度，会后，二机部领导经过讨论，正式向中央写了报告，提出争取在 1964 年，最迟在 1965 年上半年爆炸我国第一颗原子弹的“两年规划”。毛泽东于 11 月 3 日批示：“很好，照办。要大力协同做好这件工作。”随后，刘少奇主持召开政治局会议，批准了二机部的“两年规划”。为加强领导，组织实施，决定在中共中央直接领导下，成立以周恩来总理为主任、副总理和相关部门负责人为委员的中央 15 人专门委员会（简称“中央专委”）。作为一个权力机构，中央专委从成立到我国第一颗原子弹爆炸成功之前的这段时间内，共召开了 13 次会议，讨论解决了100多个重大问题。第一颗原子弹爆炸成功后，中央专委职能扩大，整个“两弹一星”工程都是在中央专委的领导下进行的。应当说，中央专委在推动我国“两弹一星”工程走向成功的过程中发挥了关键作用。

毛泽东指示“原子弹要有，氢弹也要快”

在毛泽东“要大力协同做好这件工作”的总动员令下，在中央专委的有力领导下，中国的原子弹研制工程在1963年至1964年上半年迎来了丰收。这一年，在彭桓武、朱光亚、邓稼先等的努力下，理论研究取得突破，原子弹设计完成，可以生产了；这中间，王淦昌、郭永怀、程开甲等领导的试验工作也发挥了关键作用；原子弹的关键部件、点火装置——点火中子源也在原子能研究所王方定的带领下制备出来了；兰州铀浓缩厂气体扩散机上的核心部件、被苏联视为绝密技术并被奉为“社会主义的安全心脏”——扩散分离膜也在中科院上海冶金研究所吴自良的带领下攻克了；有了扩散分离膜和原子能研究所黄昌庆制备的六氟化铀，兰州铀浓缩厂成功提炼出了铀[235]；在此基础上，酒泉原子能联合企业成功地加工出了原子弹实弹需要的铀部件；原子弹试验靶场的核试验测试工作，也在程开甲的领导下快速推进。总之，整个原子弹的研制工作顺利进行，胜利在望。这里，不能不特别提到一个人，那就是钱三强。他在原子弹研制工程中发挥了独特的作用，他是决策系统里的战略科学家，是关键时刻知人善用的组织科学家，是攻克技术难关的领军科学家。仅就“两弹一星”元勋而言，有11位与原子弹、氢弹的研制有关，除钱三强本人外，其他10位科学家走上原子弹、氢弹研制的关键岗位几乎都得益于钱三强的推荐。宋任穷认为，钱三强在原子弹研制中“起到了别人起不到的作用”。

在原子弹研制取得突破性进展的同时，青海金银滩核武器研制基地和新疆罗布泊核武器实验靶场，也在各部门和军方的大力支持下，到1964年春基本建好。从1963年3月开始，原子弹研制大军开始移师金银滩，在那里制备第一颗原子弹，并进行原子弹原理实验。因苏联拒绝提供原子弹教学模型和图纸资料的时间是1959年6月，中央遂决定将“596”作为第一颗原子弹的代号，借以激励全体参与人员克服一切困难，制成原子弹。1963年11月20日，在金银滩基地进行了缩小比例的聚合爆轰试验，使理论设计和一系列实验的结果获得了综合验证。1964年6月6日，进行了全尺寸爆轰模拟试验，除了没有装铀部件之外，其他都是核爆炸试验时要用的实物，试验结果实现了预先的设想。

到1964年上半年，第一颗原子弹成功在望。4月11日，周恩来主持召开了第八次中央专委会议，决定第一颗原子弹爆炸试验采取塔爆方式，要求在9月10日前做好试验前的一切准备，做到“保响、保测、保安全，一次成功”。随后，根据罗布泊的气象情况，经请示毛泽东和中央常委，原子弹试验起爆时间（技术上称为零时）定在1964年10月16日。公元1964年10月16日15时，中国在新疆罗布泊地区成功爆炸了第一颗原子弹！试验结果表明，我国第一颗原子弹的设计水平和制造的先进程度，超过了美、苏、英、法四国第一颗原子弹的水平。当晚10点，中央人民广播电台被授权播送了中国政府的《新闻公报》和《中华人民共和国政府声明》，《人民日报》为此刊印了号外。《声明》

指出："中国政府郑重宣布，中国在任何时候、任何情况下，都不会首先使用核武器。"这一庄严承诺，是对保卫世界和平事业的一个巨大贡献。

1967 年 6 月 17 日，中国成功爆炸了第一颗氢弹。从第一颗原子弹到第一颗氢弹，中国只用了 2 年零 8 个月，远快于当时其他四个拥有核武器的国家，这个速度曾令人十分惊奇。后来，人们发现，中国的氢弹奇迹其实就蕴含在钱三强后来总结的"预为谋"之中。

早在 1958 年，毛泽东就提出："搞一点原子弹、氢弹、洲际导弹，我看十年功夫完全可以。"这等于是给中国的核武器研制工作定了调。到了 1960 年底，原子弹已有眉目，二机部部长刘杰想到了氢弹，而此时副部长钱三强也想到了氢弹，二人经过商量，决定氢弹的理论探索工作可由原子能研究所先行一步。当年原子能研究所立即成立了"中子物理领导小组"，由所长钱三强主持，一方面成立以黄祖洽、于敏为首的轻核理论组，开展氢弹反应原理研究；另一面成立以蔡敦九（后改为丁大钊）为首的轻核实验组，配合和支持轻核理论工作的开展。这一"先行一步"的安排是非常重要的。几年时间内，轻核理论组共写出研究报告和论文 69 篇，还有一些没有写成文章的研究心得，对完全陌生的氢弹理论及许多关键性概念，有了较深入的认识。

第一颗原子弹爆炸成功后，毛泽东明确指出，原子弹要有，氢弹也要快；周恩来也指示二机部要就核武器发展问题做出全面规划。1964 年 10 月，在完成了原子弹的研制工作后，核武器研究所抽出三分之一的理论研究人员，全面开展氢弹的理论研究。1965 年 1 月，二机部把原子能研究所先期进行氢弹研究的黄祖洽、于敏等31人全部调到核武器研究所，集中力量从原理、结构、材料等多方面广泛开展研究。在理论攻关中，最初形成了两种思路：一是邓稼先率领的理论部提出的原子弹“加强型”的氢弹，即在原子弹的基础上，将其威力加大到氢弹的标准；二是黄祖洽、于敏在预研时提出的设想，当时是两条思路一起攻关。1965年夏，于敏提出了新的方案。9月底，借助中科院上海华东计算机研究所当时最先进的运算速度为每秒5万次的计算机，于敏带领部分理论人员，经过两个多月的艰苦计算，分析摸索，终于找到了解决自持热核反应所需条件的关键，探索出了一种新的制造氢弹的理论方案。这是氢弹研制中最关键的突破。后来证明，这一新的理论方案大大缩短了中国氢弹的研制进程。根据新的理论方案，1965年底，核试验基地召开了规划会议，提出了氢弹科研、生产的两年规划，确定了“突破氢弹，两手准备，以新的理论方案为主”的方针，中央专委随即批准了这个规划。

进入1966年，国内政治气候日紧，但因为氢弹的特殊性——毛泽东亲自关心，还因为氢弹研制工作已有国防科委——军方接管，周恩来又亲自领导，所以氢弹的研制受到的冲击较少。经过紧张的准备，1966年12月28日，氢弹原理试验取得成功，结果表明，新的理论方案切实可行，先进简便。12月30日和31日，聂荣臻在罗布泊试验基地马兰招待所主持座谈会，讨论下一步全当量氢弹试验问题。会议经过讨论，形成了在1967年10月1日前采用空投的方式进行一次百万吨级全威力的氢弹空爆试验的建议，不久，中央专委批准了这一建议。就在这时，从西方媒体得知，法国很有可能在1967年爆响氢弹，有可能赶在中国的前面。为此，在科学家们的建议下，中央专委批准在 7 月 1 日前，进行氢弹试验，争取赶在法国前面。因氢弹试验采取空投方式，这对飞机和降落伞的要求非常高，当时确定了我国最先进的轰–6 甲型飞机承担空投任务，并在核试验场区进行了数十次投弹模拟试验。

1967 年 6 月 17 日 8 时 20 分，由轰–6 甲型飞机空投的我国第一颗氢弹爆炸成功，实现了毛泽东在 1958 年 6 月关于“搞一点原子弹、氢弹、洲际导弹，我看十年功夫完全可以”的预言——只是洲际导弹还未实现。从第一颗原子弹试验到第一颗氢弹试验，美国用了 8 年零 6 个月，苏联用了 4 年，英国用了 4 年零 7 个月，法国用了 8 年零 6 个月，而我国只用了 2 年零 8 个月，发展速度是最快的，因而在世界上引起了巨大的反响，公认中国的核技术已经跨入世界先进行列。

利剑出鞘：中国导弹的崛起之路

用于现代战争的导弹是火箭这一远程运载工具的延伸。自从第二次世界大战后期德国人首先研制出可用于实战的导弹之后，这一新兴军事技术立即得到西方发达国家的高度重视。第二次世界大战后，尤其是进入 20 世纪 50 年代，伴随着火箭技术的飞速发展，世界主要发达国家，尤其是美国和苏联已研制出各式各样用于实战的导弹，从火箭弹到反坦克导弹、反飞机导弹、反舰导弹以及攻击地面固定目标的各类战术导弹和战略导弹，均已得到相当程度的发展。导弹已成为世界主要大国不可缺少的武器装备。

钱学森回国打破导弹研制僵局

新中国成立后，在抗美援朝战争的刺激下，开展现代军事技术研究、发展现代军事工业、建立现代国防体系，成为当时中央高层的一种共识。1952 年，正在朝鲜战场的大将陈赓被毛泽东点名回国，筹办中国人民解放军军事工程学院（简称“哈军工”)。在这所当时的最高军事技术学府里，就有著名的火箭专家任新民、梁守槃、庄逢甘等，他们分别在空军工程系、炮兵工程系从事着相关的研究和教学工作。然而，火箭和导弹技术都是各国的保密技术，接触到这些技术的中国人毕竟是少数，“哈军工”里的专家也并不多，有限的专家也没有研制导弹的经历。因此，20 世纪 50 年代中期以前，尽管中共高层和军方都迫不及待地想研制导弹，但苦于人才与技术的匮乏，新中国的导弹事业凭借“哈军工”的有限力量，仍处于培养人才、开展相关理论研究的打基础阶段。不过，钱学森的回国很快打破了这一局面。

钱学森是中国航天事业的开拓者和奠基人。可以说，他是新中国火箭、导弹事业发展中最重要的人物。人们常说，没有钱学森中国也会开展导弹研究，但绝不会那么快；可以说，钱学森大大加快了中国导弹的研制进程。钱学森 1934 年从交通大学毕业后，赴美留学，先后在麻省理工学院和加州理工学院深造和从事研究，专业领域涉及航空机械工程、航空动力学、空气动力学、工程控制论等，显著的科学成就与贡献使其年纪轻轻便很快升任加州理工学院的终身教授。更重要的是，在其恩师冯·卡门的赏识和推荐下，钱学森涉足美国军方机密事宜，成为美国军方重要的科学顾问和研究人员。他是加州理工学院火箭俱乐部的成员之一，并担任喷气实验室主任，这两个机构虽不是军方机构，却是为军方服务的。1945 年，钱学森以空军上校身份参加美国国防部科学咨询团，赴德国考察，考察结束后递交给美国国防部的总结报告总共 9 章，钱学森一个人就写了 5 章，足见他当时涉足美国军方事宜有多深。后来，钱学森的回国请求受到美国当局的百般阻挠，与他的这一经历密切相关。总的来说，回国之前的钱学森已是国际知名的火箭专家——尽管回国之前的5年多时间里他已被迫离开了实验室的专业研究。

1955年10月，历经艰辛的钱学森回到祖国，投身科学研究事业。此前，哈军工的任新民等几位科学家向军方报告，建议重视并开展导弹技术研究，但囿于主客观条件限制，当时军方高层并不知此事该如何下手。回国后的钱学森很快成为军方高层的咨询对象，他甚至还专门为军队高级将领讲解火箭和导弹技术的应用情况和发展前景。1956年2月初，钱学森遵照周恩来的指示，起草了递交国务院的《建立我国国防航空工业的意见书》，所谓“国防航空工业”，其实就是指火箭、导弹，当时出于保密需要才叫“国防航空工业”。该意见书就发展中国的导弹事业从领导、科研、设计、生产等方面提出了建议。很快，周恩来就审阅了这个意见书，并印发中央军委各委员。3月14日，周恩来主持召开中央军委扩大会议，决定建立导弹科学研究的领导机构——航空工业委员会（简称“航委”）。这一决定随后得到了中央政治局的批准，中国的导弹事业正式上马。

先仿制，打响第一炮

1956年4月13日，国防部航空工业委员会正式成立，聂荣臻任主任。5月10日，聂荣臻向中央军委提出了《关于建立我国导弹研究工作的初步意见》的报告。5月26日，周恩来主持召开中央军委会议，专题研究这个报告。会上，周恩来指出“导弹研究工作应当采取突破一点的办法，不能等待一切条件都具备了才开始研究和生产。要动员更多的人来帮助和支持导弹的研制工作”。根据这次会议精神，从全国各地抽调相关专业科研人员，组建我国火箭和导弹研究事业的大本营——国防部第五研究院(简称“五院”)。10月8日，国防部第五研究院正式成立，下设导弹总设计师、空气动力、发动机、结构强度、推进剂、控制系统、控制元件、无线电、计算机、技术物理等十个研究室。1957年11月，国防部五院成立了两个分院：一分院负责地地导弹总体设计和弹体、发动机研制；二分院负责导弹控制系统和设计工作。1961年成立了三分院，承担空气动力试验、液体发动机和冲压发动机研究试验及全弹试车等任务。1964年成立了四分院，从事固体火箭发动机研制。到1960年，国防部五院从最初的200多人猛增至上万人。

国防部第五研究院正式成立后，中国的导弹研究就进入了实质性的操作阶段。而此时，正是苏联愿意对华提供技术援助的时候，1957年9月由聂荣臻率领赴苏谈判的中国政府工业代表团里就有钱学森，两国签订的《国防新技术协定》里，明确了苏联给予中国在导弹技术方面的援助。中国第一颗导弹的研制就是从仿制苏联P–2导弹开始的。P–2导弹是德国V–2导弹的仿制品，是苏联第一代导弹产品，当时已从苏军装备中退役。P–2导弹起飞重量20.5吨，射程600千米。全弹由头部、稳定裙、酒精贮箱、液氧贮箱、中段壳体、仪器舱、尾段和发动机等组成。推进剂为液氧和酒精，弹头为常规炸药。根据协定，1957年底，两枚P–2导弹运抵我国，一枚供五院“解剖”研究仿制使用，另一枚供中国人民解放军炮兵教导大队教学使用。为教会中方使用和维护，苏方派苏军火箭营102人随同前来中国执行教学任务。

根据聂荣臻和钱学森关于中国导弹研制“先仿制，后改进，再自行设计”的思路，中国导弹之路的第一步是仿制。1958年9月，中国开始了仿制苏联P-2导弹的工作，仿制型号命名为“1059”，意思是1959年10月1日新中国成立10周年之际完成仿制。仿制苏联P-2导弹的工作是一项庞大的工程。据统计，当时全国直接和间接参加仿制的单位有1 400多个，涉及航空、电子、兵器、冶金、建材、轻工等诸多领域，其中主要承制厂就有60多个。然而，随着中苏关系的日趋紧张，苏方在提供导弹样品和部分常规资料之后，在关键技术资料的提供上就很不积极了，比如发动机试车及试车台的资料苏方就拖着不给，而试车台是决定导弹能不能出厂、达没达到发射要求的关键性设备。随着中苏关系的破裂，苏联专家陆续撤离中国，按照协定由苏联供应中国的100吨不锈钢材用于仿制导弹一事，也遭到苏联拒绝。这样，原定于1959年10月1日之前完成仿制的“1059”导弹，不得不延期了。

1960年6月，在苏联撕毁协定、撤走专家、终止援助的情况下，聂荣臻主持航委和国防部五院，根据现实条件和已有基础，迅速调整了导弹研制战略。聂荣臻在钱学森意见的基础上，形成了我国导弹研制三步走的规划，即在仿制的基础上，分三步走，分别发展近程700千米、中程1 200千米、中远程2 400千米导弹。同时，对这三种导弹制定型号，分别定为“东风一号”“东风二号”“东风三号”。7月，中共中央工作会议在北戴河召开，聂荣臻在会议期间汇报了导弹研制工作三步走的规划，得到了会议的肯定。这样，面对严峻的形势，在党中央的大力支持下，国防部五院依靠中国自己的科学家，走上了独立自主、自力更生的导弹发展之路。研制并发射第一颗导弹的工作，不仅没有因为苏联专家的撤走而推迟，反而加紧了前进的步伐。

在仿制工作顺利推进、位于内蒙古额济纳旗的酒泉导弹发射基地准备就绪的情况下，1960 年 9 月，中央军委决定，用国产推进剂发射第一颗导弹，时间定在 11 月 5 日，为此成立了首次导弹试验委员会，张爱萍任主任，钱学森、王诤任副主任。9 月，第一枚导弹总装完成；10 月 17 日，采用国产推进剂进行的发动机 90 秒点火试车获得成功；10 月 27 日，导弹安全运抵发射场。在加注推进剂后，导弹弹体往里瘪进去一块，发射基地领导不同意发射，而钱学森通过分析认为，点火之后，弹体会因压力升高而恢复原状。后经聂荣臻的支持，导弹按时发射。1960 年 11 月 5 日，中国导弹发展史上一个值得纪念的日子，第一枚国产导弹发射成功。12 月，酒泉基地又发射了两枚导弹，都获得了成功。1964 年春，“1059”导弹更名为“东风一号”导弹。

“东风二号”导弹从失败到成功

在苏联专家撤走、“东风一号”尚未发射的时候，钱学森就向中央军委递交了研制“东风二号”导弹的计划，这是我国导弹研制工作的第二步和第三步，即在仿制的基础上进行改进和自行设计，其难度远高于仿制。经过中央军委的批准，国防部五院完成了“东风二号”导弹的总体设计方案。在“东风一号”导弹发射成功的鼓舞下，“东风二号”加紧了研制进度。根据设计，“东风二号”是中近程地对地战略导弹，全长 20.9 米，弹径 1.65 米，起飞重量 29.8 吨，采用一级液体燃料火箭发动机，以过氧化氢、酒精为推进剂，最大射程 1 300 千米，可携带 1 500 千克高爆弹头。1962 年春节前夕，“东风二号”导弹发动机试车成功，春节后“东风二号”导弹就被运往酒泉发射基地了。3 月 21 日，一切就绪，准备发射。然而，这次发射的导弹只飞行了几十秒就起火坠落，发射失败了。第一次发射自己设计的导弹就失败了，这在科技人员乃至决策层中间引起了震动，人们更加清醒地意识到导弹研制工作的复杂性和艰巨性。根据聂荣臻的指示，钱学森主持技术骨干进行了半个月的专题总结，寻找导弹发射失败的原因。

经过认真的分析总结，“东风二号”导弹发射失败的原因主要有两个：一是导弹的总体设计按照苏联导弹照猫画虎，技术上没有吃透，为了增加导弹的射程，仅仅在苏联导弹的基础上加长了两米，虽然增加了推力，但箭体结构抗震强度却没有相应提高，导致导弹飞行失控；二是火箭发动机改进设计时提高了推力，但强度不够，导致飞行过程中局部破坏而起火。总的来说，失败的原因在于急于求成，导弹在上天之前，没有在地面上进行充分的试验，正所谓“欲速则不达”。

在总结失败原因和教训的基础上，国防部五院形成了改进“东风二号”的意见，就是不再搞冒进，全面审查设计，不是小修小改，而是从发动机到各个分系统，都重新设计。在聂荣臻的支持下，钱学森率领国防部五院的科研人员据此对“东风二号”进行了全面的改进。由钱学森主持制定总体设计方案，担任总设计师，任新民担任副总设计师兼发动机总设计师，梁守槃、屠守锷、黄纬禄、庄逢甘等科学家负责各分系统。首先，设立总体设计部，以加强对于导弹总体设计规律的认识，负责对各个分系统的技术难题进行技术协调，统筹规划，用钱学森的话说，就是“不求单项技术的先进性，只求总体设计的合理性”。其次，建立导弹型号设计师制度，使导弹设计走上正轨、有序的道路。再次，下决心建造导弹全弹试车台和一批地面测试设备，要让导弹各分系统和全弹在地面模拟试验过关。钱学森还特意提出了导弹研制工作的一条重要原则：“把一切事故消灭在地面上，导弹不能带着疑点上天！”这一原则后来成为中国火箭、导弹研制不可动摇的原则。

“东风二号”导弹从1962年春发射失败到1964年夏发射成功的这两年多时间里，广大科研人员做了大量艰苦而有成效的工作，这期间也伴随着很多失败，比如发动机试车总是不成功，以至于在一次事故中还损坏了一台发动机，任新民也在一次事故中受伤。钱学森也曾说过，最困难的时候，可能就是“东风二号”发射失败，重新设计的导弹总是出问题，怎么也不过关，上上下下都非常着急。“往往最困难的时候，也就快成功了”，这是聂荣臻在这个困难时刻给予科学家们的鼓励。

1964年春，改进型的“东风二号”在全新的全弹试车台上进行试车，经过两次全弹试车，完全合格。6月下旬，新的“东风二号”导弹在酒泉实验基地竖起，等待试射。然而，在给导弹加注液氧和酒精时，由于天气太热，温度太高，燃料膨胀，导致导弹燃料贮箱加不进需要的燃料，还溢出了一些，这是事先没有预料到的。在众人苦思冥想之际，王永志关于卸掉一部分原料，改变氧化剂和燃烧剂的混合比，通过减少燃料，使氧化剂相对增加的办法来达到产生同等推力的想法得到了钱学森的支持。事实证明，王永志的推理和计算是完全正确的。1964年6月29

日，“东风二号”导弹在飞行十几分钟之后，准确击中 1 200 千米外的目标，导弹发射成功。钱学森在发射现场讲话时说：“如果说，两年前我们还是小学生的话，现在至少是中学生了。”聂荣臻在第一时间获知发射成功的消息时，在电话里祝贺道：“现在看得清楚了，上一次的失败，的确不是坏事。这个插曲很有意义。”紧接着，7 月 9 日和 11 日，又成功地发射了两枚“东风二号”导弹。三发三中，标志着火箭和导弹技术取得了关键性的突破。从 1966 年起，“东风二号”导弹开始装备部队，成为第一种投入实战的中国自己设计、自己制造的中程地对地导弹。

既要有弹也要有枪：“两弹”结合成功

原子弹有了，导弹有了，下一步就是原子弹与导弹的结合了，简称“两弹结合”。为什么要搞“两弹结合”呢？原因在于，原子弹正如当时西方嘲笑的那样，只是一种“无枪的子弹”，也就是说，原子弹只有飞出去才会发挥它应有的威慑力，飞不出去的原子弹是没用的。要想让原子弹飞出去，有两种办法：一种办法就是用飞机携带空投，发展空投核航弹，比如美国在日本投掷的两颗原子弹用的就是这个办法。然而，那时中国的战斗机非常落后，很难飞出国境，因此这一路径不适合中国的实际情况。另外一种办法就是原子弹与导弹结合，发展核导弹，这也是当时的世界潮流。核导弹比起用轰炸机投掷原子弹，更具有威慑力，因为核导弹射程远，命中率高，还难以阻挡。

在第一颗原子弹爆炸成功之前，钱学森就提出了“两弹”结合的构想。1964 年 9 月 1 日，中央专委召开会议，决定由二机部和国防部五院共同组织“两弹结合”方案的论证小组，着手进行核导弹的研究设计，钱学森担任总负责人。研制核导弹有两个关键：一是原子弹必须小型化，以便安装在火箭上；二是要加大火箭的推力，加强安全可靠性，尤其是要求制导系统要提高命中率。对于领导人而言，最关心的还是安全问题，如果真要进行全当量的核导弹试验，是需要勇气和魄力的，毕竟中国是要在自己的国土上试射核导弹，如果失败就等于给自己放了一颗原子弹，那就是灾难性的后果。因此，周恩来和聂荣臻非常重视安全，要求“两弹结合”要确保万无一失，以至于在1966年3月的中央专委会议上，钱学森保证导弹不掉下来；李觉保证核弹头就是掉下来了，也不在地面爆炸。为此，科研人员想尽办法确保安全。就火箭本体而言，增程后的“东风二号甲”导弹安装了自毁装置，如果在导弹飞行的主动段发生故障，不能正常飞行，可由地面发出信号将弹体炸毁。就核弹头而言，安装了保险开关，如在主动段掉下来，因保险开关打不开，只能发生弹体自毁爆炸或落地撞击，不会引发核弹头爆炸。

为了确保安全和成功，核导弹在进行了一系列地面测试之后，在装上核弹头之前，还要进行没有核弹头的发射，即“冷试验”。1966年10月初，在正式发射核导弹之前，连续进行了三次冷试验，都取得了成功。1966年10月27日上午9时，在酒泉导弹发射基地，发射了我国第一颗全当量核导弹，9分钟之后，核弹头在新疆罗布泊569米的高空实现核爆炸，首次核导弹试验取得圆满成功。从第一次核爆炸到发射核弹头，美国用了13年（1945—1958），苏联用了6年（1949—1955），中国只用了2年！“两弹结合”的成功，标志着中国有了可以用于实战的战略核导弹。就在这一年，中国的战略导弹部队——第二炮兵部队诞生。

需要特别指出的是，中国在引进苏制P–2导弹的同时，还引进了苏制“萨姆–2”型导弹。前者是“地对地”导弹；后者是“地对空”导弹，用于防空。1958年，苏联向中国提供了4套“萨姆–2”型导弹设备、62发导弹。这些导弹在当时的防空中发挥了重要作用，曾击落过美国以及中国台湾国民党的战机。根据防空形势的需要，中央军委决定由国防部五院对“萨姆–2”型导弹进行仿制，仿制导弹命名为“红旗一号”。1963年4月完成了模型弹仿制，6月进行模型弹飞行试验。到1964年10月，“红旗一号”导弹成功击落中高空仿真目标，12月“红旗一号”导弹定型。与此同时，从1964年初开始，在“萨姆–2”型导弹的基础上改进设计，研制“红旗二号”地对空导弹。“红旗二号”增加了导弹的射高和作战斜距，增强了制导站的抗干扰能力。1965年4月，“红旗二号”总体设计方案通过。到1966年底，“红旗二号”经过多次飞行试验，获得成功。1967年6月，“红旗二号”地对空导弹设计定型，投入批量生产，开始装备部队，为确保我国领空安全做出了重要贡献。

飞天圆梦："东方红一号"卫星震惊世界

飞天梦想一直是中华文明史的重要组成部分，从女娲补天、嫦娥奔月到文人墨客的诗词歌赋，中国人对宇宙的想象与憧憬从来就没有中断过。不过，人类真正走向太空的第一步却是在充满火药味儿的20世纪50年代——美苏争霸时代。当时，美、苏两个超级大国出于争霸需要，在各自都拥有核武器的情况下，都把太空锁定为自己的下一个目标。1957年10月4日，也就是聂荣臻在莫斯科谈判签署中苏《国防新技术协定》期间，苏联率先发射了世界上第一颗人造地球卫星"伴侣一号"，开创了人类走向太空的新纪元，这令美国大为震惊。美国加紧研制，并于1958年2月1日成功发射"探险者一号"人造地球卫星——尽管这颗卫星只有8.2千克。

"我们也要搞人造卫星"

苏联和美国发射人造地球卫星成功之后，有关我国也要发射卫星的呼声渐浓，钱学森、赵九章等科学家经过商议，准备向中央建议，中国应当研制并发射人造地球卫星。钱学森还多次发表谈话，提出中国应当早日研制出自己的人造地球卫星。这种意见被带到了 1958 年 5 月 5 日至 23 日召开的中共八届二中全会上。在 5 月 17 日的会议上，毛泽东说："看样子，人造卫星把我们都搅得不得安生呀！苏联抛上去了，美国抛上去了，我们怎么办呀？我们也要搞人造卫星！当然啦，我们应该从小的搞起，但是像美国鸡蛋那样大的，我们不放。要放就放他个两万公斤的。"中国要搞人造地球卫星的调子就这样定下来了。

有了毛泽东的指示，八届二中全会结束后，聂荣臻就于 5 月 29 日召集会议，听取钱学森关于中国科学院和国防部五院协作分工研制人造卫星的建议。会议决定由国防部五院负责研制探空火箭，中国科学院负责卫星本体的研制。8 月，在上报中央的《关于 12 年科学规划执行情况的检查报告》里，正式提出了研制人造卫星的意见。10 月，国务院召开专门会议，研究中国卫星如何起步的问题。会后，钱学森、赵九章、郭永怀等科学家起草了中国人造卫星发展规划设想的方案，提出研制中国人造卫星分三步走的规划：第一步，实现卫星上天；第二步，研制回收型卫星；第三步，发射同步通信卫星。其中第一步"实现卫星上天"又细分为三步：第一步，发射探空火箭；第二步，发射一两百千克的小卫星；第三步，发射几吨的大卫星。方案通过后，研制人造卫星被中国科学院列为 1958 年第一位的任务，代号"581"，成立了以钱学森为组长，赵九章、卫一清为副组长的领导小组。"581"组还制定了具体时间表，最初的方案是在 1959 年国庆 10 周年发射第一颗人造地球卫星，后来改为在 1960 年发射。11

月，中央政治局研究决定，拨款2亿元人民币专款用于研制人造卫星。这样，在毛泽东做出“我们也要搞人造卫星”的指示后，研制人造地球卫星的机构、规划、人员、资金等全部到位。“581”组紧锣密鼓地朝着1960年发射中国第一颗人造地球卫星的目标前进。

在1958年秋中央正式决定研制人造卫星之后，为了学习苏联的成功经验，加快我国的研制步伐，10月16日，赵九章等前往苏联考察参观人造卫星。经过两个多月的考察，考察团看到了中国在这方面的巨大差距，开始冷静起来。赵九章在所写的考察团总结报告里，尖锐地指出了鉴于目前我国科学技术和工业基础的薄弱状况，发射人造卫星的条件尚不成熟，建议先从探空火箭搞起。1959年1月，邓小平等听取了中科院党组书记、副院长张劲夫的汇报后做出指示：“卫星明年不放，与国力不相称。”主管经济的副总理陈云、主管科技的聂荣臻也都认为1960年放卫星不现实，建议收缩科研战线。这样，原定1960年发射第一颗卫星的计划就取消了。不过，钱学森和赵九章一致建议的“先发射探空火箭”，并没有被取消。在“581”方案通过时，中国科学院曾筹建三个研究院，分别从事人造卫星和运载火箭的总体、控制系统、空间物理和卫星探测仪器的研究、设计与试制。因为“581”工程很快就被叫停，因此成立三个研究院的设想也没能完全实现。不过，因为中央接受了先研究探空火箭的建议，同时也为了充分利用上海的科研力量，遂将计划成立的卫星运载火箭及总体设计院迁至上海，改名为上海机电设计院，上海交通大学教师王希季任总工程师。20世纪60年代初，在人造地球卫星工程下马的情况下，上海机电设计院在钱学森、王希季的领导下，在探空火箭研制上取得了重要突破，为接下来的人造地球卫星计划的重新上马积累了重要的经验和技术基础。

卫星工程再次上马

人造地球卫星事业的转折点在 1965 年。1964 年，“东风二号”导弹和第一颗原子弹相继成功，极大地振奋了人心，也增加了国家领导人发展尖端技术的信心。在国民经济逐渐走出三年自然灾害阴影的情况下，已经偃旗息鼓好几年的人造卫星计划，不仅成为钱学森、赵九章等科学家热议的话题，而且也重新成为中央高层关注的对象。1965 年 1 月，赵九章向周恩来递交了一份尽快规划中国人造卫星问题的建议书，引起周恩来的关注。几乎同时，钱学森向国防科委和国防工办提交了关于制定人造卫星研制计划的建议。聂荣臻对这个报告批示“只要力量有可能，就要积极去搞”。3 月，张爱萍主持召开了我国人造卫星的可行性座谈会，并形成国防科委向中央专委的报告《关于研制人造卫星的方案报告》，提出拟于 1970—1971 年发射中国第一颗人造地球卫星。5 月初，中央专委批准了国防科委的报告，将研制人造卫星列入国家计划。8 月 2 日，中央专委第 12 次会议就中国研制人造卫星做出了全面部署。首先，确定了中国发展人造卫星的方针：由简到繁，由易到难，从低级到高级，循序渐进，逐步发展。其次，提出了中国第一颗人造卫星必须考虑政治影响的要求，我国第一颗人造卫星要比苏联和美国的第一颗卫星先进，表现在比它们重量重、发射功率大、工作寿命长、技术新、听得到。最后，对卫星研制进行了明确分工：整个卫星工程由国防科委组织协调；卫星本体和地面测控系统由中国科学院负责；运载火箭由七机部负责；卫星发射场由酒泉导弹发射基地负责建设。这样，中国第一颗人造地球卫星就进入工程研制阶段，代号“651”。

先看科学院方面的两大任务。1965 年 8 月，中科院决定成立人造卫星工程领导小组，由副院长裴丽生任组长，谷羽负责具体领导工作。10 月，中国科学院受国防科委委托，组织召开了第一颗人造卫星总体方案论证会，会议确定这颗卫星为科学探索性质的试验卫星。11 月底，第一颗人造卫星的总体方案初步确定，各分系统开始了技术设计、试制和试验工作。次年 1 月，经请示聂荣臻，中国科学院成立卫星设计院，代号“651 设计院”，公开名称为“科学仪器设计院”，赵九章被任命为院长。卫星本体的研制就这样紧锣密鼓地开展起来了。卫星总体组何正华提出的第一颗卫星叫“东方红一号”的提议，得到大家的一致认可。

如果说中科院在卫星本体的研制上还有些基础的话，测控系统则还基本上是一片空白。火箭托举卫星进入预定轨道之后，它的正常运行和按计划完成使命，要靠地面观测控制系统对它实施跟踪、测量、计算、预报和控制。要想让卫星在太空中按人的意志运行，就离不开测控系统。当时中科院在这方面的专家是陈芳允。陈芳允曾于 1957 年苏联卫星上天时，配合苏联做过观测。鉴于测控系统的重要性，国防科委批准了由中国科学院负责卫星地面观测系统的规划、设计和管理。中科院为此成立了人造卫星地面观测系统管理局，代号为中国科学院“701”工程处，由陈芳允担任“701”的技术负责人，负责地面观测系统的设计、台站的选址与建设等工作。

再看第七工业部方面的工作。1964 年底，为统一管理导弹工业的科研、试制、生产和基本建设，加速导弹工业的发展，经中央批准，国务院决定撤销导弹研究院，成立第七机械工业部（简称“七机部”），王秉璋任部长，钱学森任副部长。因为七机部已积累了火箭方面的基础和力量，承担人造卫星运载火箭研制的任务就落在了七机部头上。钱学森为运载火箭的研制提出了重要建议，他提出，在当时研制成功的“东风四号”导弹的基础上，加上探空火箭的经验，设计制造用于发射人造地球卫星的运载火箭，不必重新另起炉灶。关键问题是抓住运载火箭第三级——固体燃料火箭的研制，解决火箭在高空时的点火、分离。后来的实践证明，钱学森的这一建议大大节省了时间、人力和物力。中国发射第一颗人造地球卫星的运载火箭“长征一号”，就是在“东风四号”的基础上加了一个固体燃料推进的第三级火箭组成的。

《东方红》乐曲响彻寰宇

历经磨难的卫星事业一经上马，便顺利推进。1966 年 12 月，中央专委决定人造地球卫星的研制任务由国防科委全面负责。1967 年初，聂荣臻向中央报告，建议组建“空间技术研究院”，全面负责人造地球卫星的研制工作。8 月，空间技术研究院筹备处成立，钱学森任筹备处负责人。11 月，国防科委批准了由钱学森代表空间技术研究院筹备处提出的编制方案，确定了研究院的任务和各组成单位的方向、任务、分工等。1968 年 2 月 20 日，经毛泽东批准，国防科委空间技术研究院正式成立，中科院从事人造卫星研制的部门划归空间技术研究院，钱学森任院长，全面负责人造地球卫星的研制工作。在聂荣臻的建议下，中科院“701”工程处也由酒泉导弹发射基地接管，测控系统的工作又能开展起来。

1967年秋，当时只有38岁的孙家栋负责第一颗人造卫星的总体设计工作。根据中央的指示，在前期工作的基础上，孙家栋带领科技人员主要是在这颗“政治卫星”的“上得去、抓得住、看得见、听得到”上下功夫。

“上得去”是指发射成功，“抓得住”是指准确入轨。这是发射人造卫星最起码的要求。“看得见”和“听得到”则难度很大。

“看得见”是指在地球上用肉眼能看见，但当时设计的卫星直径只有1米，表面也不够亮，在地球上不可能看得到。孙家栋带领科技人员想出妙计，在火箭第三级上设置直径达3米的“观测球”，该球用反光材料制成，进入太空卫星被弹出后，观测球被打开，紧贴卫星后面飞行，在地面望去，犹如一颗明亮的大星。这样，“看得见”的问题解决了。

“听得到”是指从卫星上发射的讯号，在地球上可以用收音机听到。当时考虑，如果仅仅听到滴滴答答的工程信号，老百姓并不明白是什么，有人建议播放《东方红》乐曲，得到了中央的批准。科技人员经过多次试验，最后采用电子线路产生的复合音模拟铝板琴演奏乐曲，以高稳定度音源振荡器代替音键，用程序控制线路产生的节拍来控制音源振荡器发音，效果很好，解决了“听得到”的问题。

运载火箭方面，在任新民的领导下，攻克了多级火箭组合、二级高空点火和级间分离等技术，再加上新研制的第三级固体火箭，组成了三级运载火箭——“长征一号”。1969 年 11 月 16 日，“长征一号”试射失败。1970 年 1 月 30 日，“长征一号”试射成功。

测控体系建设方面，最初陈芳允和其他专家建议在全国建设 9 个测控站，后来在钱学森的建议下，经多方权衡，并报国防科委批准，最终决定建设喀什、湘西、南宁、昆明、海南、胶东六个地面观测站。1970 年初，六个地面测控站建成，陈芳允等对美国探索者 22 号、27 号、29 号卫星进行跟踪观测，取得了实测资料，证明了中国当时所建测控网络性能优良。

1970 年 3 月 21 日，“东方红一号”完成总装任务。4 月 1 日，“东方红一号”卫星和“长征一号”运载火箭运抵酒泉发射中心。在接下来向中央的汇报中，卫星是否安装自毁系统引起了讨论。有的主张安装，担心卫星一旦出故障，唱着《东方红》坠毁，政治影响不好。有的主张不装，怕误炸了卫星。任新民主张不装，理由是火箭上已经安装了可靠的自毁系统，如果发射失败，卫星自毁也于事无补；如果装上，就怕炸了发射运转正常的卫星。假如卫星在空中遇到信号干扰，自毁系统又很敏感，自行启动误炸，那就太可惜了。这一意见经周恩来请示毛泽东，得到了认可，最终卫星不装自毁系统。

1970 年 4 月 24 日 21 时 35 分，“东方红一号”卫星发射成功，《东方红》乐曲传遍全世界，中国成为继苏联、美国、法国、日本之后，第五个成功发射卫星的国家，中国的航天时代由此真正开启。

深海盾牌：中国核潜艇的秘密历程

2017年11月17日，习近平总书记在会见全国道德模范代表，准备同大家合影时，见到两位道德模范代表年事已高，就拉着他们的手，请两位老人坐到自己身旁，大家对这个暖心感人的瞬间铭记在心。这两位老人，其中之一就是为中国核潜艇事业奉献一生的黄旭华院士。近年来，随着相关资料的披露，神秘的中国核潜艇逐渐为世人所知。那么，中国核潜艇是怎样从无到有、由弱到强的呢？

“核潜艇，一万年也要搞出来！”

核潜艇是潜艇的一种类型，其与常规潜艇的本质区别在于，核潜艇是以核反应堆为动力来源的潜艇。世界上第一艘核潜艇是美国的“鹦鹉螺”号，于1954年初试航，它宣告了核动力潜艇的诞生。目前全世界公开宣称拥有核潜艇的国家有6个，分别为美国、俄罗斯、英国、法国、中国、印度。作为世界上第五个拥有核潜艇的国家，中国核潜艇的研制走过了一段不平凡的历程。

20 世纪中叶，正是世界军事技术变革的时期，伴随着科学技术的发展，特别是第二次世界大战，催生了一大批威力巨大的新式武器，诸如原子弹、导弹、核导弹、核潜艇等相继用于实战，大大改变了世界历史的进程。新中国成立后，面对帝国主义的封锁和核威胁，中国共产党领导中国人民积极谋求保家卫国。面对世界军事技术变革，中国共产党人积极应对，在十分困难的条件下积极发展原子能科学，开展火箭技术研究。正是在这种背景下，核潜艇也逐渐走进中国领导人的视野。

1958 年 6 月初，苏联援建的研究性重水反应堆达到临界，标志着我国第一个核反应堆正式开始运行，尽管这个反应堆与船用核动力装置并不是一回事，但还是给了中国领导人发展核潜艇的信心。1958 年 6 月 27 日，主管科技工作的副总理聂荣臻元帅向党中央呈报了《关于开展研制导弹原子潜艇的报告》。

聂荣臻这份以个人名义呈报的报告，开启了中国核潜艇的铸造之路。6 月 28 日，周恩来在报告上批示："请小平同志审阅后提请中央政治局常委批准，退聂办。"6 月 29 日，时任中共中央总书记邓小平批示"拟同意。主席、林总、彭真于阅后退聂"，并在文中批注了"好事"二字。随后，其他有关中央领导也迅速圈阅了这个报告，最后由毛泽东主席圈阅批准。由此，中国核潜艇的研制正式拉开序幕。

聂荣臻的报告被批准之后，根据该报告的建议，很快成立了由罗舜初任组长，刘杰、张连奎、王诤参加的小组，负责筹划和组织核潜艇的研制工作。中央军委还于 1959 年 11 月做出了核潜艇研制分工的决定，核动力由第二机械工业部负责，艇体和设备由第一机械工业部负责。

在中国核潜艇研制之初，曾试图争取苏联的技术支持，但中国的这一美好愿望从来都没有得到一丁点儿回馈。

据相关资料记载，1957 年 11 月，中国海军司令员肖劲光随中国军事友好代表团访苏，苏联海军总司令毫不客气地说：中国不需要建造核潜艇。1958 年 11 月，海军政委苏振华率团访苏，经历 3 个多月的艰苦谈判，中苏签订了海军技术协定，但这个协定排除了苏联向中国转让核潜艇技术。中国海军代表团在苏期间，苏方不仅不让代表团参观核潜艇，连有关技术资料都加以封锁。1959 年 9 月底 10 月初，苏联领导人赫鲁晓夫率团来华参加中华人民共和国成立 10 周年庆典，中国领导人再次提出核潜艇技术援助问题，被赫鲁晓夫拒绝。之后更是完全撤走援华技术专家。面对苏联的背信弃义，毛泽东在 1959 年 10 月斩钉截铁地说：“核潜艇，一万年也要搞出来！”

“核潜艇，一万年也要搞出来！”这句话很有名，但初期仅仅是口口相传，在毛泽东的著述里并无这句话，有人甚至提出，如何证明这句话是毛泽东说的？《见证中国核潜艇》的作者杨连新先生经过向曾任国务院、中央军委核潜艇办公室主任的陈右铭求证，结论是毛泽东默认此话的真实性：

> 苏联拒绝对我国核潜艇的援助后，毛泽东在赫鲁晓夫 1959 年 10 月访华期间确实说过这句话，这是聂帅亲自对我说的。当时周总理和聂荣臻、罗瑞卿副总理在同赫鲁晓夫的会谈中再次提出过核潜艇技术援助问题，赫鲁晓夫却说，你们不要搞核潜艇，苏联有了核潜艇，你们就有了，我们可以搞联合舰队……事后，毛泽东闻知赫鲁晓夫的谈话，十分气

愤地说了这句话。自此以后经常有人问我这句名言的正式出处，我们也拿不出让人信服的确凿依据，只是知道大概意思，不是字字都很准确。在当时，特别是在“文化大革命”期间，这可是一个“政治性”问题，万万不能马虎。为了印证毛主席这句话的准确性，我想了一个弥补的办法，就是在给中央或中央军委的有关电文呈批件上，都把毛主席的这句话冠以“最高指示”一同上报。毛主席批阅文件时必定能看到“最高指示”的内容，由于都没有提出过异议，所以我们确认这就是毛主席对这句话的认定。就这样，这句名言便一直流传下来了。

先搞鱼雷核潜艇，再搞导弹核潜艇

20 世纪 50 年代末，我国社会主义建设遭遇曲折，三年自然灾害更是雪上加霜，国民经济出现严重困难。在这种情况下，中央考虑调整国家建设项目进度，一方面集中财力、物力、人力保证原子弹和导弹的研制；另一方面对一些科研力量不足，一时难以突破，还需要较长时间积累的重大科技工程项目进行了调整，也就是暂缓建设。核潜艇就属于“暂缓”的项目之一。

1962 年 7 月，海军党委和二机部党组联合向中央呈报了《关于原子潜艇核动力装置今后如何开展工作的请示报告》，报告提出：鉴于核动力装置研究设计任务的艰巨性、复杂性和长期性，在几年内国家不可能调配大量的干部，拨给巨大的投资；同时技术上也不成熟，还需要多年的努力，特别是核燃料在今后相当长的时期内还没有能力解决，我国研究设计和建造核动力反应堆的要求过快，不现实。建议：停止陆上模式堆的建设，设备制造和新材料试制基本停止，但对几项技术复杂、研究周期长，并已投资大半取得成绩的关键项目适当保留，继续进行必要的研究试验等。

虽说中国核潜艇的研制工作在特殊年代遭遇了困难，但因为核潜艇是“一万年也要搞出来”的国家重中之重的工程，所以党中央和中央军委对于核潜艇的“暂缓”建设非常谨慎。徐向前元帅强调“要保留一部分人力继续研究一些必要的项目，因为科学研究是个长时间的问题，不然一旦需要，再搞就来不及了”。刘伯承元帅认为要“集中力量先解决关键问题，如解决核爆炸之类是对的，但为保留核动力研究成果深钻，似应保留少而精的骨干以发展成果”。陈毅元帅“不赞成核潜艇研制工作缩减，而赞成继续进行钻研，不管要 8 年、10 年或 12 年才能成功，都应加紧进行”。

直到 1963 年 3 月，中央才做出最后决定。周恩来亲自召开中央专委会议，专门讨论海军和二机部的报告。经过讨论，原则上同意请示报告的内容，批准保留技术骨干，重点开展核动力装置和潜艇总体等关键项目的研究，为将来重新启动全面研制工作做储备。为此，在国防部舰艇研究院内增设了潜艇核动力工程研究所，开展了潜艇核动力装置总体方案的论证、设计工作。应当说，从 1962 年到 1965 年 3 月，中国核潜艇工程的研制并没有真正“下马”，“下马”的只是大规模的工程建设，而科学研究工作一刻也没有停止。因此可以说，这一阶段是保存实力、深入学习、积聚力量的阶段。

困难时期的坚守是清贫而艰苦的。在研制初期，科研人员是饿着肚子在研制核潜艇，“啃着咸菜造出来的”。首任中国核潜艇总设计师彭士禄院士就曾回忆说：“60 年代初正是困难时期，也是核潜艇研制最艰难的时候，我们都是吃着窝窝头搞核潜艇，有时甚至连窝窝头都吃不饱。粮食不够，就挖野菜和白菜根充饥。”

进入 1965 年，国民经济明显好转，前一年导弹、原子弹的相继成功，也为上马其他重大工程项目创造了条件。就核潜艇工程来说，常规潜艇仿制和自行研制成功，核动力装置已经开始初步设计，核反应堆的主要设备和材料研制工作取得了进展，已经具备了开展核潜艇型号研制的技术基础。在这种情况下，党中央审时度势，再次上马核潜艇工程。

1965 年 3 月 13 日，由二机部和六机部党组联合上报国防工办和中央专委《关于原子能潜艇动力工程研究所领导关系的请示报告》，对核潜艇的科学研究工作提出了建议。3 月 20 日，周恩来主持召开了第 11 次中央专委会议，批准了这个报告，同时决定将核潜艇工程重新列入国家计划，全面开展研制工作。由此，中国核潜艇的全面研制工作又一次拉开大幕。

根据中央指示精神，二机部和六机部与海军等部门密切合作，成立核潜艇研制所需的研究设计所和建造工厂等，上下一心，群策群力，为建造中国的第一艘核潜艇而奋斗。当时的核潜艇总体研究设计副总工程师黄旭华（后任中国核潜艇总设计师）等科研人员建议，中国核潜艇的研制可以分两步走：第一步先研制反潜鱼雷核潜艇；第二步再研制导弹核潜艇。理由在于，导弹核潜艇的技术问题多，难度大，需要更多的时间才能解决，先研制鱼雷核潜艇不仅可以分步骤地解决技术难点，为研制导弹核潜艇打下技术基础，而且有相当一部分材料和设备可以通用，有利于加快研制进程。这条建议得到了认可，1965 年 7 月，二机部、六机部和海军等部门经过反复研究论证，向中央专委报告了研制核潜艇的具体建议，包括核潜艇建造原则、进度安排、分工建议、增加技术力量和经费等。

1965 年 8 月 15 日，周恩来总理主持召开了第 13 次中央专委会议，专门研究核潜艇“上马”后的有关重大问题。会议原则上同意六机部等提出的我国第一艘核潜艇研制原则，全面部署了核潜艇研制的各项工作，明确核潜艇研制分两步走：“第一步先研制反潜鱼雷核潜艇，于 1972 年下水试航；第二步再搞弹道导弹核潜艇。”根据有关资料记载，这次中央专委会之后，中央还就会议决定的问题分别向有关部门下发了 7 个通知，主要内容有：各部委要安排落实承担的研制项目，纳入各工业部的计划；科学院及有关高等院校要积极参加协作；抽调技术骨干和增加 1 500 名大学生充实科研队伍；筹备建设海军核潜艇码头基地；同意将核潜艇动力装置的陆上试验基地建在四川省夹江县，并建造陆上模式反应堆；建立远洋测量船等。可以说，党中央是动员了全国的力量支援中国核潜艇工程，这再次显示了社会主义制度集中力量办大事的制度优势。

如果说在此之前，中国核潜艇还处于探索、研究、准备阶段，那么，1965 年 8 月第 13 次中央专委会的召开，则标志着中国核潜艇的建造工作正式启动。

历经 30 年，中国核潜艇形成完整战斗力、威慑力

研究制造核潜艇是一项庞大的系统工程。其中，关键环节主要有以下几个：一是整体设计，核潜艇对中国人而言是新事物，设计可以说是龙头，关系到整个核潜艇的成败，设计必须科学；

二是核潜艇反应堆的研制，这是核潜艇的心脏与标志；三是核潜艇建造基地的建设，选址必须保密但又必须是深水良港；四是艇体的建造与设备安装。

中国第一艘核潜艇的整体设计，采用的是适于水下高速航行的水滴形线型，这是719所的科研人员广泛搜集国内外资料，进行理论分析和研究，设计出的最优方案。科研人员花费了十几年的时间为核潜艇量身打造了这一水滴形，它最大的优势是水下阻力比常规型艇体小，有利于在水里跑得更快；再就是螺旋桨布置在最后，一根主轴，一个螺旋桨，有利于操纵。后来的实践证明，水滴形潜艇操纵性能优良，水下航速远比常规线形的高。

核反应堆是核潜艇的心脏和动力来源。研制核潜艇反应堆是头等大事，颇费周折，毛泽东、周恩来等国家领导人十分关心，曾多次给予指示、批示。研制核潜艇反应堆，是从模式反应堆开始的。模式反应堆，是指在建造真正使用的反应堆之前，先在陆地上造个一样的试验性反应堆，目的是验证设计、考验系统设备、暴露问题和摸清反应堆性能。根据国际惯例，核潜艇的核反应堆在正式装备之前，需要提前在陆地上建造这样一座模式反应堆，试验成功后再装入核潜艇。因此，陆上模式反应堆的成功与否直接关系到核潜艇的成败。然而，在那个特殊年代，在核工业基础薄弱的情况下，研制建造一座核反应堆谈何容易，研制建造过程十分艰难。为了保密需要，贯彻中央关于国防工程建设“靠山、分散、隐蔽”的方针，模式反应堆选择在四川西南的深山建设。为了加快施工进度，1968年7月18日，毛泽东签发了著名的“718”批示（《关于支援模式堆基地的建设问题》）。“718”批示发表后，全国各有关工业部门、高等院校和省市的力量都被调动起来，抓紧完成各自承担的科研工作和设备、材料的试制任务。

核潜艇建造基地的建设位于东北某海岛，对于核潜艇的研制来说有着优越的地理条件，是难得的天然良港，但岛上条件却十分恶劣，人迹罕至，冬季寒风凛冽，有个夸张的说法是，“岛上一年刮两次风，一次刮半年”。因此，核潜艇建造基地的建设同样非常艰难，工程进度的缓慢甚至让毛泽东都非常焦急，以至于他在一年的时间内曾多次批示要加快基地建设。1968 年 4 月 8 日，毛泽东针对核潜艇建造厂的建设问题，签发了中央军委给沈阳军区的复电批文，同意抽调某师炮兵团担负该项施工任务，这就是著名的“6848”批示，及时稳定了当时的形势。1969 年 2 月 14 日，毛泽东又一次签发了中央军委给沈阳军区的电报，决定某师炮兵团继续担任支援核潜艇建造厂的基建任务。就在那一天，毛泽东还圈阅批准了调整该厂生产纲领的请示报告。毛泽东多次有针对性的批示，对于加快推进核潜艇建造基地的建设，起到了决定性的作用。

在一切从零开始的条件下，艇体的建造与设备安装也是一个巨大的考验。尽管有设计图纸，但要把数以万计的各类设备精准安装，可不是一件容易的事情。据相关资料，中国第一艘核潜艇上的每一块钢板、每一台设备和每一个零部件都是清一色的中国货，使用的材料有 1 300 多个规格品种，设备和仪器仪表有 2 600 多项、46 000 多台件，电缆 300 多种、总长 90 余千米，各种管材 270 多种、总长 30 余千米。为了确保安装质量，基地决定设计建造一个 1 ：1 的核潜艇模型。千余名设计人员和工人经过两年多的时间，用木料、塑料、硬纸板等材料，建造成了一个 1 ：1 全尺寸的核潜艇模型，并且内部还装着与实际设备一样大小的木制设备模型和纵横交错的“电缆管路”。通过模型艇的模拟安装、模拟操作、模拟维修等，及时发现并解决了大量问题，有力地保证了第一艘核潜艇的总体施工设计和设备安装的一次性成功。

1968 年 11 月，中国自己研制的第一艘鱼雷攻击型核潜艇正式开工建造；1970 年 12 月 26 日，中国核潜艇胜利下水；1971 年 7 月，中国核潜艇首次实现核能发电；1974 年 8 月 1 日，中国第一艘鱼雷核潜艇航行试验成功，正式编入海军部队，被中央军委命名为“长征一号”。1975 年 8 月，第一代鱼雷核潜艇完成了设计定型和生产定型。第一艘核潜艇的服役，标志着中国海军跨入世界核海军的行列，迈出了驶向远洋深海的长征第一步。

在研制鱼雷核潜艇的同时，中国还在为研制弹道导弹核潜艇而积极准备。弹道导弹核潜艇可装载氢弹，被誉为是水下可移动的导弹发射平台、“第二次核打击力量”，其地位和重要性可见一斑，可谓国之重器！

中国弹道导弹核潜艇是在鱼雷核潜艇的基础上发展起来的，弹道导弹核潜艇与鱼雷核潜艇的主要差别是多了一个导弹舱，尺寸和排水量因此增加不少。导弹舱中设有多个导弹发射筒及一系列配套设施。1970 年 9 月 25 日，我国第一艘弹道导弹核潜艇正式开工建造，历经波折，克服重重困难，1981 年 4 月，中国第一艘弹道导弹核潜艇下水；1983 年 8 月，中国第一艘弹道导弹核潜艇交付海军；1988 年 9 月，弹道导弹核潜艇圆满完成水下发射潜地导弹的试验。至此，历经 30 年，第一代弹道导弹核潜艇的试验任务全部结束，走完了全过程。这一伟大成就，标志着中国完全掌握了导弹核潜艇水下发射技术，使核潜艇成为真正意义上的隐蔽的核威慑与核反击力量，使中国成为世界上第五个拥有导弹核潜艇的国家。

翻天覆地：大庆油田的发现与开发

爆发于1973年10月的第四次中东战争被称为“石油之战”，自此之后，20世纪后半叶发生的三次石油危机均导致全球性的经济危机。在国民经济中，石油的地位和重要性是无可比拟的，因此它被称作“黑色的黄金”“工业的血液”。石油产品从19世纪后期开始广泛地应用于工业、农业、国防以及日常生活中，由于兼具民生工业与国防工业双重角色，世界石油工业进入长期化、规模化的发展。

我国是世界上发现和利用石油与天然气最早的国家之一，古代中国在石油与天然气地质、钻井、开采、集输和加工应用上都曾取得过辉煌的成就。然而，近代中国石油工业的发展史却是一段充满曲折与坎坷的历程，在追求工业化的过程中，中国石油工业不仅遇到了发展中国家在起步阶段的普遍性困难，还受困于技术装备的限制、资金的缺乏以及“中国贫油”的论调，长期处于非常落后的状态。直到我国先后于1959年发现大庆油田，1963年成功开发之后，这一局面才被打破。因此，回顾高效率地发现与开发大庆油田的历史背景，总结这一历史事件的经验启示，显然具有十分重要的意义。

中国石油工业的早期发展

1982 年，国家科委对新中国成立以来的重大科学成果进行表彰，“大庆油田发现过程中的地球科学工作”与“人工全合成牛胰岛素研究”等 7 个项目同获国家自然科学一等奖，为最高科技成果奖。一直以来，大庆油田的发现与“两弹一星”的成功研制被视作近百年科学史上令中华民族扬眉吐气的两件大事。发现大庆油田何以比肩“两弹一星”之功绩？要深刻理解这一点，除了认识到石油在建设现代化国家中不可取代的重要作用外，还应了解发现大庆油田之前的历史背景。

1859 年 8 月，美国宾夕法尼亚州钻探的一口找油井中涌出了油流，这一事件是世界石油工业的开端。随着蒸汽机带动的冲击钻机替代手工来钻井，由螺栓连接铁管的管道来输送石油和天然气，蒸馏方法应用于加工原油，首先在美国，然后在阿塞拜疆、罗马尼亚、墨西哥等国家形成了从勘探开采到运输、加工和销售的完整石油工业体系。

在油气勘探开发领域，我国的探索其实并未落后国际太远。1878 年，清政府即从美国购进钻井设备、聘请钻井技师，在台湾苗栗钻得一口油井，日产油 1.5 吨。1907 年，在延长成立石油官厂，钻成了中国大陆的第一口现代化石油井——延一井。近代中国在石油勘探和采炼工作上取得的最大成就是玉门油田。甘肃省自 1928 年起派人进行石油调查，探得油流；1939 年，在玉门老君庙油矿开采第一号井出油。玉门油田在 1939 至 1945 年间生产原油共 50 万吨左右，占同期全国原油总产量的 70% 以上。然而，受到长期的封建统治和薄弱的经济实力的影响，尤其是鸦片战争后受到外有强敌入侵、内有纷争战乱的影响，我国一直无法在全国范围内展开全面、系统的勘探工作，更不可能建立起完善的石油工业体系。

在石油应用领域，石油化工产品自清晚期以来在我国逐渐得到广泛应用，从最初的点灯照明，扩散至燃料、交通及工业等各种用途。不过，由于国内不能大规模生产满足日常生活和工业需求的石油制品，我国从清同治年间就开始进口“洋油”。清光绪六年（1875），进口“洋油”已有 500 万加仑，1892 年则有 4 934.9 万加仑，而到了 1934 年，我国进口石油产品总计有 40 833 万加仑之多！根据一份统计报告记载，1948 年 12 月至 1949 年 9 月间，全国自产原油产量仅 6 万吨，而进口“洋油”达 200 万吨。

在近 70 年的时间里，中国一直未能掌握油气开发与应用领域的主导权，在石油化工产品的使用方面基本依赖进口，石油工业早期发展仅取得了象征意义上的成果。

“中国贫油”论的产生与破除

中国近代石油工业举步维艰的背后，除了资本主义列强向中国倾销“洋油”、政局动荡以致缺乏资金与管理、没有技术工作者和专业设备等因素外，还有不可忽略的一点就是当时在中国未能发现大型的可开采油田，而这又与“中国贫油”的论断有着脱不开的干系。

地质学逐步成为一门科学的历史不过一两百年。20 世纪 20 年代，物理技术应用于石油工业，催生出折射地震、反射地震、电法、磁法等勘探技术；地质学中形成了石油地质学这个新分支。19 世纪末，世界上发现的石油资源绝大部分都在古生代海相地层中被发现，地质学家又发现海洋中的浮游生物和浮游植物是生成石油的主要有机物质。这种基于勘探实践提供的客观事实，加上对石油成分的对比分析，使美国和西方的许多地质学家形成了只有海相才能生油的观念。

从 1913 年开始，美国、日本等国都组织过地质学家对中国开展石油勘探和野外地质调查工作。美国美孚公司就组织了一个调查团到我国的山东、陕西、河北、东北和内蒙古部分地区进行石油调查物探，但均未获得具有开采价值的石油。因此，多位西方地质学家对中国的石油储备做出了悲观判断，例如美国地质学家 E. 勃拉克韦尔德（E. Blackwelder）就断言："中国没有中生代或新生代的海相沉积，所以中国是个缺乏石油的国家。"由此，"中国贫油"的舆论在全世界传播。这种论点的产生不能完全排除外国资本企图侵占我国石油市场的可能，但结合当时世界主流学术思想和中国地质勘探现状而言，外界对我国石油资源的消极评价也在情理之中。在这种论调的影响下，连当时的中国政府主管部门也说我国"储量之微，概可知矣"。甚至到 20 世纪 50 年代初期，至少在克拉玛依油田被发现之前，还有人受此说法影响，认为找油太困难。

新中国的石油勘探工作正是在接近空白的石油工业基础以及颇令人沮丧的勘探事实上开始进行的，其中的艰辛与困难远超出常人的想象。正因为如此，在中华人民共和国的经济史、工业史和科技史上，大庆油田的发现均是特别重大的事件。

如前文所述，20 世纪上半叶，海相生油理论占据着石油地质学的绝对统治地位，但是“中国陆相贫油”的说法并没有束缚我国地质学家的思想。早在 1953 年，毛泽东与周恩来就曾亲自向地质学家征询有关中国石油前景的问题，时任地质部部长李四光表达了乐观态度，认为中国石油地下蕴藏量很大，很有希望。李四光的乐观绝不是盲目的，他的自信建立在理论研究和实地勘探的基础上。许多有识之士纷纷根据我国已发现的油田和地质资料进行分析研究，始终坚信在我国广袤的土地下储存着石油资源，提出了如“盆地说”和“内陆潮湿坳陷”等成油学术观点和陆相沉积同样能够生成大量石油的理论。在众多地质学理论中，“陆相生油”的观点被公认为是新中国成立以来我国石油勘探事业发展的理论基础和精神支柱。

潘钟祥教授的学术观点可作为代表来阐释陆相生油理论。1941 年，潘钟祥依据其早年在四川进行石油调查取得的资料，在论文中指出“石油也可能生成于淡水沉积物，并可能具有工业价值”。1951 年，潘钟祥在他的博士论文的基础上，提出中国石油大多数生于陆相沉积盆地之中的观点；1957 年，他又进一步论述，“陆相不仅能生油，而且是大量的”。

“陆相生油”理论在当时是一种新颖的见解，但它对新中国成立以来的找油工作产生了重大影响。黄汲清、谢家荣等一大批学者对陆相生油问题进行了深入研究，所取得的丰富成果为打破“中国贫油”论奠定了坚实的基础。中国的石油地质学家经过几十年的石油勘探，不仅在诸多中新生代陆相沉积盆地发现了丰富的石油，而且还找到了大庆、胜利等亿吨级的大油田。实践证明，中国学者坚持的“海相能生油，陆相也能生油”的认识是正确的。

石油战略的东移与大庆油田的发现

大庆油田的发现过程充满了传奇色彩：国际上纷纷传言中国没有石油，但我们偏偏就找到了特大型的油田；一直到新中国成立初期我国石油勘探的重点均在西北部地区，却又偏偏在东北发现了大庆油田。1949 年新中国成立时，我国陆地上只有玉门、独山子、延长三个油田和四川石油沟、圣灯山两个气田，全国资源情况不清楚，在什么地方找油也不清楚。最终能够发现大庆油田，有两个非常关键的前提：其一是如前文所言，我国地质学家坚持中国存在丰富的石油资源的观点；其二则是中国石油勘探的全面铺开与战略东移。

尽管“陆相生油”的提出打破了人们思想上的枷锁，但是石油地质理论的进展却并不等于石油勘探的进展。根据地学理论对盆地含油气远景的评价和预测，对确定一个大型沉积盆地的找油大方向是重要的，对确定具体勘探目标却是不够的。就算人们坚信能在自己的国家找到油田，中国幅员辽阔、地形复杂，要到什么地方去找油呢？新中国成立初期的科技力量、资金支持都很有限，用地毯式搜索的方式来找石油显然是不现实的。

1954 年以后，我国政府开始重视油气勘探，主要在西北地区找油，并于 1955 年发现了克拉玛依油田。克拉玛依油田虽然是我国当时最大的油田，却远不能满足国民经济迅速发展的需要。1958 年以前，我国石油勘探开发的重点仍集中在西部地区，第一个五年计划的前三年，仅在甘肃省发现了两个小油田，石油勘探工作很不理想。

1955 年初召开的第一次石油普查工作会议提出，普查落后和科学研究不够是仍未找到新油田的原因。会后地质部立即组成 5 个石油普查大队，分别在准噶尔、柴达木、六盘山、四川等地和燃料工业部共同进行大面积石油普查。1956 年开始，地质部组成的普查队伍，开始对松辽盆地进行大规模的综合石油考察，这些工作划出了盆地边界，勾出了盆地内部的构造格局，初步建立了盆地内部的地层顺序，发现了很厚的可能生油层。1957 年，综合研究收集到的地质和地球物理资料后，松辽盆地被认为是一个含油远景极有希望的地区，特别是松花江台地极有可能含有丰富的石油资源。

在石油部与地质部卓有成效的石油普查工作基础上，党中央做出了石油战略的东移决策。1958 年 2 月，邓小平在听取石油工业部汇报后指出："石油勘探工作应当从战略方向来考虑，把战略、战役、战术三者结合起来。总的来说，第一个问题是选择突击方向，不要十个指头一般齐……在第二个五年计划期间，东北地区能找出油来就很好。"

根据邓小平批示精神，石油勘探的重点便开始向东转移，石油工业部把松辽盆地作为石油勘探战略东移的主战场之一，先后成立了松辽石油勘探大队、东北石油勘探处，并在此基础上成立了松辽石油勘探局，从全国各地抽调人员和设备到松辽盆地，众多勘探队伍从西北转战东北平原，向着松辽盆地腹地的茫茫荒原进军。

松辽石油勘探局成立以后，很快打了松基 1 井和松基 2 井两口基准井，拟定了松基3井的井位。松辽石油勘探局32118钻井队经过近五个月的钻探施工，于1959年9月26日在松基3井首次获喷工业油流，日产原油9至12吨。从1959年10月到1960年2月，又采用不同油嘴连续进行试采，证实松基3井的产量是稳定可靠的，能够保持较长时期的稳产。

松基3井是松辽盆地的第一口喷油井，这口井的喷油是发现大庆油田的基本标志。但正如前文一系列叙述，松基3井的喷油和松辽油田的发现，不是偶然碰运气，而是选择了正确的理论，做出了正确的决策，采取了正确的方法，付出了无数汗水和智慧，进行了大量艰苦的工作后所取得的成果。在国家非常困难时期，一个储量几十亿吨的大油田在中国领土上被发现，显然具有划时代的意义。

大庆石油大会战

也许有人会认为，松基3井出油后，只要着手钻井开采就能获得大量石油来支持国家建设，但这只是一种想当然的看法。事实上，石油地质勘探打开的新局面并不意味着石油工业落后的面貌能迅速得到改观，成功开发油田远比勘测发现油田要难上千倍万倍。

1960年前后，我国的石油工业面临着严峻的形势，是“一五”（1953—1957）期间国民经济中唯一没有完成预期目标的行业。1959年，全国石油产品销售量为504.9万吨，其中自产205万吨，自给率仅40.6%，为解决国内需要，国家不得不耗用大量外汇进口原油和成品油。1960年，我国外援濒于断绝，油品更加紧缺，公共汽车要背上气包才能上路，连部队的训练、执勤也因缺油受到影响。能否以松基 3 井喷出工业性油流为突破口拿下大油田，便成了当时人们关注的焦点。

1960 年 2 月，石油部在北京召开了党组扩大会议，经过 10 天的分析、论证，决定开展石油大会战。2 月 13 日，石油工业部向党中央提出了《关于东北松辽地区石油勘探情况和今后工作部署问题的报告》，该报告认为：

> “大庆地区的石油勘探工作，虽然经过了很大努力，取得了很大效果，但总的来讲还是一个开始，要想把全部油田探明，并投入开采，还需做更大的、更艰苦的工作。根据这个地区的情况，我们认为应该下一个狠心，用最大的干劲、最高的速度，迅速探明更大的油田面积和更多的油田。”
>
> “我们打算集中石油系统一切可以集中的力量，用打歼灭战的办法，来一个声势浩大的大会战。”

仅 7 日后，党中央就正式批准了这份报告，同时批示：“积极地加快地进行松辽地区的石油勘探和开发工作，对于迅速改变我国石油工业的落后状况，有着重大作用。”党中央还要求国务院有关部委和有关省、市、区给予大力支援。于是，轰轰烈烈的大庆石油大会战拉开了序幕。

油田开发要求公路、铁路、水源、发电、房屋、邮电、城市建筑和粮食与商品供应等项工程，都必须全面展开，当时黑龙江省为支持大庆油田开发所做的贡献可以让我们了解到这场会战的浩大声势和重重困难。

> “全省人民千方百计克服困难，从建筑物资到生活用品都给予全力支持。在人员方面，从省内各条战线抽调大批干部和职工，奔赴油田，掀起了建设石油基地的热潮。铁路部门担负修筑大同镇与滨洲铁路线连接的铁路支线的任务；电力部门修筑富拉尔基至大同镇的输电线路和一座年发电量30万千瓦的电站；邮电部门建设以大同镇为中心同各井位连接的电话线路；……农业部门在油区建立副食品生产基地，迅速建起了制油厂、制糖厂、糕点糖果厂等副食品加工网；文教、卫生、科研等部门也都积极做贡献，建立起了1座石油学院和1个石油科学研究所。”

经过3年半的艰苦奋斗，会战取得了巨大成功，大庆油田基本建成。大庆油田于1960年投入开发，当年生产原油97万吨，1963年产量达到439万吨，占全国原油产量的67.8%。同年12月，我国政府庄严宣告：我国石油已经基本自给，自此以后，中国人使用“洋油”的时代一去不复返！

大庆石油会战的胜利亦有力地推动了中国石油地质理论的发展和石油勘探开发技术的提高。大庆油田的勘探和开发，第一次证实了陆相也能生成大油田的理论，并使这一理论在实践中发展得更为完善，使中外人士对中国石油资源的评价和看法发生了根本转变。同时，大庆石油会战还解决了石油勘探、开发、炼制中的一系列科学技术难题，在油藏研究、开发方案、采油工艺以及油层动态分析等方面，都达到了较高水平。

新中国成立70年，特别是改革开放40多年来，中国油气工业发展迅速。到2018年，中国是继美国、沙特阿拉伯、俄罗斯、加拿大之后的世界第五大产油国，同年由《财富》杂志公布的世界 500 强排名中，中国有四家石油石化公司入围世界百强企业。石油工业是典型的技术密集型行业，随着大庆油田的发现和开发而建立起来的完善的石油工业，为新中国的建设提供了强有力的支撑和保障，并成为中国现代能源的支柱产业。大庆油田的发展史是一部从无到有的自主创业史，更是一部从弱到强的科技进步史。

独立自主：

中国科学家的创造性贡献

产学结合：黄鸣龙与甾体药物

1964年，在第三届全国人大会议上，周总理做政府工作报告时着重强调了计划生育工作的重要性。但由于我国长期以来避孕手段的落后，尤其是避孕药物的匮乏，计划生育工作的实施难免会受到影响。然而，在与会的人大代表中有一位代表长期从事甾体合成的研究，他敏锐地意识到甾体激素药物中的性激素药物可作为避孕药用于国民日常生活中，于是他便发挥自身学术优势，投身到我国甾体药物工业生产的研究中，他就是爱国科学家黄鸣龙。

甾体，是广泛存在于自然界中的一类天然化学成分。甾体化合物在结构上有一个共同点，即具有环戊烷多氢菲的基本骨架结构。甾体药物在化学药物体系中占有重要的地位。我们日常用到的消炎药、避孕药等药物很多都是甾体类药物。甾体类药物对机体起着重要的调节作用，包括改善蛋白质代谢、恢复和增强体力、利尿降压等；可治疗风湿性关节炎、湿疹等皮肤病及前列腺、爱迪森氏等内分泌疾病；亦可用于避孕、安胎及手术麻醉等领域。2016年，全球甾体激素药物销售额超过1 000亿美金，是仅次于抗生素的第二大类化学药品。

从历史上看，与甾体激素相关的研究在20世纪上半叶一度风靡学术界，并多次斩获诺贝尔奖项。1927年德国科学家维兰德（Wieland）因胆酸研究，次年温道斯（Windaus）因胆固醇研究获诺贝尔化学奖。时至1950年，塔德乌什·赖希施泰因（Tadeusz Reichstein）、爱德华·卡尔文·肯德尔（Edward Calvin Kendall）、菲利普·肖瓦特·亨奇（Philip Showalter Hench）又因研究副肾皮质激素而获得了诺贝尔生理或医学奖。20世纪50年代，甾体类的药物除性激素外，副肾皮质激素类药物如可的松也在欧美生产上市。相比之下，直到50年代初我国的甾体——那时称类固醇——的化学研究，也像整个有机化学一样还只有一些零星的工作，而甾体药物工业则更是空白。甾体激素化学在新中国成立之前基本上处于空白状态，关于甾体激素的人工改造合成在理论和实验方面都是在新中国成立之后才开始被逐步摸索的。黄鸣龙院士对中国甾体药物产业的发展起到了关键性的作用。

黄鸣龙的科学成就

黄鸣龙，江苏扬州人，早年赴瑞士和德国留学。1924年获德国柏林大学博士学位，曾先后在上海同德医学专科学校、浙江省医药专科学校、中央研究院化学研究所及西南联合大学任教授及研究员。

1940至1943年，正值抗战时期，他在位于昆明的中央研究院化学研究所工作，虽然当时实验设备和试剂奇缺，但他还是想方设法就地取材，从药房买来驱蛔虫药山道年，用仅有的盐酸、氢氧化钠和酒精等试剂和溶剂，在频繁的空袭警报的干扰下，进行山道年及其一类物的立体化学的研究，发现了变质山道年的四个立体异构体可在酸碱作用下成圈地转变，这在立体化学上是个前所未有的发现。各国学者根据黄鸣龙所解决的山道年及其一类物的相对构型，相继推定了它们的绝对构型。日本学者还报道了山道年、β–山道年以及若干异构体的全合成并由此推断出山道年和四个变质山道年的相对构型。这一发现，为以后国内外解决山道年及其一类药物的绝对构型和全合成提供了理论依据。

黄鸣龙在 20 世纪 30 年代和 40 年代曾到德、英、美等国从事科学研究，他所改良的沃尔夫–凯惜纳（Kishner-Wolf）还原法，就是他 1946 年在哈佛大学工作时创造性地改进前人的方法所取得的成果，该成果被称为“黄鸣龙还原法”，已写入各国有机化学教科书中，它是以我国科学家的名字命名的重要有机反应的首例，此后为世界各国广泛应用。

新中国成立后，他在海外得知中国共产党和人民政府全心全意为人民谋福利，决心放弃在美国的优厚待遇，回国为发展祖国的科学事业贡献力量。1952 年 10 月，他携妻女及一些仪器，几经周折和风险终于离美，绕道欧洲回到了祖国。此后，他又鼓励还在国外读书的子女完成学业以后回国，并为争取在国外的其他科学家回国做了很大努力。

向产业进发：黄鸣龙的甾体药物研究

黄鸣龙很早即进入甾体化学领域。20 世纪 30 年代他第二次来到德国时，在拜耳先灵药厂与因霍芬等发明了合成雌二醇的方法，40 多年后拜耳公司来华做介绍时也还特别提道：黄先生的方法经过一些细节的修改后，直至今天仍应用于我们的生产上。黄鸣龙 1945 年赴美后在哈佛以及默克公司也主要是从事甾体化合物的反应和合成研究，当时已是处于这一领域的前沿，因此 1952 年他归国后即着手在国内继续开展甾体化学的研究。除少量的基础反应研究外，主要精力是开展国外已有甾体药物合成方法的改进和实现工业化。

我国的甾体激素药物工业，过去一直是一项空白。虽然黄鸣龙早在 20 世纪 30 年代已开始这方面的研究，但多数工作是在国外进行的。他回国后带领青年科技人员，开展了甾体植物资源的调查和甾体激素的合成研究。在研究工作中，黄鸣龙十分重视理论联系实际，他说："一方面，科学院应该做基础性的科研工作，我们不应目光短浅，忽视暂时应用价值尚不显著的学术性研究。但另一方面，对于国家急需的建设项目，我们应根据自己所长协助有关部门共同解决，这是我们应尽的责任。"他强调说，"对于理论联系实际，我们一定要全面理解，不可偏废，更不应将这两者相互对立起来"。他还以甾体化学研究为例，说明联系实际还可以发现许多新的研究课题，从而促进理论的进展和科学水平的提高。1958 年，在他的领导下研究成功了以国产薯蓣皂素为原料合成可的松的先进方法，并协助工业部门很快投入了生产，使这项国家原来安排在第三个五年计划进行的项目提前数年完成了。在合成可的松的基础上，许多重要的甾体激素如黄体酮、睾丸素、地塞米松等都在 20 世纪 60 年代初期先后生产了。不久，我国又合成了数种甾体激素药物。为此，当时作为资本主义国家王牌的可的松价格不得不大幅下调，而我国的甾体激素药物也从进口变成了出口。当可的松投产成功，人们向黄鸣龙祝贺时，他满怀喜悦而又异常谦虚地说："我看到我们国家做出了可的松，非常地高兴，我这颗螺丝钉终于发挥作用了。"从此，我国的甾体激素药物接连问世，药厂也接连投产，不管是原料资源，还是合成路线，黄鸣龙总是竭尽全力，不辞辛劳，经常奔波于实验室和工厂之间。

黄鸣龙不仅在科研上身体力行，而且在有机化学的人才培养上精勤不倦。他归国开拓甾体化学的第一步是培养人才，开始在军事医学科学院的化学系，后转至科学院的有机化学所成立了甾体化学的研究组、研究室，他亲自给新参加研究工作的年轻人讲授甾体化学，手把手地指导他们实验；同时也接受安排其他研究单位、院校和制药工厂的老师和工程技术人员前来进修或开展合作研究。由此为 20 世纪 50 年代以至 60 年代中国甾体药物研究和生产的超越式发展奠定了最重要的基础。

甾体化学研究和甾体药物生产的基本原料当时主要是胆酸和胆甾醇，由它们合成甾体激素都很困难，而且较合适用的牛胆酸资源在中国也是相当稀少。曾经在天然产物领域开展过工作的黄鸣龙就将目光转向了植物资源，他造访植物方面的研究所，亲自登门请教植物化学领域的专家，再与有关植物研究单位协作，组织小分队对可作为甾体药物半合成的植物资源进行调查。在此指引下制药企业也参与了这一寻找工作，终于发现了多种薯蓣皂素含量较高的植物，出色地解决了发展甾体药物的起始原料问题。

1964 年，黄鸣龙出席三届全国人大一次会议，当他听到计划生育工作的重要性时，就联想到不久前国外文献上有关甾体激素可作为口服避孕药的研究报道，决心响应周总理的号召，在计划生育科研工作中为人民做出新贡献。在返回上海的列车上，他就开始考虑合成路线。回到所里就在他领导的研究室内展开讨论，并安排了计划生育药物的研究课题。考虑到这是一个多学科的综合性课题，需要组织全国范围的大协作，黄鸣龙向国家科委提出了建议。这一建议受到国家科委领导的重视，于 1965 年成立了国家科委计划生育专业组，黄鸣龙任副组长，从此这个有关国计民生的综合性很强的计划生殖科研工作，便有组织地在全国范围内深入开展，充分发挥了社会主义大协作的优越性。工作进展非常迅速，不到一年时间，几种主要的甾体避孕药很快投入生产，并陆续在全国推广使用，受到了广大群众的欢迎。

黄鸣龙还非常重视科技人员对新技术的掌握。为了帮助青年科技人员学习和应用有机化学中的新技术，他先后编写过有关红外光谱、核磁、质谱、旋光谱和构象分析等的讲义和书籍，并以学术报告形式亲自讲授，他讲课的艺术性很高，常能生动活泼、深入浅出地将疑难问题讲得十分清楚。他不仅指导科研人员如何做好研究工作，而且还现身说法帮助青年科技人员掌握宣读研究论文进行学术报告的要领。

1978 年，在全国科学大会上，由于黄鸣龙为祖国甾体药物做出的突出贡献，他当选为中国科学院先进代表。1982 年，黄鸣龙等的“甾体激素的合成与甾体反应的研究”获国家自然科学奖二等奖。

产学结合：黄鸣龙甾体药物研究启示

黄鸣龙作为第一个将自己的名字写入有机反应步骤中的中国

化学家，他本可以选择留在物质条件更为优越、收入更为丰厚的美国，这在当时的中国留美知识分子群体中屡见不鲜，但他却是没有半点犹豫，毅然决然地选择了回到祖国，参与新中国的建设。他的一生是奉献的一生，他的事业选择也留给我们诸多启示：

第一，要把自身所学知识与祖国的实际需要相结合。黄鸣龙在早年科研生涯中曾从事过不同类型的研究，但面对国家控制人口、计划生育的实际需求，他选择了甾体激素的口服避孕药作为自己的研究对象，在科研过程中实现了自身价值。反观我们今天的研究人员，很多时候贪多求新，只为发论文、拿项目、做研究，对于国计民生相关的研究却考虑不足。

第二，科学研究不光有纯理论性的部分，还有与产业化相结合的实践需求。黄鸣龙在甾体药物合成成功之后，又主动推动其工业化生产研究，使中国成为当时能生产甾体激素的少数国家之一，为我国出口创汇赢得了空间。

第三，科学家要坚守自己的道德底线，实事求是。黄鸣龙是一位襟怀坦荡、敢于说真话的科学家。他在科学院学部委员第二次全体会议上慷慨陈词，发表了尖锐意见：科学院各个研究机关，不应阶层森严，建议取消封建残余、衙门作风；不要以“长”为贵，不要论老资格，必须以研究成绩为重，以才为贵；要保证科研人员有足够的时间从事科学工作。

黄鸣龙以其开创性的工作，为中国的甾体药物的合成和工业化生产做出了突出贡献。今天我们有更好的实验条件和更优厚的物质待遇，更应该向他学习，为祖国的实际需求贡献自己的一分力量。

北童南朱：中国克隆先行者

1997 年，克隆羊多利在英国诞生，瞬间成为引发全球舆论热议的轰动性成果，该研究被美国《科学》杂志评选为 1997 年世界十大科技进步第一名，可以说是 20 世纪克隆领域的标志性进展。

所谓克隆，在广义上是指利用生物技术由无性生殖产生与原个体有完全相同基因组的后代的过程，多利就是英国爱丁堡罗斯林研究所的伊恩·维尔穆特（Ian Wilmut）领导的科研小组利用已经分化的成熟的体细胞（乳腺细胞）核通过核移植技术克隆出的羊。然而，多利并不是第一只克隆动物，早在半个多世纪以前，脊椎动物克隆技术就已经得到了发展。

第一个被成功克隆的脊椎动物是一只北方豹纹蛙，在 1952 年，罗伯特·布利克斯（Robert Blix）与托马斯·金（Thomas King）通过将囊胚细胞的细胞核注入同种生物的去核卵中完成了这项工作。在完成胚胎细胞细胞核移植之后，人们还希望了解分化完全的体细胞是否会像胚胎细胞那样含有全部促进发育所需的遗传信息，或者说，体细胞是否也可以用于动物克隆。为了解决这个问题，1962 年，约翰·格登（John Gurdon）与他的同事们利用小肠上皮细胞成功克隆了南非爪蛙，由此证明即使分化后的细胞也能够保持完整的遗传信息以维持发育的全能性。然而，来自不同种属的细胞核与去核卵细胞的相容性一直困扰着众多实验生物学家。而这项工作最终由来自中国的生物学家完成，为祖国赢得了荣誉。

一定要争气：童第周与克隆鱼

童第周在中国可谓家喻户晓，在人教版的小学语文课本上就有一篇课文《一定要争气》，课文叙述了童第周青少年时期立志为自己、为祖国争气而勤奋学习、刻苦钻研的故事。

这篇课文谈到了童第周留学比利时并完成青蛙卵外膜剥除实验的往事。留学西欧的经历为他打下了良好的理论基础，使他在遗传学上从最开始就接受了孟德尔、摩尔根的基因学说，这与许多留学苏联的中国生物学者从一开始就接受米丘林获得性遗传假说形成了鲜明对比。而青蛙卵外膜剥除实验也使童第周的动手能力得到了充分的锻炼，这对于从事克隆研究这项对操作能力要求极高的工作是必不可少的。

1934 年，受到爱国主义情绪的感染，在比利时比京大学攻读生物学的童第周拒绝了导师的挽留，带着夫人叶毓芬毅然回国，用所学知识报效祖国。

作为一名实验胚胎学家，在数十年的研究经历中，童第周开展的研究涉及诸多领域，包括胚胎学、细胞生物学及遗传学，利用了不同的生物模型，例如海胆、文昌鱼及硬骨鱼类。无论童第周使用何种技术手段进行何种课题的研究，他始终对胚胎产生与发育过程中细胞核与细胞质的相容性问题抱有极大的兴趣——是否仅仅是细胞核就包含了个体发育所必需的全部遗传物质？如果一个物种的卵核被其他物种的细胞核所代替的话，将会发生什么？他一遍又一遍地思考这些问题。但在那个年代，技术手段的缺乏使得他不能将其付诸实践。

当童第周读到布利克斯和金在 1952 年发表的那篇关于在两栖动物上进行细胞核移植的文章时，他认识到卵细胞核的显微操作可能是找到答案的一种有效手段。在 20 世纪 50 年代的中国，与研究工作相关的一切资源都极度匮乏，想要进行核移植等高精度研究几乎是不可能的。在经历了数年的不懈努力和无数次的失败后，童第周与他的同事们成功地创立了他们自己的显微操作体系。通过这个外形不佳但方便易用的装置，他们将雄性亚洲鲤鱼的细胞核转移到雌性亚洲鲤鱼的去核卵细胞中，从而产生了世界上第一群克隆鱼。这些克隆鱼非常健康，它们完成了完整的个体发育期，并最终产生了后代。这些发生在 1963 年，比多利羊的诞生早了 34 年。遗憾的是，由于实验结果只用中文发表，甚至连英文摘要也没有，这项研究的重大科学意义并没有被国际科学界所关注和认识。

在取得克隆鱼的成功后，童第周并没有止步不前，他翻开了研究工作的下一页——种间克隆。在 10 年后，也就是 1973 年，他和同事们从鲤鱼的胚胎细胞中分离出了细胞核，并将其转移到鲫鱼的去核卵细胞中，一部分核移植体完全发育成熟。这是世界上第一例成功的种间动物克隆工作！然而由于当时中国正处于艰难的政治经济环境中，这项研究并没有得到应有的关注。实际上，这项研究结果在童第周去世后一年后，即1980年才发表。童第周生前主持撰写的题为《鲤鱼细胞核和鲫鱼细胞质配合而成的核质杂种鱼》的论文，以中英文发表在1980年第4期《中国科学》上。论文报道了中国成功获得具有“发育全能性”克隆鱼的消息。这是世界上报道的第一例发育成熟的异种间的胚胎细胞克隆动物。而这是一篇没有作者只有单位名称的论文，作者一栏中填写的是：中国科学院动物研究所、中科院水生生物所体细胞遗传组、水产局长江水产研究所细胞核移植研究组。

2005年，在具有国际权威的汤森路透科学信息研究所百年诞庆出版的《庆祝之年》专刊上，公布20世纪世界克隆领域的突破是：中国科学家在1981年培育出第一条克隆鱼——鲫鱼。这是世界上首次报道的体细胞克隆动物，而这已是童第周逝世后的第26个年头。

没有外祖父的癞蛤蟆：朱洗与克隆蟾蜍

与童第周的家喻户晓相比，同样为克隆事业做出突出贡献的朱洗院士显得更为低调，但两人有相似的经历，都在欧洲接受了现代科学教育，然后回国建设祖国。

朱洗1920年赴法国勤工俭学，曾做过5年的铸工、车窗技工学徒，这段经历也培养了他出色的操作能力和吃苦耐劳的意志品质。1925年，机缘巧合，朱洗成为法国蒙彼利埃大学生物系著名胚胎学家巴荣德的绘图员。除绘图外，他还要负责野外实习、解剖、制切片、标本等工作。他出色的工作能力得到了巴荣德的赏识，巴荣德给了他机会随班听课，并成为生物系的学员。

1927 年，朱洗顺利毕业并留校工作。因朱洗与巴荣德合作开展了多项研究，巴荣德曾说："朱洗挖掘了我全部的知识。"尤其值得注意的是，巴荣德是著名的实验胚胎学家，以研究人工单性生殖闻名。这对朱洗后来的研究方向产生了重大影响。1931 年，朱洗凭借毕业论文《无尾类杂交的细胞学研究》顺利拿到了梦寐以求的博士学位。巴荣德竭力挽留他留在法国，可他还是婉言谢绝了。那个年代的中国科学家，大多怀着"科学救国"的梦想，朱洗也不例外。年少时的他尚且"位卑未敢忘忧国"，如今学业已成，他毅然回到了饱受苦难的祖国。

朱洗从留法开始，研究的一直是卵子的成熟、受精和单性生殖等问题，研究方向在几十年间从未改变，因而研究既系统又深入，在国内外均享有盛誉。朱洗的理论成果颇多，他在两栖类杂交的细胞学研究、多精受精卵子中剩余精子的命运、蛙类卵子的成熟、两栖类卵子的受精机制等方面都取得了很高成就。其中，最为人津津乐道的便是"没有外祖父的蟾蜍"了。

20 世纪 50 年代之前，尽管科学家们已经用青蛙做过多次人工单性生殖试验，但却没人尝试过蟾蜍。人工单性生殖的蟾蜍是否还有繁殖能力？朱洗对此很感兴趣。为此，从 1951 年起的八年间，朱洗先后试验数十次，涂血针刺了数万个蟾蜍卵球，终于培育出 25 只没有父亲的小蟾蜍。其中的一对雌、雄蟾蜍后来成功抱对，孕育出一批小蝌蚪。由于蝌蚪妈妈没有父亲，"可怜"的小蝌蚪也就自然没有外祖父。1961 年 5 月 22 日，在中国科学院上海实验生物研究所工作的朱洗，成功利用人工单性繁殖的方法获得母蟾蜍。用单性生殖获得"无父"和"无外祖父"的蟾蜍，这是世界首例。

这一有趣的实验，进一步证明了脊椎动物人工单性生殖的子裔照常能够繁育后代。1961 年，上海科教电影制片厂把这项科研成果拍成了科教片《没有外祖父的癞蛤蟆》，记录了这位生物学家一生中最后的科学活动的形象。

当时，朱洗的这一成果在全世界都是领先的，它表明卵球具有整套发育成个体的物质基础，人工单性生殖的个体可以完成正常的生殖活动并孕育健康的后代。朱洗曾说过自然界是重女轻男的，“没有外祖父的蟾蜍”再次印证了这一有趣的观点，家乡人都因此亲切称呼他为“蛤蟆博士”。

那批癞蛤蟆，是生物学克隆领域研究在中国蹒跚起步的标志。正如分子生物学家郭礼和所言，“早期的克隆技术要提到几个人，一个是我们研究所的另一位老所长朱洗……朱洗主要利用克隆技术繁殖后代。对‘无外祖父的癞蛤蟆’他做了 8 年工作，经过几十次实验，到了 1959 年的时候已经得到了两只蛙，后来在 1960 年死了一只，另一只娃在 1960 年受精得到 3 000 多个受精卵，发育出了 800 多只无外祖父蝌蚪。1961 年，上海科教制片厂就拍了《没有外祖父的癞蛤蟆》在全国放映”。

殊途同归：拳拳爱国心，勤恳科研路

当代克隆技术已经逐渐为普通大众所熟悉，但在童第周和朱洗工作的年代，克隆技术远没有今天这么热门。他们依靠个人的努力，形成了中国克隆界北（青岛）有童第周（金鱼）、南（上海）有朱洗（蟾蜍）的局面，为我国的生物科学做出了贡献。他们之所以能够在艰苦的条件下完成出色的科研成果，有几项基本的品质是共同的。

首先，他们都有强烈的爱国主义精神。他们均留学欧洲并获得了各自导师的赏识，如果留在欧洲工作，不但可以有良好的科研环境，还会有丰厚的个人待遇。但他们抱着一颗报国的拳拳之心，都毅然决然地选择了回国建设祖国。这种爱国主义精神支撑着他们在国内条件落后的情况下依靠个人努力完成前沿的工作，俩人的一生都是奉献的一生，他们用自己的亲身经历实践着知识报国的信条。

其次，他们都有实事求是的科学精神。1955 年，全国发起“除四害”运动。从 1956 年开始，分别在 5 年、7 年或者 12 年内，在一切可能的地方，基本上消灭老鼠、麻雀、苍蝇和蚊子。此后 5 年，麻雀被定性为害鸟，各地展开了捕雀运动。朱洗不畏风险，对这项运动率先提出了反对意见，他对于历史上德国、美国等地因捕鸟造成的农业减产进行了总结，事后证明他的意见是正确的。

再次，他们都有扎实的科学训练和理论学习。在今天社会的大环境下人们往往喜欢讲述成功学故事，甚至像爱因斯坦会被说成是超级民科，于是很多民科都会产生一种错觉，那就是科学研究更多靠的是灵感，学院教育不那么重要。但科学的道路上没有捷径，童第周和朱洗两人都在欧洲接受了严格的学术训练，并且他们正确地接受了遗传学上的摩尔根学派，为他们各自的科研打下了良好的基础。只有有了牢固的学术基础的支撑，才能在科学的前进道路上做出自己的贡献。

最后，他们所进行的科学研究与时代主题相一致，这也是获得科学成就的最重要依托。20 世纪 50 年代，随着沃森、克里克发现 DNA 双螺旋结构以及分子生物学研究的兴起，整个生物学界俨然成了自然科学的中心学科。在这样一段时间内，只有紧跟国际学术研究的浪潮，才能够做出有时代意义和重要贡献的科研成果。也有许多生物学家热衷于在经典著作中寻找只言片语做研究，这不仅浪费了科学上的人力物力财力，而且使得中国科学界与世界的差距越拉越大。童第周和朱洗没有受到这股风潮的干扰，一心一意搞学术，最终取得了国内外都认可的成果，这是弥足宝贵的。

数学巨擘：华罗庚的数论研究

2015 年 6 月 12 日是我国著名数学家华罗庚院士逝世 30 周年的日子，中科院数学与系统科学研究所特举行“30 年没有忘记的记忆——几代学生缅怀华罗庚老师对学生的精心培养和教育”主题纪念大会。此次活动邀请了华罗庚先生的第二代学生王元、陆启铿、万哲先、越民义等，还邀请了第三代、第四代和第五代的学生代表进行发言。大家相聚一起忆颂华老师的高尚情怀。

著名工程学家干毅之子也是华罗庚的私淑弟子干小雄曾这样评价华罗庚：华老（华罗庚）对中国数学贡献重大，他几乎搭建了新中国整个数学体系。他脚踏着中国的大地，一步步踏入了世界最顶尖数学家的行列中，他是当之无愧的中国数学大师、世界数学大师。

生活中的逆境

1910 年 11 月 12 日，华罗庚出生于江苏常州金坛。父亲华瑞栋以开小杂货铺为生，母亲是一位贤惠的家庭妇女。四十得子，华瑞栋给孩子起名华罗庚。“罗”者，“箩”也，象征“家有余粮”，又合金坛俗话“箩里坐笆斗——笃定”的意思；“庚”与“根”音相谐，有“同庚百岁”的意味。

1922 年，12 岁的华罗庚从县城仁劬小学毕业后，进入金坛县立初中。他人生的第一位伯乐王维克老师发现了其数学才能，并尽力予以培养。1925 年，华罗庚初中毕业，就读上海中华职业学校，因拿不出学费而中途退学，帮助父亲料理杂货铺，因此华罗庚一生只有初中毕业文凭。此后不久，华罗庚就结婚开始了普通人的生活。1929 年冬，华罗庚不幸染上伤寒，母亲在染病后不久就去世了。这场折磨人的大病历时半年，华罗庚卧病在床、生命垂危。虽然在妻子精心护理下最终捡回了一条性命，但是由于发烧时间过长，在床上躺的时间太久，他的左腿肌肉萎缩，落下残疾。华罗庚左腿残疾后，走路要左腿先画一个大圆圈，右腿再迈上一小步。他自己戏称这是“圆与切线的运动”。面对自己身体上的残疾，他丝毫不气馁，依旧非常乐观。

华罗庚的一生颇多坎坷，但他在任何情况下都抱着人定胜天的决心与乐观积极的态度。

进入数学殿堂的华罗庚

华罗庚辍学在家后，利用手中仅有的几本教材——《大代数》《解析几何》和《微积分》，抓紧时间刻苦自学。同时，他还用节省下来的零花钱购买《科学》和《学艺》两种杂志，以便能够及时了解数学领域研究的进展。在认真阅读别人文章的基础上，华罗庚开始发现与研究一些问题，并且写成文章向《科学》和《学艺》两本杂志投稿。

恰巧此时清华大学教授熊庆来看到了《科学》上发表的华罗庚的文章，并给予高度关注。当熊庆来得知华罗庚只是一个初中毕业生，感到更为惊奇，对他愈加珍爱。当时系里的七位教授都赞同把华罗庚调来清华工作，于是熊庆来在时任理学院院长叶企孙先生的支持下，破格聘华罗庚到清华大学工作。当时清华大学算学系人才济济，华罗庚在这样一个环境中为自己立下了一个宏愿：以过人的努力，追求自己的成就。他的勤奋与努力是出了名的，也深深地感动了他的同辈人。陈省身认为：罗庚事业心强，用功非常人可及，他的数学研究范围甚广，扬名海内外。

1936 年，华罗庚到剑桥大学进修。他师从哈代（Hardy），积极参加剑桥大学数论小组的学术讨论班活动，迅速进入该领域前沿。华罗庚潜心研究数论，致力于解决华林（Waring）问题、他利（Tarry）问题等数学难题，其杰出才能和出色工作引起了国际数学界的高度关注。第二次世界大战后，华罗庚去美国继续研究多复变函数。1946 年，他在美国《数学年刊》上发表的文章《多复变函数的自守函数》成为其经典著作，为研究自守函数的名家反复引用。如今，多复变函数自守函数理论已发展成为现代数学最重要的研究方向之一。

毅然回国的东方数学之王

新中国成立的消息传到大洋彼岸，海外学子心向往之。华罗庚于 1950 年毅然回国，当时他年仅 40 岁，正值学术研究的黄金时期。新中国成立后的最初十年，也是他精力最充沛的十年，他在这十年中做了很多工作。期间他主要从事的研究仍然是多复变函数，主要工作之一就是多复变函数典型域上的调和分析。

华罗庚对多元复变函数的研究始于 20 世纪 40 年代抗战时期。当时的西南联合大学，条件非常艰苦，华罗庚住在人畜共舍的牛棚楼上。他想把单复变数的自守函数理论推广到多元复变函数。华罗庚早就认识到单变数的自守函数的推广是典型域上的自守函数。同样，他认为单位圆上的调和分析的推广是典型域上的调和分析。他用群表示理论具体构造了典型域上的绝对值平方可积全纯函数的一组完备正交归一函数系。

在多复变数函数论的研究中，平面上的单速通域的推广应当是单速通可递域，而单速通可递域的绝大部分是“典型域”。这些典型域乃是华罗庚所创矩阵几何学中的“双曲几何学”的空间。华罗庚系统地研究了各种不同典型域的正交就范系，运用群表示论的方法来分析所关联的希尔伯特空间，再通过巧妙的计算方法定出就范常数。

华罗庚指出特征流形上的正交就范系的重要性，并由这一正交就范系作出 Cauchy 公式和 Pioson 公式。他指出了特征流形上的调和分析和 Cauchy、Pioson 公式的内在关系。由 Pioson 公式所定义的调和函数对普通的调和函数是一种有力的推广。他还得出一个函数为调和函数的必要且充分条件的偏微分方程组。这给偏微分方程的研究提供了新的问题。

总的来说，华罗庚的工作完整地获得了典型域上多复变函数的基本公式。此外，他对定积分求积、极数求和、代数恒等式等研究都可以表现出他所具有的高超运算技巧。上述工作深刻影响了多复变函数论及偏微分方程组理论的发展。

华罗庚开创中国数论学派

1953 年，中国科学院数学研究所建立数论组时，华罗庚决定以哥德巴赫猜想作为数论组讨论的中心课题，并亲自组织了“数论导引”讨论班和“哥德巴赫猜想”讨论班。华罗庚选择哥德巴赫猜想作为数论组讨论班的主题是非常具有长远战略眼光的。这不仅带动所内解析数论的研究，也推动了国内相关数学研究的发展，同时在国内也可以培养年轻数论研究人才。讨论班的成员后来都在数论研究中做出了重要贡献，哥德巴赫猜想研究也因此取得了重要进展。毫不夸张地说，中国“哥德巴赫猜想”研究后来的成果井喷几乎全部来自这个讨论班。

华罗庚为年轻学者补充数论的基础知识，再对哥德巴赫猜想问题进行集中研究。他在班上要求学生了解解析数论的研究成果，学习一些重要的工具与方法，根本目的是能够组织起一支顶尖的未来学者队伍。对此，华罗庚回忆道：我不是要你们在这个问题上做出成果来，我的着眼点是哥德巴赫猜想跟解析数论中所有的重要方法都有联系。以哥德巴赫猜想为主题来学习，可以学到解析数论中所有的重要方法。“哥德巴赫猜想”讨论班后来取得的成果大大超出了华罗庚的预期。

讨论班的成员之一王元在 1956 年和 1957 年先后证明了哥德巴赫猜想中的“3+4”和“2+3”；1962 年，山东大学的潘承洞与苏联数学家巴尔巴恩分别独立证明了“1+5”；1963 年，潘承洞又证明了“1+4”。特别是华罗庚发现了陈景润并将其调入数学所，陈景润经过多年的努力，最后终于证明了“1+2”，取得了当时关于证明哥德巴赫猜想的最好成果。

爱祖国与爱人民的伟大数学家

1958年，有人要求数学必须直接为大生产服务。中国当时引入的现代数学没有应用数学传统，数学家们对于如何使他们的工作直接服务于经济建设这一问题很困惑。作为中国数学的领军人物，华罗庚承受巨大的压力，进行了一系列的探索与研究。他学习与研究过矿业学家与地理学家估计矿藏能量与坡地面积的方法；他到中国的工业部门，特别是运输部门去普及过线性规划；他还花了很多时间研究数论在多重积分近似计算中的应用，取得了一些成绩与经验。但这些方面的成果难以在中国广泛推广与使用，所以华罗庚仍不停地思考数学应该如何直接而又广泛地服务于中国的经济建设。华罗庚虽已年过半百，毅然跟年轻人一道，继续探索应用数学研究的多种途径。后来的“双法”就是这一历史时期的重要成果。

从1965年开始，华罗庚去中国工业部门普及“双法”，即统筹法与优选法。统筹法即国外的CPM与PERT；优选法即斐波那契法与黄金分割法。他将“双法”加以通俗讲述，写成了几乎不用数学语言表述的“白话”小册子，使一般工程技术人员甚至工人都能看得懂。1975年8月，华罗庚在大兴安岭推广“双法”时，积劳成疾，患心肌梗死。其间共昏迷6个星期，一度病危。十多年间，他几乎走遍了全国各省市自治区，为工人演讲，指导他们将“双法”用于生产，始终将国家和人民的利益放在首位。

改革开放后，华罗庚正式恢复中国科学院数学研究所所长职务。他重访欧洲与美国时，不少人问过他这样的问题：“你回国了，不后悔吗？”1981年，费弗曼在《旧金山周报》上发表的《华罗庚教授在旅行》一文中，华罗庚谈到他当初决定回国时的想法：“我留下是容易的，在美国对我的妻子、儿女及我的工作都是重要的，我回去与否呢？最后我决定了，中国是我的祖国、我的家乡。我是穷人出身，革命有利于穷人。而且，我想我可以做一些对于中国数学来说是重要的事情。”

1985年，华罗庚访问日本，这位伟大的数学家在自己珍爱的数学讲坛上倒下了。这次倒下后，他再也没有醒过来，一个伟大时代造就的学术伟人就此陨落。西方评论道：这正如一个将军在战场上倒下一样的光荣！

走向前沿：吴文俊的拓扑学研究

2019年是中国科学院院士、第三世界科学院院士、首届国家最高科学技术奖获得者吴文俊诞辰100周年。吴文俊的一生是致力于解决数学科学前沿、基础数学科学以及数学史领域重大问题的伟大的学术人生。他以数据科学中关键数学方法与技术瓶颈问题为导向，力求解决国家重大需求问题，开辟引领了一系列重要研究方向。吴文俊在拓扑学、数学机械化和中国数学史研究领域取得了划时代的成就，为中国的现代数学事业和数学史学科发展做出了卓越的贡献。

宿命的打破者

西方国家的近代数学历经百年而各自形成传统，数学教育和研究不论遭遇何等灭顶之灾依旧稳定发展。美国和日本身为后起之秀也已经走向国际前沿，但许多前殖民地或半殖民地国家在取得独立后却依然很难做到这一点。其中的原因虽然复杂，但学脉难续、大家离散、青黄不接是一个重要原因。历经了旧中国的多灾多难，许多学者逆风而行，艰难地带领着中国数学研究走向世界前沿。

解放初期，新中国的大学数学教育得到了很大发展。然而，由于众所周知的原因，正常的数学教育与科研曾一度长期停摆而导致人才培养出现严重断层。与此同时，新中国长期只与苏联和东欧国家数学界交流，苏联的“理论联系实际”口号深刻影响中国数学研究发展。恰逢此时欧美数学界的拓扑学成为学术主流，北美与西欧的当代数学乘势崛起，苏联与东欧数学则大大落后。

进入改革开放特别是新时期，中国的教育与科研环境大为改善，数学领域也迎来了自己的第二个春天。1986 年，中国恢复国际数学联盟合法席位，重新走上世界数学研究的舞台中央。1978 年，中国的数学研究论文在世界占比数量确实微不足道，而今中国的数学研究论文已经高居世界第二位。西方学者长期认为“中国学者对于国际主流数学贡献有限”的论断，显然有失偏颇。其中，吴文俊的拓扑学研究成果，堪称新中国艰难历史阶段中的杰出代表。

在大师的引导下走向成功

出生于 1919 年的吴文俊与其他同时代人一样，深受五四新思潮影响。1936 年，吴文俊被保送至交通大学数学系。他回忆当时就读的交大数学系除了胡敦复、裘维裕两位恩师外，陈怀书先生的初等数学、汤彦颐先生的高等微积分和复变函数论、石法仁先生的微分方程、武崇林先生的代数方法论都给他留下了深刻印象，武崇林先生还将自己在数学方面的珍贵藏书借给他，给予了他很大的指导和帮助。因此，吴文俊曾多次深情地表示：“我的数学底子是在交大打好的”。吴文俊大学一年级的基础打得非常扎实，激发了他对数学的兴趣。二年级开学前夕抗日战争爆发，交大被迫迁到法租界继续办学，但交大师生在那段艰苦的岁月里，还是照样读书、照样考试。这种朴实严谨的良好校风使吴文俊受益良多。

大学毕业后，吴文俊先后辗转于育英中学、培真中学、南洋模范女中、之江大学教书。抗日战争爆发后，吴文俊在数学大师陈省身帮助下，调入数学研究所。1946 年，陈省身在上海筹办数学研究所，这一机构对中国数学的发展具有至关重要的作用，而对吴文俊而言更是千载难逢的人生转折点，真正发掘吴文俊数学潜能的正是数学大师中的大师陈省身先生。当时的代数拓扑学方兴未艾，从普林斯顿回国的陈省身敏锐注意到代数拓扑学将是未来数学发展的领头羊。1946 年下半年，陈省身每周亲自为研究所开办专门讲座，为年轻学子打下入门基础，听讲的年轻人中有不少日后成为著名的拓扑学家，吴文俊便是其中的杰出代表。

1947 年，吴文俊考取留法公费生，赴法留学。在法国 4 年，时值布尔巴基学派鼎盛期，他得以做出自己一系列最为重要的研究成果。回顾吴文俊的留学经历，有学者总结其成功的秘诀：追随大师，站在巨人的肩膀上；从未完成的地方起步，发挥独创性。吴文俊的研究成果正是惠特尼研究的延续和发展：惠特尼证明微分流形基本嵌入定理，这为吴文俊所推广并形成他的示嵌类理论；惠特尼建立纤维丛及示性类理论，成为代数拓扑特别是微分拓扑发展的契机。吴文俊大大发展了这个理论，形成了自己的示性类理论。

曾引起国际数学界地震的人

留学期间，吴文俊在示性类研究方面上了一个新台阶：他得出了著名的吴文俊公式。这个公式完整地解决了施提菲尔-惠特尼示性类的理论问题，其中一个结果是证明该示性类的拓扑不变性。现在公认这个结果为道姆所证，但是吴文俊最先证明了最主要情形 *w2* 的拓扑不变性。道姆很快在其基础上得出一般结果，即所有施提菲尔-惠特尼示性类均为拓扑不变量。吴文俊也进一步得出该示性类的明显公式，即微分流形 M 的示性类表示成具体公式，其中只包含 M 的上同调环以及 N. 斯廷洛德（N. Stenrod）平方运算。这就是震动国际的吴文俊公式，一时之间多所世界著名大学都高度关注这位年轻的中国数学家。1951 年，当普林斯顿的聘书寄到巴黎时，吴文俊已在返回祖国的旅途中。

1952 年，回国的吴文俊针对同伦性问题提出了拓扑性问题。代数拓扑学发展早期，主要工具例如欧拉示性数、贝蒂数等都是同伦性的，具体来说是同伦不变量，但这些工具对拓扑性问题往往无能为力，因而从 20 世纪 30 年代以来，拓扑学的发展转而集中于同伦性问题，特别由于塞尔等人的突破，更使同伦性问题成为当时拓扑学发展的主流。吴文俊重新提出拓扑性问题，而且创立一般方法系统引入非同伦不变的拓扑不变量，特别是 n 重约化积，有了新工具之后用以研究各种拓扑性问题。吴文俊在嵌入问题上取得巨大成功，系统建立了示嵌类理论。

吴文俊的另一项重要工作是关于庞特里亚金示性类的拓扑不变性问题。他在系统完成施提菲尔-惠特尼示性类的工作之后，自然考虑庞特里亚金示性类的同样问题。在法国留学期间，他首先系统地建立庞特里亚金示性类的理论，并确定庞特里亚金示性类与陈省身示性类之间的重要关系。吴文俊还把它改造成同调，并对其做了一系列简化。吴文俊回国后，希望能继续证明某些庞特里亚金示性类的拓扑不变性。他首先用自己的拓扑不变量证明模 3 类的拓扑不变性，后来又用新的上同调运算证明模 4 的拓扑不变性，其后又推出某些庞特里亚金的模 p 组合的拓扑不变性。这些基础工作随后得到世界公认。

吴文俊拓扑学研究的历史地位

吴文俊的拓扑学研究成果很早即在国际上受到重视并跻身当时数学界的主流。美国著名数学家、国际数学联盟第一届主席 M. 斯通（M. Stone）在 1961 年的文章中谈到新中国的数学成就时指出：虽然从整体上来看，中国人的贡献在数学界不是很大，但少数大陆中国人被公认为天才且有成就的数学家，他们最近的贡献被高度评价。作为例子，可以举出吴文俊引进的新拓扑不变量以及华罗庚对多复变函数论的研究。

吴文俊在拓扑学上的工作引导了当时拓扑学成为数学的主流。其研究成果被五位菲尔兹奖获得者引用，其中三位还在他们的获奖工作中直接使用了吴文俊的成果：法国数学家 R. 托姆（R. Thom）因建立“配边理论”而获菲尔兹奖。托姆在建立“配边理论”的获奖工作中，证明主要定理时三次引入，分别是吴文俊的第一公式、吴文俊的第二公式及吴文俊发现的关于四维流形的公式。美国数学家 J. 米尔诺（J. Milnor）以解决“7 球问题”而获菲尔兹奖，在他的文章中用到吴文俊关于示性类的乘积定理的结果。美国数学家 S. 斯麦尔（S. Smale）因解决高维 Poincare 猜想而获得菲尔兹奖，在他的获奖工作中引用了吴文俊的示痕类定理，并指出其结果对于斯麦尔证明的有关定理是必不可少的。英国数学家 M. F. 阿蒂亚（M.F.Atiyah）因证明“指标定理”而获菲尔兹奖。阿蒂亚等人关于黎曼-罗（Riemann-Roch）定理的论文中，在不到两页半的引言部分，叙述吴文俊的工作多达 17 次。可见吴文俊的工作是这篇文章的出发点和基础，而这篇文章正是“阿蒂亚-辛格（Atiyah-Singer）指标定理”的前奏。

尽管成就辉煌夺目，但吴文俊的拓扑数学奇迹在 20 世纪 50 年代后却戛然而止。

吴文俊为中国数学做出的贡献

吴文俊认为：自己这辈子最得意的事，就是对中国古代数学的研究。中国古代数学着重解方程，解决各式各样的问题，着重计算，这是不同于外国数学的，这种算法式的数学，是计算机时代最适合、最现代化的数学。

20 世纪 70 年代，吴文俊研读中国数学史。直到 16 世纪，中国古代数学独有的很多分支都在国际上遥遥领先，堪称名副其实的古代数学强国。中国古代数学既有系统的理论又有丰硕的成果，这些成果经常以算法（术）的方式表述。其理论依据则可以被总结为一些原理。吴文俊经过反复研读与提炼后提出：数学机械化思想贯穿于中国传统数学，是我国古代数学的精髓。通过分析中国传统数学的光辉成就在数学科学进步历程中的地位和作用，吴文俊明确指出，与源于西方的公理化思想不同，还有一种源于中国的机械化思想。上述两种思想对于数学的发展都发挥了巨大作用，理应兼收并蓄。吴文俊独创的数学问题机械化即导源于中国古代传统数学。由于计算机的出现而呈现旺盛生命力的数学机械化思想在数学研究上已经发挥出它的巨大威力，并且对当今数学及数学教学产生了巨大的影响。

过去的公理化体系的几何定理缺乏机械化证明。以中学课程中的几何为例，一个定理的证明，往往需要经过冥思苦想，迂回曲折地给出证明。数学机械化研究在初等几何定理的机器证明研究方面就具有自己的优势。关于如何利用计算机进行自动推理，特别是进行几何定理的自动证明是学术界长期研究的课题。所谓定理的机械化证明，就是对一类定理（这类定理可能成千上万）提供一种统一的方法，使得该类定理中每一个都可依此方法给出证明。吴文俊创立了初等几何定理证明的机械化方法，国际上称之为“吴方法”。该方法首次实现了高效的几何定理机器证明。在证明过程中，每前进一步，都有章可循地确定下一步该做什么和如何做。从“一理一证”到“一类一证”是数学认识和实践的飞跃。

吴文俊的杰出贡献使他获得 1998 年度国际自动推理界的最高奖“Herbrand 自动推理杰出成就奖”。如今看来，“吴方法”可广泛用于几何定理的自动发现和未知关系的自动推导，具有广阔的前景。吴文俊的开创性成果，打破了国际自动推理界在几何定理自动证明研究中长期徘徊不前的局面，也使我国在这一领域处于领先地位。吴文俊说过：从事数学研究，要有良好的思维方式，在思想观念上要有所突破。许多事例表明，一些数学分支正是由于踏上了机械化的道路而获得了蓬勃的发展，使之成为重要的研究方向，甚至成为数学的主流。

吴文俊强调：数学机械化方法的应用是数学机械化研究的生命线。他本人的研究工作已涉及许多应用领域，如线性控制系统、机构综合设计、平面星体运行的中心构形、化学反应方程的平衡、代数曲面的光滑拼接、从开普勒定律自动推出牛顿定律、全局优化求解等。在他的指导和带动下，数学机械化方法已在一些交叉研究领域获得初步应用，如理论物理、计算机科学、信息科学、自动推理、工程几何、机械机构学等。数学机械化研究正在不断开拓更多的应用方面。运用机械化思想考察数学，将会发现数学的不同侧面，建立新的模式，活跃和启迪数学家的思维，从而产生大量的原始创新。

生命的呐喊

以吴文俊为代表的早期海归数学家们放弃国外优厚待遇，毅然回国，在极其艰难的条件下充分发挥主观能动性，代表新中国第一次走到了世界数学研究领域的最前沿。吴文俊即使个人处于极其艰难的困境，依旧不愿意放弃学术研究，但他的第二次学术辉煌却已是 20 多年之后的迟暮之年。回归世界数学舞台的吴文俊，老骥伏枥、志在千里，他用尽自己的全部生命，为中国数学发出了生命最后的呐喊。

今天我们纪念这位大师，最宝贵的不是他所创的事业，而是他用生命书写的中国数学学人的精神与品格。

无冕之王：陈景润的“哥德巴赫猜想”研究

2018 年 12 月 18 日，在庆祝改革开放 40 周年大会上，宣读了获得“改革先锋”称号人员名单，激励青年勇攀科学高峰的典范陈景润在列。陈景润曾经是并且永远是中国人心目中的科学偶像。他在逆境中潜心学习，忘我钻研，取得解析数论研究领域多项重大成果。1973 年，陈景润在《中国科学》发表了“1+2”的详细证明，引起世界巨大轰动，至今仍在“哥德巴赫猜想”研究中保持世界领先水平！他的先进事迹和奋斗精神，激励着一代代青年发愤图强，勇攀科学高峰。

生活中的怪人与数学天才

陈景润这位数学天才，出生在福州市的一个小镇。家庭十分贫苦，他从小就落下先天不足的病根，此后病痛一直折磨着他。儿时的陈景润早早就显示出与其他孩子大为不同。他喜欢玩的“捉迷藏”游戏与常人是不一样的。他玩捉迷藏时总是拿着一本书，喜欢藏在一个别人不易发现的角落。他会一边看书，一边等小朋友来“捉”他。经常出现的情况是，他看着看着就忘了自己在玩捉迷藏，而是深深陶醉在书的世界里。这就是数学天才陈景润。

幼年的陈景润与数学似乎生来就有不解之缘，只要遇到数学，他就能够忘却所有的烦恼。后来父母给他找了一所离家近的小学，送他去念书。在所有的学科中，他特别喜欢数学。他升入福州英华中学时，有幸聆听了从清华大学毕业的数学教师沈元讲课。沈元给学生讲了一个有关一道世界数学难题的故事：大约在200年前，一位名叫哥德巴赫的德国数学家提出了“任何一个大于4的偶数均可表示两个素数之和”，简称“1+1”。他没证明出来，便给俄国圣彼得堡的数学家欧拉写信，请他帮助证明这道难题。欧拉接到信后，就着手计算。他费尽了脑筋，直到离开人世，也没有证明出来。之后，哥德巴赫带着一生的遗憾也离开了人世，留下了这道数学难题。200多年来，这个哥德巴赫猜想吸引了众多的数学家，成为世界数学界一大悬案。沈元为此还打了一个有趣的比喻：数学是自然科学的皇后，那么“哥德巴赫猜想”就是皇后王冠上的明珠！令沈元没有想到的是，他那引人入胜的故事给讲台下的少年陈景润留下了深刻的印象，“哥德巴赫猜想”此后就像磁石一直吸引着他。

1953年，青年陈景润从厦门大学数学系毕业，留校担任图书馆资料员。除整理图书资料以外，他还承担数学系学生作业批改工作。尽管时间紧张、工作繁忙，陈景润对数论却产生了浓厚兴趣，利用一切时间系统阅读了数学大家华罗庚的著作。陈景润不论酷暑还是严冬，在自己那不足6平方米的斗室中，废寝忘食，潜心钻研，仅仅用于计算的草纸就足足装了几麻袋。可是，这个世界数学领域未来的精英，在日常生活中却不知商品分类，有的商品连名称都叫不出来，因此被称为“痴人”。沈元在他心中栽下的那颗种子，终于萌发成了他的数学梦想。1957 年，陈景润被华罗庚慧眼识珠，调动至中国科学院数学研究所工作。作为新的起点，他更加刻苦钻研。经过多年艰苦磨砺，他终于在 1965 年 5 月发表了自己的重要论文《大偶数表示一个素数及一个不超过 2 个素数的乘积之和》。该论文的发表，受到世界数学界高度重视与称赞。英国数学家哈伯斯坦和德国数学家黎希特将陈景润的论文写入自己的书中，称之为“陈氏定理”。

摘取皇后王冠上的明珠

哥德巴赫猜想早期版本为：任一大于 2 的偶数都可写成两个质数之和。但是哥德巴赫自己无法证明这个猜想，大数学家欧拉也无法给出证明。这个数学史上的谜案就此流传下来，后来被通称为“哥德巴赫猜想”。由于现今数学界已经不再使用“1 也是素数”这个约定，猜想的现代陈述为：任一大于 5 的整数都可写成三个质数之和。欧拉在给哥德巴赫的回信中也提出另一等价版本，即任一大于 2 的偶数都可写成两个质数之和。今日常见的猜想陈述即使用上述欧拉的版本。

目前研究哥德巴赫猜想主要有四个途径：殆素数、例外集合、小变量的三素数定理以及“几乎哥德巴赫问题”。

殆素数就是素数因子个数不多的正整数。设 N 是偶数，虽然不能证明 N 是两个素数之和，但足以证明它能够写成两个殆素数的和，即 $N=A+B$，其中 A 和 B 的素数因子个数都不太多。

用“a+b”来表示如下命题：每个大偶数 N 都可表示为 A+B，其中 A 和 B 的素数因子个数分别不超过 a 和 b。显然，哥德巴赫猜想就可以写成“1+1”。

例外集合是指在数轴上取定大整数 x，再从 x 往前寻找使哥德巴赫猜想不成立的那些偶数，即例外偶数。x 之前所有例外偶数的个数记为 $E(x)$。我们希望，无论 x 多大，x 之前只有一个例外偶数，那就是 2。即只有 2 使猜想是错的。这样一来，哥德巴赫猜想就等价于 $E(x)$ 永远等于 1。当然，直到现在还不能证明 $E(x)=1$；但是能够证明 $E(x)$ 远比 x 小。在 x 前面的偶数个数大概是 $x/2$；如果当 x 趋于无穷大时，$E(x)$ 与 x 的比值趋于零。这就说明这些例外偶数密度是零，即哥德巴赫猜想对于几乎所有的偶数成立。这就是例外集合的思路。

三素数定理指如果哥德巴赫的偶数猜想正确，那么奇数的猜想也正确。我们可以把这个问题反过来思考。已知奇数 N 可以表示成三个素数之和，假如又能证明这三个素数中有一个非常小，比如第一个素数可以总取 3，那么我们也就证明了偶数的哥德巴赫猜想。

最后就是“几乎哥德巴赫问题”。现在已经证明：存在一个固定的非负整数 k，使得任何大偶数都能写成两个素数与 k 个 2 的方幂之和。能写成 k 个 2 的方幂之和的整数构成一个非常稀疏的集合；事实上，对任意取定的 x，x 前面这种整数的个数不会超过 $\log x$ 的 k 次方。因此，虽然我们还不能证明哥德巴赫猜想，但是我们能在整数集合中找到一个非常稀疏的子集，每次从这个稀疏子集里面拿一个元素插到这两个素数的表达式中去，这个表达式就成立。这里的 k 用来衡量“几乎哥德巴赫问题”向哥德巴赫猜想逼近的程度，数值较小的 k 表示更好的逼近度。显然，如果 k 等于 0 时，“几乎哥德巴赫问题”中 2 的方幂就不再出现。从而，“几乎哥德巴赫问题”就是哥德巴赫猜想。

华罗庚是中国最早研究哥德巴赫猜想的数学家。他赴英留学期间，师从哈代研究数论并开始研究哥德巴赫猜想，验证了对于几乎所有的偶数猜想。1950 年，华罗庚回国，在中科院数学研究所组织数论研究讨论班，选择哥德巴赫猜想作为讨论的主题。参加讨论班的学生中王元、潘承洞和陈景润等人后来在哥德巴赫猜想的证明上都取得了相当好的成绩。

陈景润跌宕起伏的人生之路

1966 年，陈景润宣布证明了“1+2”，但证明材料有 200 页。《科学通报》为此只登了简报，没有给出详细的证明，事后也没有引起什么反响。正当陈景润力求更加完善的证明而埋头进一步研究时，一场席卷全国的大灾难就开始了。1968 年 4 月，陈景润饱受各种身体上的摧残和精神上的蹂躏。此后在这段黑暗的日子里，证明过程的演算全是他趴在床板上一笔一笔算出来的，草稿又足足装满了两麻袋。内参《国内动态清样》曾经详细记述了陈景润极为艰苦的工作和生活情景：他住在只有 6 平方米的小小房间，屋内的光线非常暗淡。连一张桌子都没有，只有四叶暖气片的暖气上放着一只饭盒、一堆药瓶，连一只矮凳子也没有。工作时把被褥翻起来当桌子用。由于房间潮湿、阴暗，空气不流通，陈景润患了肺结核，喉头炎严重、咳嗽不止，还经常腹胀、腹痛。

1973 年 2 月最寒冷的一天，陈景润因为病情加重不得不到医院看病，途中遇见时任中国科学院数学所业务处处长罗声雄。罗声雄在一次陈景润被围殴时为他仗义执言，从此成了陈景润在科学院唯一的朋友。陈景润觉得自己命不久矣，论文有被埋没的可能，为此向罗声雄寻求帮助。罗声雄知道陈景润研究成果的重要性，他与数学所的乔立风商议后，二人决定把陈景润取得重大学术突破的情况直接上报中国科学院。不久，一份工作简报就摆在了中国科学院副书记武衡面前。武衡深知该成果意义重大，在一次全院大会上专门表扬了此事。参加这次大会的新华社记者迅速写了两篇内参上报。内参引起了毛泽东主席的注意。随后，陈景润的论文以最快的速度在《中国科学》英文版发表。从此，陈景润的处境在党和国家领导人的关怀下大为改善，周恩来总理还亲自提名陈景润为第四届全国人大代表。

真正使人们认识到陈景润作为人才的宝贵，还是源于徐迟的那篇著名的报告文学《哥德巴赫猜想》。1978 年 1 月，在恢复高考的时日，徐迟的报告文学《哥德巴赫猜想》犹如一夜春风，吹遍了神州大地，让多少人激动不已，迅速激发了全国人民尤其是年轻人对科学的无比热情。陈景润成为青年人奋斗的坐标，成了民族英雄。“向科学进军”成为最鼓舞人心的口号，那个时代的孩子在被问到“长大后做什么”时，都会铿锵有力地回答“当科学家！”“学好数理化，走遍天下都不怕”曾是一代学子的座右铭。1977 年全国科学大会期间，刚刚复出并自告奋勇主管科学工作的邓小平接见了陈景润。他见到小平同志后，深深地鞠了一躬，而这一躬中包含了多少不为人知的情感。

在成绩面前，陈景润并没有停止脚步。作为新时期的数学名家，他更加努力了。不善言辞的他没有说过什么豪言壮语，但却取得了一个个数学前沿的科研成果。1980 年，陈景润当选中国科学院物理学数学部委员。他继任四届人大代表后，又连任第五届、第六届全国人大代表。他在解析数论的研究领域取得多项重大成果，曾获国家自然科学奖一等奖、何梁何利基金奖、华罗庚数学奖等多项奖励。1978 年和 1982 年，陈景润两次得到国际数学家大会做 45 分钟报告的最高规格待遇。

中国的陈景润

1977 年，陈景润收到一封国际数学家联合会主席寄来的信。组委会邀请他出席国际数学家大会，大会共指定了 10 位数学家做学术报告，陈景润就是其中之一。这对于一位数学家而言，可称得上是莫大的荣誉。可由于当时中国在国际数学家联合会的席位，一直被我国台湾占据，陈景润经过慎重考虑，最后决定放弃这次难得的机会。他在答复国际数学家联合会主席的信中写道：

> 第一，我们国家历来是重视跟世界各国发展学术交流与友好关系的，我个人非常感谢国际数学家联合会主席的邀请。
>
> 第二，世界上只有一个中国，唯一能代表中国广大人民利益的是中华人民共和国，台湾是中华人民共和国不可分割的一部分。因为目前台湾当局占据着国际数学家联合会的席位，所以我不能出席。
>
> 第三，如果中国只有一个代表的话，我是可以考虑参加这次会议的。

为了维护国家的尊严，陈景润心甘情愿牺牲个人的荣耀。

1979 年，陈景润应普林斯顿高级研究所的邀请，去美国做短期的研究访问工作。在美国，陈景润勤俭依旧，每天仍是只吃自己带去的干粮和水果。在美国生活五个月结束后，他为国家节省了一笔不小的费用。陈景润没有把省吃俭用的钱用在自己或家人的身上，而是把这笔钱全部上交给了国家。他说：我们的国家还不富裕，我不能只想着自己享乐。1991 年，北京电视台《祝你成功》栏目记者曾问过陈景润：人生的目的是什么？陈景润回答：是奉献，不是索取！

陈景润是中国数学家的翘楚，我们在他的身上看到了专注，看到了一个数学大师应有的人格光辉。华罗庚对陈景润的评价是：在我所有的学生成果里，最令我感动的是“1+2”。今天，我们缅怀这个为了数学奉献一生的巨人，感谢曾经的科学之光，他的光芒照亮了如今的我们。

呦呦鹿鸣：百岁诺奖终圆梦

百岁诺奖终圆梦

2015 年 10 月 5 日，瑞典卡罗琳医学院在斯德哥尔摩宣布，中国女科学家屠呦呦和日本科学家大村智及爱尔兰科学家威廉·坎贝尔分享 2015 年诺贝尔生理学或医学奖，以表彰他们在寄生虫疾病治疗研究方面取得的成就。《人民日报》头版头条对这一标志性事件进行了评论，指出“这是中国科学家因为在中国本土进行的科学研究而首次荣获诺贝尔科学奖，是中国医学界迄今为止获得的最高奖项，也是中医药成果获得的最高奖项”。

屠呦呦是诺贝尔医学奖的第十二位女性得主。20 世纪 60～70 年代，在极为艰苦的科研条件下，屠呦呦作为中医药团队负责人参与到抗疟药物的开发中，从《肘后备急方》等中医药古典文献中获取灵感，经过艰苦卓绝的努力先驱性地发现了青蒿素，开创了疟疾治疗新方法，全球数亿人因这种“中国神药”而受益。目前，以青蒿素为基础的复方药物已经成为疟疾的标准治疗药物，世界卫生组织将青蒿素和相关药剂列入其基本药品目录。

李克强总理在给中医药管理局的贺信中指出："长期以来，我国广大科技工作者包括医学研究人员默默耕耘、无私奉献、团结协作、勇攀高峰，取得许多高水平成果。屠呦呦获得诺贝尔生理学或医学奖，是中国科技繁荣进步的体现，是中医药对人类健康事业做出巨大贡献的体现，充分展现了我国综合国力和国际影响力的不断提升。希望广大科研人员认真实施创新驱动发展战略，积极推进大众创业、万众创新，瞄准科技前沿，奋力攻克难题，为推动我国经济社会发展和加快创新型国家建设做出新的更大贡献。"

屠呦呦获奖有着两方面的示范意义：一方面，屠呦呦是继莫言之后又一位中国人获得了诺贝尔奖。在此之前的华人诺奖得主中，李政道、杨振宁等海外科学家其诺奖成果并非在中国本土完成。在这一点上，屠呦呦是既在中国接受教育，又完全在国内完成了其诺奖工作，可谓是彻彻底底属于中国人的自然科学诺奖荣誉。另一方面，屠呦呦获奖成果是我国在20世纪60年代规划科学与举国体制的智慧结晶，生动地体现出社会主义制度在科技推动方面的优越性。

当然，有人认为青蒿素的发现是集体成果的结晶，不应过分拔高个人的贡献，将举全国之力完成的功劳记在屠呦呦一个人头上是不合理的。那么，该如何客观准确地评价青蒿素的发现这一重大成果，又该如何认识屠呦呦在其中扮演的角色？通过考察青蒿素研制的历史背景、青蒿素发现与研制的关键节点以及青蒿素发挥的历史作用，我们将更加深刻地认识青蒿素这一凝聚着中国智慧的抗疟疾药物所反映的中国当代科学史的曲折历程。

青蒿素的研制不是为了得奖

青蒿素的研制不是为了评奖，而是特殊时期国家意志的体现。1955 年，越南战争爆发，以美国为首的资本主义国家阵营出于地缘政治的考虑，为了维持其在东南亚的影响力和既得利益，在 1965 年悍然出兵越南，在全球性冷战的环境中开展局部热战，给东南亚的地区和平造成了严重威胁。出于人道主义、国际主义、国家安全、意识形态等多方面的考量，中国政府力所能及地给予了北越多方面的支援。据统计，战争期间中国给予越南超过 200 亿元人民币的援助，这其中就包括防止疟疾的医疗援助。

众所周知，越南独特的雨林环境气候炎热、荆棘密布、毒虫猛兽尤其多，由蚊虫叮咬引发的疟疾等疾病成了战争双方大幅非战斗减员的重要原因。资料记载，1965 年，驻越美军疟疾年发病率高达 50%，美军因疟疾导致的非战斗减员人数要比战斗受伤减员人数高出 4～5 倍。从越南北方进入南部作战的越军部队也饱受疟疾困扰。由于传统抗疟疾药物氯喹等的长期使用，疟原虫耐药性大大增强，战争双方亟需一种高效且不会诱发耐药性的新型抗疟药物，这在一定程度上也成了决定越南战争胜负成败的关键因素。为了解决这一问题，美军专门成立疟疾委员会，组织了国内重要的医疗科研机构攻关，开展新式抗疟药物的研制工作，要求每年提供 30 种前药进行临床试验。而在 1964 年，毛泽东接见越南党政负责同志时，越方也请求我国在疟疾防治上给予援助。毛泽东当即表示，“解决你们的问题，也是解决我们的问题”。1967 年 5 月 23 日至 30 日，国家科委与总后勤部在北京联合召开全国协作会议，确定了药物研制的三年规划，为保密起见，项目代号为“523”，具体任务则为：一是抗药性疟疾的防治药物；二是抗药性疟疾的长效预防药；三是驱蚊剂。

1969 年，中国中医研究院接受抗疟药研究任务，屠呦呦任科技组组长。从青蒿素研制的历史脉络来看，这一工作最初开展是基于国际人道主义援助的考虑，是从国计民生的角度出发开展的科学实践，并非为了拿奖评优，这一点是毋庸置疑的。

呦呦鹿鸣，食野之蒿：屠呦呦的关键贡献

“523 任务”最初规划的五个专题是：疟疾防治药物现场效果观察、疟疾防治药物的制剂和包装研究、驱蚊剂研究、疟疾防治新药的化学合成研究以及中药中医、针灸防治疟疾的研究。从这样的分工来看，中药中医在一开始并不是科研攻关的重点对象，谁也想不到中医药竟能在抗疟疾中发挥关键性作用。最先取得成果的是西医方向上的化学合成药协作组。军事医学科学院研制出了防疟 1 号片，吃一次可以保证 7 天不受传染。后来又研制出了防疟 2 号片、3 号片，预防效果能够达到 1 个月。预防药物虽然不能治疟疾，却能解作战部队的燃眉之急。在越南战争期间，中国先后为越南提供了 100 多吨疟疾预防药的原料药，对作战部队起到了巨大的作用。

中药部分的推进则在初期显得效果不佳。中药组首先考虑的对象是药效较强但呕吐副作用同样明显的常山，因无法克服其副作用，最终不得不放弃。1970 年，北京中药所研究人员余亚纲查阅中医药文献，以《疟疾专辑》和《图书集成医部全录》中

“疟门”为底本，总结出574种方剂进行分析，得出重点筛选药物应为乌头、乌梅、鳖甲、青蒿、雄黄等。雄黄是首先被注意到的药物，因其对鼠疟原虫抑制率最高达到过99%，被认为是最有潜力的药物，但遗憾的是，雄黄加热到一定温度后在空气中可以被氧化为剧毒成分三氧化二砷，即砒霜，其剧毒性使得它很难推广使用。余亚纲因此放弃雄黄而将注意力转向抑制率第二的青蒿，并将结果汇报给了业务负责人屠呦呦。但此时青蒿同样面临着较大的问题，即稳定性太低，研究人员曾分别用水、酯、醇等溶剂来提取青蒿，发现醇提取物有效果但不够稳定，对青蒿多次复筛，稳定性波动较大，被迫放弃。

也许是冥冥中自有天意，屠呦呦的名字取自《诗经·小雅·鹿鸣》一篇，其中“呦呦鹿鸣，食野之蒿”一句似乎也预示了屠呦呦与青蒿的不解之缘，屠呦呦也因为其对中国古籍的挖掘而在青蒿提取过程中发挥了不可替代的作用。1971年下半年，屠呦呦带领研究人员再次考察青蒿，发现其水煎剂无效，醇提取物效率只有30%～40%。但此时屠呦呦查阅古籍时注意到东晋葛洪《肘后备急方》中对青蒿用药的方法，“青蒿一握，以水二升渍，绞取汁，尽服之”，这给了她新的启发，她意识到青蒿中抗疟物质的提取可能要忌高温和酶解。于是她改用沸点较低的乙醚提取青蒿，并将提取物分为酸性和中性部分，经反复试验，终于在1971年10月4日确认分离获得的青蒿中性提取物对鼠疟原虫有100%的抑制率。

1972年3月，屠呦呦在全国“523办公室”中草药专业组会上报告了其研究成果，山东省寄生虫病研究所和云南省药物所也根据屠呦呦的经验，分别从黄花蒿和苦蒿中提取出了“黄花蒿素”和“黄蒿素”两种抗疟有效单体。中医研究院中药研究所在1972 年底从青蒿乙醚中性提取物中分离出了青蒿甲素、青蒿素、青蒿乙素三种晶体，其中青蒿素具有抗疟作用。经过结构分析，屠呦呦确认青蒿素为白色针晶。经过光谱分析，确定其分子式为 $C_{16}H_{22}O_6$，相对分子质量为 282，在北京大学医学院林启寿教授的指导下，推断青蒿素可能是一种倍半萜内酯。1975 年，由北京中药所和上海有机所借助国内仅有的几台大型仪器确定了青蒿素的分子式，年底通过单晶 X 射线衍射分析确定其分子结构。1978 年，由反常散射的 X 射线衍射分析确定了青蒿素的绝对构型。青蒿素的结构确定之后，中医研究院中药研究所、山东省黄花蒿研究协作组、云南临床协作组和广东中医学院于 1973—1974 年在不同地区对于青蒿提取结晶的临床效果进行了独立验证。当然，由于提取药材、时间地点和使用剂量的差异，各单位所获取的临床数据也有所差别，具体可见下表。

不同地区抗疟有效单体临床结果

单位		北京	山东	云南（包括云南和广东两个小组）
间日疟	病例数	3	19	6
	有效例数	3	19	6
恶性疟	病例数	5		15
	有效例数	1		13

在以上几家单位初步进行完临床验证之后，从 1975 年起，在“523 办公室”的领导下，全国范围内的研究、临床验证、制药工作也陆续开展起来，青蒿素逐渐成为治疗疟疾的重要药物。

战地黄花分外香：青蒿素的历史功绩和启示

根据世界卫生组织统计，全球 97 个国家和领土中有 33 亿人面临罹患疟疾风险，其中 12 亿人面临高度风险。2013 年，流行恶性疟原虫的 87 个国家中 79 个将以青蒿素为基础的联合疗法作为国家一线治疗政策。2005 年以来，撒哈拉以南非洲地区接受以青蒿素为基础联合疗法的恶性疟原虫疟疾患儿比例有显著增加，被送到公共卫生设施的儿童更有可能获得以青蒿素为基础的联合疗法。2013 年，确诊患有恶性疟原虫疟疾的儿童中获得以青蒿素为基础联合疗法的比例在 16%～41% 之间。在全球范围内，由于青蒿素的使用，5 岁以下儿童患疟疾的死亡率已经下降了 53%，而在非洲 5 岁以下患儿的死亡率下降了 58%。

正是因为青蒿素在世界性的抗击疟疾的斗争中发挥的重要作用，2015 年，诺奖评审委员会在颁奖辞中特别指出，“千百年来，寄生虫病一直困扰着人类，并且是全球重大公共卫生问题之一。寄生虫疾病对世界贫困人口的影响尤甚。今年的诺贝尔生理学或医学奖获奖者对一些最具威胁性的寄生虫疾病疗法上做出革命性贡献。其中，屠呦呦发现了青蒿素，这种药品有效降低了疟疾患者的死亡率”。

当然，对于屠呦呦凭借青蒿素的发现荣获诺贝尔奖，我们在民族自豪感和爱国主义情绪高涨的同时，对其工作的意义应该有几点清醒的认识：

第一，青蒿素的发现过程中借助了中医药的知识和古籍的记载，但它的方法论层面所凭借的却是西方现代科学知识。不论是青蒿素的提取、结构的确定乃至后来工业化的全合成研究，其基础都是现代化学知识，中国古人确实曾经注意到青蒿的抗疟作用，但青蒿素的发现、合成全过程中中医的参与其实是非常有限的。所以有人讲屠呦呦获奖是中医的胜利，甚至有人视之为中医复兴的起点，这种说法是不确切的，青蒿素的获奖应该说是中西医结合的典范，中医提供了思路和经验，西医提供了方法和器具。

第二，屠呦呦本人没有任何的海外经历，依然能够取得如此突破性的成果，说明了中国本土培养的人才同样能够在科学研究上做出卓有成就的贡献，这打破了传统上科学界唯留洋是从的价值观，是总书记所提倡的“扎根中国大地办大学”的生动体现。同时，我国基础科学和与国计民生相关的实用性科研的进展相对薄弱，因为这些研究往往周期长、成效慢且难以发表论文成果，因此往往不被重视。屠呦呦的获奖证明了将科学研究与国计民生相结合，同样可以获得国际认可，同样可以收获学术荣誉。

第三，青蒿素背后的市场化过程中中国的失利提醒着我们现代专利体系的重要性。20 世纪七八十年代，中国科研人员大多没有专利保护概念，也不熟悉国际知识产权规则，此前中国科研人员在青蒿素上的很多论文在发表前并没有申请国际专利。由于中国没有申请青蒿素基本技术专利，美国、瑞士国家的研发机构和制药公司便开始根据中国论文披露的技术在青蒿素人工全合成、青蒿素复合物、提纯和制备工艺等方面进行广泛研究，并申请了一大批改进和周边技术专利。可喜的是，近年来，国内科研人员在青蒿素人工合成方面取得了一系列有益的成果，这也是我国医药行业融入世界贸易市场的有力支撑。

回顾青蒿素发现的历史过程，以屠呦呦为代表的中国科学家群体在极其艰难的条件下充分发挥主观能动性，群策群力，研制出了青蒿素这一重要抗疟药物，为世界性的健康卫生事业做出了重要贡献。屠呦呦的获奖也重新提醒我们今天的科研人员，要把研究的注意力放在与国计民生息息相关的领域，一味贪快求新搞科研不一定能获得国际的认可。今天，在习近平总书记新时代中国特色社会主义思想的引领下，我们更应该继承老一辈科研人员的优秀品质，以国家和社会需求为导向开展科研工作。只有扎根社会，服务大众，才能够在未来的国际竞争中贡献中国智慧，为人类命运共同体做出中国贡献。

与天比高：青藏高原综合考察

2018 年，国务院新闻办公室发表《青藏高原生态文明建设状况》白皮书，全面介绍了青藏高原生态文明建设的生动实践和显著成效，系统阐述了中国保护青藏高原生态环境的理念、制度和方法，彰显了中国共产党和中国政府推动青藏高原可持续发展、推进国家生态文明建设的坚定决心和务实行动。青藏高原是大自然赐予人类的财富，保护好青藏高原的生态环境是全体中国人民的责任。

中国的世界屋脊：青藏高原

青藏高原是世界上海拔最高的高原，被誉为“世界屋脊”“地球第三极”。高原南起喜马拉雅山脉南缘，北至昆仑山、阿尔金山和祁连山，西部为帕米尔高原和喀喇昆仑山脉，东部与秦岭山脉西段和黄土高原相接。高原的自然历史发育时间极其短暂，但由于受多种因素共同影响，反而形成了全世界海拔最高、最年轻而水平地带性和垂直地带性紧密结合的自然地理单元。高原腹地年平均温度在 0℃以下，大片地区最暖月平均温度也不足

10℃。高原上冻土广布，植被多为天然高寒草原。青藏高原可分为藏北高原、藏南谷地、柴达木盆地、祁连山地、青海高原和川藏高山峡谷区等六个部分。青藏高原多数区域海拔在 3 000～5 000 米之间，平均海拔 4 000 米以上，为东亚、东南亚和南亚许多大河流发源地；高原上湖泊众多，有纳木错、青海湖等。青藏高原光照和地热资源充足，矿产资源主要有铬、铜、铅、锌、水晶等。高原包含我国西藏自治区全部和青海、新疆、甘肃、四川、云南等省的部分地区。青藏高原上形成了以藏族为主、多民族杂居的大团结、大和谐局面，也拥有举世闻名的以藏族文化为主的高原文化体系。青藏高原也是中华民族的源头和中华文明的发祥地之一，在华夏文明史上流传的伏羲、炎帝、烈山氏、共工氏、四岳氏、金田氏和夏禹等都被认为是高原古羌人。

高原是研究岩石圈形成演化、探讨地壳运动机制的理想区域。作为全球海拔最高的一个独特地域单元，青藏高原的隆起是数百万年来地球史上最重大的事件之一。作为独特的自然地域单元，其自然环境和生态系统在全球占有特殊席位，并且与全球环境变化息息相关。晚新生代以来青藏高原的隆起对自身及毗邻地区自然环境的演化和分异影响深刻。因此，青藏高原是我国地学、生物学、资源与环境科学有特色的优势研究领域，对解决岩石圈地球动力学和全球环境变化有重要意义，对高原区域可持续发展也有广阔的前景。

青藏高原考察的艰辛历程

自 19 世纪下半叶起，一些外国探险家和科学家在青藏高原进行过各种考察和调查，涉及测绘、地质、地理、气候、植物、动物以及风土民情和习俗等。1896 年，英国一名驻印军官从列城出发，到达了郭扎错、拜惹布错、流沙山、玛尔盖茶卡、多格错仁强错等知名的高原坐标。他们将穿越过程出版为《穿越西藏无人区》一书，成为最早记录藏区穿越的书籍。这本书也是后期探险者的指南手册。著名探险家斯文赫定也曾多次进入西藏地区，数次穿越沙漠并进入藏区，越藏北无人区，多次面临死亡威胁。斯文赫定去世后出版的《中亚地图集》具有极大的社会价值。

20 世纪 30 年代，我国科学家刘慎愕、徐近之、孙健初等曾分别前往高原西北部、南部和东北部，对植物、地理和地质进行考察和调查，发表了有关论文和报告。这一阶段的科学考察对于认识高原有很大意义，但由于考察比较零散、局限，高原大部分地区仍处于科学空白状态。20 世纪 50 年代以来，国家对青藏高原环境和资源的调查考察极为重视。中央和地方的科研和生产部门在青海和西藏建立机构，从事观测、试验与研究工作。当时国家的科研考察目标为查明并评价高原的自然条件和自然资源、探讨自然灾害及其防治。此后，国家多次组织对青藏高原的各种科学考察和调查，其中规模较大的综合考察有：20 世纪 50 年代对西藏东部和中部、青海与甘肃的祁连山、柴达木盆地、昆仑山、珠穆朗玛峰地区、横断山区以及西藏中南部的考察；20 世纪 60 年代中期对希夏邦马峰和珠穆朗玛峰地区进行的登山科学考察；20 世纪 70 年代对西藏自治区进行全面系统的综合考察；20 世纪 80 年代对横断山区、南迎巴瓦峰地区、喀喇昆仑山-昆仑山地区和可可西里地区的综合科学考察等。

中国科学院于1972年制定了《中国科学院青藏高原综合科学考察规划》。1973年，专门组建成立的中国科学院青藏高原综合科学考察队开始了新阶段的科学考察工作。地矿、石油、水利、农业、测绘、气象和地震等部门也负责专门开展区域性考察、勘探和调查，布设观测网点、建立各类试验场站，进行相应的科研工作。青藏高原所在各省和自治区分别组织了环境、资源以及生物学的考察研究工作，如西藏“一江两河”流域中部地区调查；西藏自治区土壤、土地利用及草场资源调查；青海农业自然资源调查和农业区划研究；新疆阿尔金山及毗邻地区科学考察；川西和贡嘎山地区考察；甘肃西祁连山和阿尔金山考察。

20世纪90年代，青藏高原综合考察研究工作进入第二期阶段，“青藏高原形成演化、环境变迁与生态系统研究”被正式列入国家攀登计划项目。与此前的第一期研究工作相比，第二期针对国际研究领域的前沿和过去区域性路线考察的薄弱环节，强调以下几方面的转化和深入研究：从以定性为主向定量、定性相结合研究转化和深入；从静态研究向动态研究转化和深入；从单一学科研究向综合研究转化和深入；从区域研究向与全球环境变化相联系上转化和深入。随着考察工作的深入，研究逐渐从单学科的专业考察转化为多学科的综合研究，从基础性研究转化为结合高原建设实践的应用课题，从专题的应用研究转化为区域性的开发整治和建设规划。在研究方法和手段上，从传统的路线调查考察转化为结合遥感遥测，开展宏观分析和微观论证，野外考察与室内实验相结合。

2017年6月17日，首批江湖源科考队从拉萨出发。刘延东副总理专程到拉萨宣读贺信并启动了第二次青藏高原综合科学考察研究，要求将其做成经得起历史检验的重大标志性科学工程。这标志着时隔近 50 年，我国第二次青藏高原综合科学考察活动正式启动。大批科研工作者将从冰川与环境变化、湖泊与水文气象、生物与生态变化、古生态和古环境等方面，对这个神秘的“地球第三极”进行大规模综合科考。中国科学院青藏高原研究所积极推动了“泛第三极环境变化与绿色丝绸之路建设”A 类战略先导专项和三极大科学计划等重大任务，为实现地球系统科学研究的重大突破奠定了坚实基础。

青藏高原综合考察取得的成就

高原岩石圈结构和形成演化：20 世纪 70 年代，我国科学家首次提出青藏高原是由若干个从冈瓦纳古陆分裂出来并向北漂移的块体，在不同地质时期拼合起来的“大地构造模式”。因此需要通过此次考察，建立完整的区域地质历史系统和国际一流的若干典型地学剖面，查明高原地壳结构和深部壳幔结构的特征、不同岩浆岩带和地体的时空分布规律。中国科学家提出的这一模式在考察中得到了进一步的充实与修正，在此基础上又进一步提出了青藏高原形成演化和隆升机制的各种假说、模型以及动力学机制耦合作用的综合模式，如“叠加压扁热动力模型”等。高原上巨大的岩浆岩带在时代、分布和岩石特征上与板块的俯冲和碰撞作用有直接的成因关系。高原的地壳自始新世以来发生过大规模缩短，并出现了分层加厚和巨大的逆掩构造。受印度板块和欧亚板块的挤压和阻挡，青藏高原地壳处于非均衡补偿状态。

高原隆起过程与环境变迁：青藏地区在新生代期间大致经历了三期地面抬升和两度夷平。自印度次大陆与欧亚大陆碰撞以来，高原的隆升是多阶段、非均匀、不等速过程。在距今340万年形成的范围辽阔的夷平面，地势起伏和缓，海拔约100米左右，具有亚热带山地森林或森林草原景观。在上新世末和早更新世初的转折时期，即340万年以来，青藏地区开始整体强烈隆升、主夷平面瓦解、大型断陷盆地形成的构造运动。以高原冬季风加强、夏季风减弱为主要标志。在距今60万年左右，高原面继续上升，引起高原气候突变。这次抬升的降温与中更新世突变的全球性轨道转型相耦合，出现最大规模的冰川作用，但未形成高原统一的大冰盖。

高原的资源、灾害及区域发展：通过考察基本查明青藏高原区域各种可更新自然资源的类型、特征和分布，提出土地资源的农林牧评价原则和指标，完成了部分地区不同尺度的土地类型、土地资源和土地利用图以及典型地区农业自然资源系列图的编制；编绘了灾害分布及类型区划图，揭示其运动规律；开展了预测、预报及防治工作，成效显著。高原东南部雪害形成、分布和运动规律及其防治研究也取得初步进展。高原草场类型多、草质较好，但产量偏低，时空分布不均衡，限制其载畜能力。森林主要分布于高原东南部，应加强综合利用，重视抚育更新。现有耕地集中于高原温带区域，受自然条件限制，可垦宜农荒地质量较差，扩大耕地的潜力有限。由人类不合理利用导致的草场退化、土地沙化、水土流失和生物资源耗竭等环境问题已引起关注。高原的水力、地热及盐矿资源丰富，旅游资源独具特色，对区域发展有重要意义。

新时代青藏高原科考的伟大意义

2017年，习近平总书记专门给第二次青藏高原综合科学考察研究致贺信，指示“聚焦水、生态、人类活动，揭示青藏高原环境变化机理，优化生态安全屏障体系，推动青藏高原可持续发展，推进国家生态文明建设，促进全球生态环境保护”，为青藏科考指明了方向，提供了基本遵循。

习近平总书记在贺信中指出：青藏高原是世界屋脊、亚洲水塔，是地球第三极，是我国重要的生态安全屏障、战略资源储备基地，是中华民族特色文化的重要保护地。开展这次科学考察研究，揭示青藏高原环境变化机理，优化生态安全屏障体系，对推动青藏高原可持续发展、推进国家生态文明建设、促进全球生态环境保护将产生十分重要的影响。

我们坚信第二次青藏高原综合科学考察研究将对青藏高原的水、生态、人类活动等环境问题进行考察研究，分析青藏高原环境变化对人类社会发展的影响，提出青藏高原生态安全屏障功能保护和第三极国家公园建设方案。这必将是我国新时期的一次极富意义的重大科学调查与研究。

科教兴国：

科技面向经济建设主战场

神农躬耕：天涯海角稻花香

1982 年秋天，位于菲律宾的世界水稻研究所召开国际学术研讨会，中国水稻育种专家袁隆平受邀出席大会。会议开始之前，研究所所长斯瓦尔米纳森博士便引领袁隆平前往主席台就座，同时背景投影打出了“Yuan Longping，the Father of Hybrid Rice（袁隆平，杂交水稻之父）”的字样，斯瓦尔米纳森博士郑重介绍道：“今天，我十分荣幸地在这里向你们郑重介绍我的伟大的朋友，杰出的中国科学家，我们国际水稻研究所的特邀客座研究员——袁隆平先生！我们把袁隆平先生称为‘杂交水稻之父’，他是当之无愧的。他的成就不仅是中国的骄傲，也是世界的骄傲。他的成就给世界带来了福音。”

就这样，“杂交水稻之父”这样一个称谓逐渐为世人所熟知、所认可，并成为袁隆平的一张金字名片。据统计，受益于杂交水稻的推广，仅从 1976 年到 1987 年，中国的粮食增产就达到了惊人的 1 亿吨，相当于解决了 6 000 万人的口粮。这对于长期处于粮食短缺危机中的中国人来说无疑是一笔宝贵的财富，它使中国的粮食安全得以保障，人民生活条件得以改善，并从根本上解决了让中国人“吃得饱”这一重大历史难题。

当回顾杂交水稻培植的历史过程时，我们才能更为深切地体会到袁隆平的伟大之处。因为不同于“两弹一星”、结晶牛胰岛素、青蒿素等重大的国家工程，杂交水稻的前期研究几乎就是袁隆平单枪匹马，靠着个人的意志品质、专业知识以及强烈的家国使命感所推动的。当我们今天享受到杂交水稻带来的粮食丰产时，更不应该忘掉以袁隆平为代表的中国农业领域的奋斗者为之付出的努力。

不唯上，只唯实：寻找真理的曲折道路

熟知中国科技史的人都知道，在 20 世纪 50 年代受到国家“一边倒”的外交政策的影响，中国学术界也服膺于苏联的知识体系，在生物学上这种现象尤其突出。这导致我国生物学界在指导思想上与国际主流产生了脱节，在这种状态下生物学的成果和进展尤其缓慢。而袁隆平要想取得日后的丰硕成果，就注定了他要摆脱错误理论的束缚，在思想上做好准备，这主要体现在以下三个方面：

首先，从遗传学的角度看，袁隆平摒弃了错误的米丘林学说，转向了科学的孟德尔遗传学。袁隆平毕业的 50 年代正值中苏蜜月期，中国学界对于苏联的科学理论、科学成果几乎是全盘照抄的状态。这也就导致了在遗传学上中国学界普遍信奉米丘林、李森科学说，即认为生活条件的改变所引起的变异具有定向性，获得性状能够遗传，从而否认基因的作用，转向了拉马克的获得性遗传学说。受他们的影响，当时中国农学家几乎都采用嫁

接、胚接等无性杂交的方式开展育种工作，袁隆平也是其中的一员。但在袁隆平利用米丘林的方式进行粮食作物研究时，他却发现实际结果与该理论存在不可调和的矛盾之处。从 1958 年开始，袁隆平转向了孟德尔、摩尔根遗传学，为了避免引发不必要的麻烦，他只能利用业余时间偷偷学习。正是这种突破桎梏的勇气，使得袁隆平敢于挑战权威，坚持真理，这在他之后的科研道路上发挥了至关重要的作用。

其次，从农业育种的角度来看，通过作物杂交实现增产的试验在相当多的农作物上取得了成功。1923 年，美国科学家通过 10 年实验，成功培植出杂交玉米，并实现了大幅增产的目标，之后在墨西哥增产杂交小麦也研制成功。杂交产生优势是生物界普遍存在的现象，杂种优势是杂合体在一种或多种性状上优于两个亲本的现象。例如，不同品系、不同品种，甚至不同种属间进行杂交所得到的杂种一代往往比它的双亲表现出更强大的生长速率和代谢功能，从而导致器官发达、体型增大、产量提高，或者表现在抗病、抗虫、抗逆力、成活力、生殖力、生存力等方面的提高。这是生物界普遍存在的现象。但玉米和小麦都属于异花授粉的作物，当时的理论界认为类似水稻这种自花授粉的植物是没有杂种优势的。袁隆平通过自己在田间的生产实践和扎实的知识储备，打破了这种偏见，确认了水稻杂种优势现象的存在。

再次，袁隆平对于农业有浓厚的兴趣，对于国家和人民有强烈的责任感。这使得他在经历失败时能够再次振奋起来，充分发挥主观能动性。兴趣是最好的老师，袁隆平在汉口扶轮小学读一年级时，就曾在老师带领下参观过园艺场，里面的花花草草给他留下了深刻的印象，再加上当时美国黑白电影《摩登时代》卓别林采摘水果、汲取牛奶等过程的悠然自得，两相叠加，使得幼年的袁隆平对于田园之美、农艺之乐产生了无尽的向往。所以在大学填报志愿时，他毅然选择了农业作为自己的专业，报考了重庆西南农学院学习农业知识。毕业后他被分配到湖南省农林厅，后来又被下派到湘西雪峰山脚下的安江农校任教。1960 年前后，国家遭受三年自然灾害，袁隆平亲眼看见农民被活活饿死的惨烈景象，吃饱饭成了当时农村的奢求。曾经有一位老农民对袁隆平说："袁老师，你是搞科研的，能不能培育一个亩产 800 斤、1 000 斤的新品种，那该有多好！"正是这种朴素的话语和对农村现实情况的悲悯之情，袁隆平立志利用自身所学知识，投身水稻增产研究领域，利用杂交优势研制杂交水稻。从小萌生的兴趣和强烈的社会责任感相得益彰，对于袁隆平的职业道路产生了深刻的影响。

概括而言，袁隆平培育杂交水稻的过程既需要过硬的专业知识，也需要强烈的责任感和使命担当，同时更要与时代主题、历史背景相融合，这样才能在科研上取得成功。

功夫不负有心人："野败"飘来稻花香

杂交水稻的研制是从袁隆平发现水稻的杂交优势开始的。1961 年，袁隆平在自己栽种的水稻试验田里意外发现了一株穗大饱满、形态特优的"稻王"。袁隆平如获至宝，立即收集种子，希望用它获得产量高的新品种。但令他失望的是，子代的禾苗抽穗后，长得参差不齐，完全没有亲代优良的性状。袁隆平在失望之余，仔细分析了原因，突然间来了灵感，他意识到这种分离就是孟德尔、摩尔根遗传学中的性状分离现象，说明他所发现的水稻极有可能不是纯种，经过统计学分析，子代水稻高矮比符合3∶1的分离定律，从而证明了他发现了一株天然的杂交稻。这启示了水稻虽然是自花授粉植物，但它存在杂种优势，搞杂交水稻研究是有前途的。

通过查阅国外农作物利用杂种优势的文献，袁隆平逐渐形成了通过雄性不育系、保持系、恢复系三系配套的方式来利用水稻杂种优势的思路。他认为水稻之所以能够天然杂交，关键就在于雄性不育株，所以从1964年6月水稻开始抽穗扬花开始，他便开始在稻田里寻找天然的雄性不育株。功夫不负有心人，7月5日，袁隆平发现了一株花粉败育的雄性不育株，经过几代人工授粉的杂交实验，袁隆平确认了其中有一些杂交组合存在杂种优势。1965年10月，袁隆平向《科学通报》投稿论文《水稻的雄性不育性》，系统阐述了三系配套的概念：一是雄性不育系。雌蕊发育正常，而雄蕊的发育退化或败育，不能自花授粉结实；二是保持系。雌雄蕊发育正常，将其花粉授予雄性不育系的雌蕊，不仅可结成对种子，而且播种后仍可获得雄性不育植株；三是恢复系。其花粉授予不育系的雌蕊，所产生的种子播种后，长成的植株又恢复了可育性。这篇文章得到了高层的认可，正是这篇文章使得袁隆平在当时特殊的政治环境中受到保护，也使得杂交水稻的研制没有受到过大的冲击。

袁隆平与他的两个学生利用人工培植的不育系进行了一系列实验，但结果均达不到100%保持不育。经过多次实验结果不尽理想之后，他改变思路，决定利用远缘杂交方法，寻找野生稻的亲本与栽培稻进行杂交，创造新的雄性不育材料。而野生稻分布在海南、云南、广西等偏远地区，所以从1970年开始，袁隆平便与助手奔赴各地收集材料。1970 年 11 月，袁隆平的助手李必湖在南红农场附近的沼泽地里找到了 1 株雄花异常的野生稻，经过检测，这是一株花粉败育的野生稻，袁隆平将它命名为“野败”。“野败”具有非常优秀的遗传性，其子代 100% 为雄性不育株，至此，杂交水稻最重要的工作才算圆满完成。“野败”发现后，全国各地科研人员开始紧张地投入到三系配套的工作中，南红农场成了杂交水稻开发的大本营。全国陆续选配出“南优”“矮优”“威优”“籼优”等强优势籼型杂交水稻组合，成功实现了粮食增产，我国也因此成为世界上第一个成功利用水稻杂种优势的国家。1981 年 6 月 6 日，袁隆平凭借籼型杂交水稻获得国家技术发明特等奖，为我国农业科学赢得了荣誉。

实现三系配套后，袁隆平并没有躺在功劳簿上度日，而是积极推动杂交水稻发展战略。由于三系法制种程序烦琐，袁隆平在 1986 年提出，杂交水稻的育种，应该从三系法向两系法乃至一系法的方向发展。1973 年，湖北省研究院石明松发现了三株雄性不育株变株，其特点是夏天的时候该稻株花粉败育，到了秋天却能够恢复育性，对光照具有敏感性。两系法杂交水稻，就是利用了这种特性，在夏季长日照下进行制种，在春秋季节自我繁殖，一系两用，省掉了保持系，从而简化了制种流程，提高了制种效率。袁隆平没有停止步伐，而是向着一系的目标继续带领团队进行科研工作。

当代神农的科研启示

杂交水稻不仅给中国人民带来了粮食增产，也给全世界带来了福音，袁隆平在其中发挥了关键性作用，他的科研历程给我们带来的启示更是一笔宝贵的财富。

科学研究应该向与国计民生相关的重点领域靠拢。由于袁隆平刚参加工作不久就遭遇了三年严重自然灾害，口粮问题成了当时农民最大的问题，所以他立志要通过自身所学知识培育好的农作物品种实现增产，中间也曾走过不少弯路，但最终还是在杂交水稻上取得了成功。反观我们今天相当多的科研项目，过度追求与国际接轨、过度追求世界一流，反而将国内急需解决的科技问题抛诸脑后。中兴事件暴露出的中国科技界在芯片制造上的短板就是一个反面典型。我们的科研为谁而做，的确是值得深思的问题，只有将科研与国家需求、人民需求紧密联系在一起，才能够真正为国家富强、人民幸福做出科研工作者应有的贡献。

科学研究不能迷信权威，要敢于质疑。袁隆平在研制杂交水稻的过程中，先后对米丘林获得性遗传的遗传学说以及自花授粉植物没有杂交优势等当时的权威观念产生了质疑，并通过自己的科学实践推翻了这些理论。实践是检验真理的唯一标准，在科学中更是如此，科研工作者应该从实际出发，不能盲从权威论断，只有通过扎实的科学实践才能够推动科学的进步，促进科学的发展。

科学研究不能故步自封，要不断进取。袁隆平在三系配套研制成功之后就已经功成名就，获得了当时国家在科技领域的最高荣誉，他完全可以躺在功劳簿上度日，享受各种荣誉和称赞。但他深知科研探索永无止境，三系配套虽然增产顺利，但制种工序仍然烦琐，在日常应用中仍有不足之处。所以他提出了三步走——从三系到两系再到一系——的战略。现在两系杂交水稻研制已经取得了成功，而他仍在向一系法坚持探索。这种对于科学事业永无止境的追求精神在当今社会显得难能可贵。

袁隆平不仅从物质上极大保障了中国的粮食安全，而且他的言行举止、精神品质更是值得我们学习效仿。菲律宾人送给他“杂交水稻之父”的荣誉称号，对于中国人民而言，他更是当代神农，试植百草，终获成功，为人民带来了幸福，为祖国赢得了荣誉！

当代毕昇：王选与激光照排系统的突破

习近平总书记指出："文字的发明和发展对人类文明进步起到了巨大的推动作用，汉字是中华文明的重要标志，也是传承中华文明的重要载体。"20 世纪 80 年代汉字激光照排系统问世，使汉字焕发出新的生机与活力。那么，激光照排系统究竟创造了什么？王选院士这样回答："我们一开始定的目标就是要使中国甩掉铅字，实现激光照排，用创新技术改造传统出版印刷行业。"

印刷中国字的难题

人类通过文字来传播知识与信息已经历了漫长的历史。考古学家告诉我们，现存的许多甲骨文都是镌刻或写在龟甲和兽骨上的文字。随着人类社会的发展与进步，尤其对于阅读与知识传播需求的与日俱增，人类必须提高传播与印刷文字的效率。对中国人而言，印刷术的发明、发展和应用，无不彰显中华民族为了文化传承所做的努力和贡献。

然而，直到 20 世纪 70 年代，我国印刷业近百年来使用的还是“以火熔铅、以铅铸字”的铅字排版和印刷。关于这种方式的流程，简单而言：首先，用高温铸出一粒粒的铅字，把它们放在架子上；然后，让拣字的工人再一粒粒挑拣需要的铅字做出清样。这种“铅与火”的印刷方式在新中国的印刷行业占据了很长时间。据统计，在激光照排技术发明之前，我国铸字耗用铅合金约 20 万吨，铜模约 200 万副，价值约 60 亿元人民币。铅字印刷方式不但能源消耗大，劳动强度高，污染严重，而且出版效率极其低下。举例来说，普通的图书从发稿到出版需要一年左右时间，一般的报纸杂志数量品种的发行效率也不高。

此外，这种传统铸字与拣字的工作对工人的伤害也是非常明显的。据一位老工人回忆，当时的铸字是铅字印刷中比较危险的工种，铸字房里的工人身上基本都被硝酸“访问”过，个个带伤。正因为经常要用手拿刚刚铸出的滚烫铅字，铸字工人的手上都长出了一层厚厚的老茧，不怕热、不怕烫，练出了“火中取栗”的功夫，可以说是“心酸的收获”。工作在铅排车间里的排字师傅手上托着沉重的字盒穿梭于几十排的字架之间，劳动强度大，辛苦至极。铅字是需要用镊子一个一个地拣出来排列好，一个即使技术再熟练不过的工人一天也只能排一个版。由此可以看出传统印刷方式的工作效率较低。全国各地的铅排车间普遍状况是又黑又脏又有铅污染，油墨钻进工人指甲缝里，下了班用硬刷子、洗衣粉都刷不干净。总之，在激光照排技术诞生之前，传统的“铅与火”的铅字印刷方式严重地损害了工人们的健康。

那么，为什么在计算机诞生之后中文印刷还继续以这样的低效方式运行？原因在于“计算机的基础语言问题没有解决”。1946 年，美国研制出世界上第一台电子计算机。这样的计算机既可以进行数值运算，也可以进行文字处理。这项新发明标志着西方迅速地进入了文字信息可处理的现代化时代。正因为计算机是由美国人发明的，所以它是建立在英文基础上的。因此，如果让计算机能处理汉字，就要解决汉字的数字化、汉字输入和输出以及字形在计算机中存储等一系列问题，也就是汉字的信息处理问题。众所周知，英文只有 26 个字母，大小写加起来也只有 52 个，与之相比汉字的数量极其庞大。以《康熙字典》为例，其中收入的汉字达 47 000 多个，常用字也有 6 700 多个。语言之间的差异造成的结果就是庞大的信息量使得汉字进入计算机成为世界性难题。甚至有语言学家预言，“计算机时代是汉字的末日”。也正是面对这个难题，要想跟上信息时代的步伐，必须要走汉语拼音化的道路，而这条道路直接决定着中国未来的发展与世界发展融合的程度。

激光照排的横空出世

1974 年 8 月，在周恩来总理的亲自关怀下，我国确定准备设立“汉字信息处理系统工程”，简称“748 工程”。这个工程共包括三个子项目：汉字精密照排系统、汉字情报检索系统、汉字远传通信系统。同时，该工程被列入国家科学技术发展计划。1975 年，时年 38 岁的北京大学计算机研究所王选教授听说了这个工程，拥有良好数学背景的他开始思考中文汉字计算机输入和输出问题。他被其中的子项目“汉字精密照排系统”的巨大价值和难度所吸引，开始进行自行设计和研究。1976 年 9 月，“748 工程”领导部门正式将“汉字精密照排系统”的研制任务下达给北京大学。

王选首先对当时所面临的技术难题做了充分而详细的调研。他选择邻国日本与欧美等国所采用的印刷方式进行分析。他发现，日本当时流行的是光学机械式二代机，采用机械方式选字，不但体积大，而且功能差。而欧美流行的是阴极射线管式三代机，所用的阴极射线管是超高分辨率的，对底片灵敏度要求很高，当时我国的国产底片还不易过关。王选敏锐地注意到，英国人正在研制激光照排四代机，但其尚未成为商品。反观国内，当时我国有五家科研班子在研制汉字照排系统，分别选择了二代机和三代机方案，并采用模拟方式存储汉字字模，但一直没能取得实质性突破。

在这样的背景下，王选与他的科研团队开始了技术攻坚战。首先，王选改进了汉字字形信息的高倍率压缩技术。汉字字形信息十分庞大（数千兆），当时国产计算机容量极为有限（不足7兆），必须攻破难以存储这一难关。为此王选发明了“轮廓加参数”的高倍率信息压缩技术：对横、竖、折等规则笔画，用起点、长度、宽度和头、尾、肩等描述笔画的特征参数来表示。对于撇、捺、点等不规则笔画，用折线轮廓表示，后来又改为曲线描述。这一方法不但使信息量大大减少，同时能保证变倍后的文字质量，只存入一套字号的字模，就能产生各种大小的字号，从而使汉字信息总体压缩达到500至1 000倍，达到当时世界最高水平。其中，使用控制信息（参数）描述笔画特性，以保证字形变倍和变形后质量的方法属世界首创，比西方提前10年左右。王选团队所使用的这种方法巧妙地解决了汉字信息如何存入计算机的难题；王选提高了汉字字形信息高速复原技术。他先后发明了适合硬件实现的、失真最小的高速还原汉字字形算法，并编写微程序予以实现。此后，王选又设计加速字形复原的超大规模专用芯片。在当时的硬件条件下，王选和他的科研团队创造了每秒生成 710 字的世界最快速度，并具有强大的、花样翻新的字形变化功能。

王选带领团队成员克服技术上的重重难关，通过艰苦的努力，终于取得了突破性的进展与成果。1979 年 7 月 27 日，王选团队用汉字激光照排系统输出了第一张报纸样张《汉字信息处理》。1980 年 9 月 15 日，他们又成功地排出了第一本样书《伍豪之剑》，北京大学把样书呈送中共中央政治局。当时的方毅副总理在同年 10 月 20 日给予批示："这是可喜的成就，印刷术从火与铅的时代，过渡到计算机与激光的时代，建议予以支持。" 5 天后，邓小平同志批示了简短而又有力的四个字："应加支持。"

"748"工程专题小组综合有关方面技术力量，多方调查、钻研、试验，经历了 8 年之久的分析、对比，最后确定了王选教授研发的第四代激光照排技术方案。1979 年 7 月，我国自主研发的"华光－Ⅰ型排版系统"试验成功。1985 年 4 月，"华光－Ⅱ型排版系统"作为当时中国为数不多的高新技术成果，参加了在日本筑波举行的万国科技博览会。1985 年 5 月，"华光－Ⅱ型计算机—激光汉字编辑排版系统"通过国家经委主持的国家级鉴定和新华社用户验收，成为我国第一个实用照排系统。它也标志着排版系统正式迈出实验室，从而走上了实用化道路。

1987 年下半年，经过无数次的实验，"华光－Ⅲ型排版系统"的运行越来越顺利，效益也极大提高。同年 10 月，党的十三次代表大会在北京召开，大会工作报告全文 34 000 多字，《经济日报》在收到新华社电讯稿之后，立即使用华光系统进行计算机排版，整个过程仅用 20 分钟，而其他的大报则召集一批最熟练的铅字排版工人，苦战了三四个小时才完成同样任务。比较而言，激光照排的威力充分显示出来，并因此名扬天下。

1993 年，国内 99% 的报社和 90% 以上的书刊印刷厂都采用了国产激光照排系统。这样就使得我国延续上百年的铅字印刷行业得到彻底改造，这也表明我国走完了西方经历 40 年才完成的技术改造道路。截至 20 世纪末，累计产值达 100 亿元，创利 15 亿元，出口创汇 8 000 万美元，产生了极大的经济效益和社会效益。2002 年 6 月 28 日，原国务委员、国家经委主任张劲夫在《人民日报》刊登了《我国印刷技术的第二次革命》一文，其中指出："汉字激光照排技术在改造我国传统的印刷业中发挥了巨大作用。如果说从雕版印刷到活字印刷是我国第一次印刷技术革命的话，那么从铅排铅印到照排胶印就是我国第二次印刷技术革命。"

当代毕昇，实至名归

从 1946 年开始，西方人发明了第一代手动式照排机，到 40 年后的 1986 年才开始推广应用第四代激光照排技术。王选的发明，使我国从铅排和铅印直接跨入激光照排，一步跨越了西方走过的 40 年。现在，中国人能够清楚与便利地阅读大量新出版的中文书籍与报刊，王选与他的科研团队居功至伟。王选带领科研团队研制成功汉字信息处理与激光照排系统，实现了核心技术的突破。更重要的是，王选及其团队实现了科研成果市场化和产业化，进而掀起了我国“告别铅与火、迎来光与电”的印刷技术革命，由此树立了中国印刷技术发展史上继雕版印刷术和活字印刷术后的第三座里程碑。

中国印刷及设备器材工业协会理事长徐建国曾这样评述：“从中国印刷的发展史来看，有两个重大的历史性事件：一是毕昇发明活字印刷术。活字的发展以胶泥活字为开端，后延伸为锡活字、木活字、铜活字、陶瓷活字、铅活字等。可以说，其发展过程与当时生产力、专业技术的发展有很大关系；二是王选发明计算机汉字激光照排技术。王选院士最初学的是数学力学，从事的是计算机文字信息处理工作，而其却以自己在计算机技术方面之所长让印刷业取得重大突破。在我看来，王选不仅改变了印刷业，还让汉字这个古老的文化能够融于世界潮流和现代技术，让中国的汉字显示出其精彩和绝妙。”

王选及其团队取得的科研硕果产生了巨大的影响：一方面，使来华销售的国外厂商全部退出中国；另一方面，他们将最新的产品出口至日本、欧美等发达国家和地区，使我国拥有自主知识产权、技术和品牌的产品大规模进入国际市场，并为汉字迈入计算机信息时代奠定了重要基础。这为信息时代汉字和中华文化的传承与发展创造了条件。这项技术曾两次获国家科技进步一等奖。

1991 年，王选任北京大学计算机研究所所长，他曾以计算机所为依托建立文字信息处理国家重点实验室、电子出版新技术国家工程研究中心，这两个部门均由王选担任主任。也是在 1991 年，王选当选为中国科学院院士。翌年，他又当选为第八届政协委员。2001 年，王选获国家最高科学技术奖，他也被誉为“当代毕昇”。2008 年，国际小行星命名委员会批准，将国际编号为 4913 号的小行星命名为“王选星”。

王选团队研制激光照排的过程，正值我国改革开放，国民经济从计划经济向社会主义市场经济过渡和转变的时期。他在当时科研条件十分简陋、外国厂商大举进军中国市场、许多人自信不足、崇尚引进的困难挑战下，紧跟我国科技体制改革的时代步伐，带领团队攻坚克难，一步步实现了颠覆性技术创新、应用创新、自主创新和体系创新，走出了一条产学研结合的成功之路，成为创新驱动发展的时代典范。王选院士曾多次强调：“实现一切创新理念的基础，是要有一种‘十年甚至十五年磨一剑’的精神，看准方向和目标并有了正确的技术路线和方案后，需要忍受各种不适当的、急功近利的评估方法和干扰，而始终坚定决心和信心，锲而不舍地奋斗下去。”

2018 年 12 月，在中共中央、国务院召开的“庆祝改革开放 40 周年大会”上，王选院士被授予“改革先锋”称号，获得“科技体制改革的实践探索者”的高度评价。他的科学精神、创新思想和宝贵实践，在我国当前转变经济增长方式、建设创新型国家的过程中具有重要的现实意义和深远的历史意义。

微观奇迹：镍钛准晶相的发现与研究

诺贝尔奖在中国人的心目中一直是萦绕数个世纪的梦想，杨振宁、李政道、丁肇中这些问鼎过诺贝尔奖的华人名字镌刻在每一个有科学梦想的年轻人心中。诺贝尔奖得主也是几代中国人心目中英雄的代名词。我们的印象中，中国有不少耳熟能详的研究成果数次与诺贝尔奖擦肩而过。

事实上，当以色列科学家达尼埃尔·谢赫特曼（Daniel Shechtman）因发现准晶体而赢得 2011 年度诺贝尔化学奖的消息传来，中国相关学科领域专家在兴奋之余也表示，我国的准晶体研究也已经位居世界前列，相同的发现只比谢赫特曼晚了两三年，也对此项学术做出了不小的贡献。因此，这可能又是一次“与诺贝尔奖擦肩而过”。

什么是准晶体

晶体是有明确衍射图案的固体，其原子或分子在空间按一定规律周期重复排列。晶体中原子或分子的排列具有三维空间的周期性。这种周期性规律是晶体结构中最基本的特征。晶体通常呈现规则的几何状态，其内部原子的排列规整严格。非晶体，或称无定形体，其原子不按照一定空间顺序排列，与晶体相对应。常见的非晶体包括玻璃和高分子化合物。二者的本质区别是晶体有自范性，非晶体无自范性。就物理性质而言，晶体有固定的熔点，非晶体无固定的熔点，它在熔化过程中温度随加热不断升高。直至 20 世纪 80 年代，人们把固体材料分为两大类：一类是原子作规则排列的晶体；另一类是原子混乱排列的非晶体。准晶体的发现是 20 世纪 80 年代晶体学研究中的一次突破。

准晶体，亦称为“准晶”或“拟晶”，是一种介于晶体和非晶体之间的固体结构。准晶的原子排列结构是长程有序的，这一点和晶体相似；但是准晶不具备平移对称性，这一点又与晶体不同。普通晶体具有旋转对称性，但是准晶的布拉格衍射图具有其他对称性，如五次对称性或者更高的六次以上对称性。

1982 年，以色列科学家谢赫特曼首次在电子显微镜下观察到一种“反常”现象：铝锰合金的原子采用一种不重复、非周期性但对称有序的方式排列。当时人们普遍认为，晶体内的原子都以周期性重复对称模式排列，这种重复结构是形成晶体所必需的，自然界中不可能存在谢赫特曼发现的那种原子排列方式的晶体。随后，科学家们在实验室中制造出了越来越多的各种准晶体，并于 2009 年首次发现了纯天然准晶体。美国普林斯顿大学教授 P. 斯坦哈特（P. Steinhardt）表示：谢赫特曼的发现彻底颠覆了 200 多年的认知，是引人瞩目的重大发现。2011 年的诺贝尔化学奖授予这位以色列科学家，表彰他在发现准晶体领域所做出的突出贡献。瑞典皇家科学院诺贝尔奖评审委员会表示：谢赫特曼的发现促使科学家重新思考固体物质结构。在实际生活中，准晶体早已被开发应用，其应用范围非常广泛。预计在未来几年，其低摩擦、耐腐蚀、耐热性和非黏性会进一步被开发利用于材料领域。

如今在钴、铁、镍等金属的铝合金中，准晶已经成为一种常见物质。准晶出自合金，本身却是电的不良导体。其他特点包括磁性较强、高温下比晶体更有弹性、坚硬且抗变形能力强，因此准晶可以作为高性能表面涂层。因为准晶材料具有耐蚀、耐磨等特点，用于不粘锅表面更抗腐。我们最常见的就是不粘锅炊具。准晶体镀层的锅正是利用了准晶体与常见食物的结构差异。高维晶体镀层投影与常见食物结构有差异，使得它们不会粘连在一起。

最后，讲一个关于谢赫特曼准晶体发现历程的小细节。当准晶体的神秘微观图案于 1982 年 4 月 8 日早晨出现在谢赫特曼的显微镜下时，这就意味着传统化学理论即将遭遇颠覆性挑战。被许多人视为学术权威的两次诺贝尔奖得主、著名化学家莱纳斯·鲍林（Linus Pauling）公开嘲笑道：“世界上没有准晶体，只有准科学家！”也正是这位诺贝尔奖得主质疑了十年，甚至至死都不承认准晶体的存在。

中国人的晶体学研究

现代形形色色高、精、尖的材料和物质几乎都离不开晶态。晶体学是专门研究晶体的组成、结构与性能三者之间的内在联系以及有关原理、实验技术与应用的一门科学。晶体学既有坚实的理论基础，也有广泛的实际应用领域，涉及物理学、化学、生物、材料科学、医学、药物学、生物化学、硅酸盐化学、地球化学、地质学、矿物学、金属学等多门学科。所以晶体学也属于交叉学科、领域渗透的一门近代新兴自然科学。可以说没有晶体学就不可能有今天的分子生物学，它是高新技术的基础与支柱。基于这些因素，欧美日发达国家均投入巨大人力与财力，在晶体学方面有着深厚的基础与较高的科研水平。

旧中国的晶体学落后，人才稀缺。20 世纪 50 年代初，新中国迎来了第一波留学生归国热潮。祖国在呼唤！回国成为那时候年轻留学生们心中的第一选择。华罗庚那封《致全体留美学生的公开信》用饱含深情的笔触，表达了当时很多学有所成的科学家回国报效的决心。1950 至 1951 年间，有大批留学生回到祖国。这个群体以留美的理工科学生为主，他们年轻、富有激情与创造力。新中国的晶体学开拓者、后来被誉为“中国晶体学之父”的吴乾章等在回国后立即全身心地投入晶体学研究事业当中，培养和扶持了国内一大批优秀的晶体学科技人才。以吴乾章为代表的第一代晶体学前辈为晶体学、凝聚态物理在中国的发展打下了坚实的基础。

新中国成立之初，我国另一位著名物理冶金学家、晶体学家郭可信虽身在异国他乡却时刻关心新中国的社会主义建设。几乎与吴乾章等人同时，郭可信也下定了回国的决心。1956 年，响应党的“向科学进军”的号召，他毅然回国。回到中国科学院金属研究所工作的郭可信，先后担任研究员、副所长。20 世纪 60 年代初，郭可信及其研究团队率先开始了透射电镜显微结构研究。20 世纪 70 年代，郭可信一方面在电子衍射图的几何分析方面做了大量研究工作；另一方面在电子衍射图自动标定的计算机程序设计，特别是其电子衍射标定未知结构的分析研究工作达到了国际先进水平。

郭可信在国内率先引入高分辨电子显微镜，开始从原子尺度直接观察晶体结构的研究。1980 年 4 月，他出任中国科学院沈阳分院副院长，1980 年当选中国科学院院士。1984 年，金属研究所研究人员在郭可信领导下，在具有二十面结构单元的合金相微畴中，首先发现五次对称现象，并给出了正确解释。在钛镍钒急冷合金中发现五次对称的二十面体准晶。钛镍准晶是我国独立发现的一种新准晶相，也是继国外铝锰合金中发现准晶后发现的第二个准晶相，被国际同行列为五次对称和准晶研究领域的重大发现。

随后，中国研究人员找出了准晶与相同成分晶体间的结构关系规律。在此基础上提出准晶生成的晶体学基础，并进一步在近十种急冷合金中合成了二十面体准晶；发现了六种由二十面体结构单元构成的新晶体及大量微畴结构，为准晶研究扩大了晶体学基础。这是对传统的固体和晶体学理论的突破，也是对准晶的研究领域做出的突出贡献，并使我国的准晶实验研究居于世界前列。1987 年，该成果获国家自然科学一等奖。五次对称性和准晶的发现对传统晶体学产生了强烈的冲击，为物质微观结构的研究增添了新的内容，为新材料的发展开拓了新的领域。

郭可信及其团队为我国的晶体学研究事业做出了突出贡献，在合金钢碳化物、金属间化合物结构与缺陷、准晶研究和电子显微学等方面也取得了卓越的成就。

准晶体的应用前景

目前准晶材料的应用主要在准晶薄膜（准晶涂层）和准晶复

合材料两方面。

近几年，中国在热障涂层方面取得新进展。与传统航空发动机常用的隔热材料及其他隔热材料相比，准晶涂层具有密度低、硬度高、耐磨蚀、耐氧化、使用温度高及易于制造等优点，因而能够满足多种场合下的隔热要求。目前准晶热障涂层已在飞机和汽车发动机等部件中得到广泛应用。由于中国绿色能源产业迅猛发展，准晶也被应用于太阳能选择吸收薄膜制造。准晶本身并不具备光的选择吸收特性，但准晶薄膜与高反射材料组成的多层结构材料，对太阳光却具有选择吸收的特性。由此构成的多层膜具有热吸收率高和热发射率低的优点。

其他准晶复合材料也在发展，部分复合材料已被用作轻质中温高强高韧结构材料。低碳马氏体时效超高强度钢则可望应用于医疗器械材料。纳米尺度准晶颗粒增强合金，有望应用于航空工业。二十面体准晶的独特结构，也很容易把它与软磁材料联系在一起。

未来准晶体研究发展趋势为，全面研究准晶体的力学性能，开发实用工程准晶材料；研究准晶体对常用工程材料表面改性的作用；继续研究准晶体的热稳定性以开发高温材料；继续研究准晶体的电磁性能以开发功能材料；研究准晶体性能的普遍规律。总之，准晶体性能研究具有广阔前景，只要掌握其性能特征及影响因素，就能够开发更多具有特殊性能的准晶新材料为人类服务。

因地制宜：西气东输工程的决策历程

进入 21 世纪，一条西起新疆塔里木盆地，东至上海黄浦江畔，横贯十个省区市，全长 3 843 公里的输气管道成为神州大地的能源大动脉，源源不断地将天然气送到中原、华东、长江三角洲等地区，将中国西部蕴藏的丰富天然气资源转化为中国东部广大地区的万家灯火。西气东输的一线工程于 1998 年开始酝酿，2000 年决策立项，2002 年 7 月正式动工，2004 年 12 月 30 日全线投入商业使用。从酝酿决策到筹备实施，西气东输工程的前期准备工作花费了长达 4 年的时间；而从开工建设到商业运营只用了 2 年多的时间，为何西气东输工程的前期准备工作花费了如此长的时间呢？

西气东输工程的建设环境

西气东输管道沿线的自然环境和人文环境差异较大。总的来说，西部地广人稀，自然环境较为恶劣，缺少基础设施支持，属于经济欠发达地区；东部人口稠密，自然环境较好，基础设施建设情况良好，属于经济发达地区，东部与西部自然和人文环境的复杂多变给工程的施工带来了很大的难度。而且管道沿线途经许多国家及省级自然保护区，如新疆塔里木罗布泊自然保护区、太行山自然保护区，也会穿过以古长城为首的众多古迹遗迹，给工程的施工带来了一些挑战。

西气东输工程地域范围广阔，管线先后经过塔里木盆地、鄂尔多斯高原、黄土高原、华北平原、淮阳丘陵，最后进入长江中下游平原。地形总体来说有着西高东低的特点，以太行山为界，西部地区的地势起伏较大，东部地区的地势开阔平缓。从新疆、甘肃的荒漠戈壁地带到宁夏、陕西的黄土高原地带，再从山西、河南的吕梁山及太行山山地到东部冲积平原地带，每个地貌都有独具特色的微地貌，也会有沙丘、黄土塬、深谷、沼泽等不良地质段。

西气东输工程从内陆盆地到东海之滨，各地区的气候类型也不尽相同。以吕梁山为界，西北部地区为内陆地区，其大陆性气候特征十分显著，主要特点为冬长夏短、干旱少雨，昼夜温差大等；东南部主要受海洋性气候影响，主要特点是日照充足、雨量充沛，昼夜温差较小。西气东输工程途经我国几大主要水系，以兰州为界，西部主要是内陆河流域，而东部主要是外陆河流域。内陆河水量随季节变化，夏季有洪水而冬季干枯，春秋两季水量较小；外流河水量较大，水量亦受季节影响，冬季一般流量较小，而夏季由于降雨等缘故，河水水位暴涨，容易造成水灾。

在土壤及植被的分布上，西部与东部也有着极大的不同。在嘉峪关以西地区，这一段多为戈壁及沙漠，土壤以碳质土与石膏土为主，植被稀疏，种类贫乏，多为旱生性植物；从河西走廊到黄土高原，这一段土壤以黄绵土和褐土为主，水土流失情况较为严重，植被种类逐渐增多，以草场植被为主，也存有一定数量的森林植被。从太行山到长江中下游平原，土壤肥沃，以黄褐土、水稻土为主，植被茂盛，生物种类多样化。

西气东输工程管道西部与东部有着截然不同的地形地貌、气候水文、土壤植被条件，给施工带来了很多难题。而且当时中国西部与东部发展水平差距较大，由于政治、经济、文化等原因，西部的基础设施建设较为缓慢，有些地区的交通状况都成问题，建设管道有许多工作要从零开始。那么为什么我们还要投入大量人力物力，开展西气东输工程呢？中国推进西气东输工程主要有三大原因：一是落实西部大开发战略；二是促进经济发展；三是改善能源结构。

西气东输工程的决策背景

2000 年 10 月，为了缓解中国东西部发展不平衡的问题，中共十五届五中全会通过《中共中央关于制定国民经济和社会发展第十个五年计划的建议》，建议强调："实施西部大开发战略、加快中西部地区发展，关系经济发展、民族团结、社会稳定，关系地区协调发展和最终实现共同富裕，是实现第三步战略目标的重大举措。"在后续的落实过程中，以西气东输、西电东送、青藏铁路为代表的国家重点工程拉近了西部与东部的距离，西气东输工程作为西部大开发系列工程中的先行者，起到了至关重要的作用。

1998 年 7 月，江泽民到新疆塔里木油田视察，时任中国石油天然气总公司总经理马富才向总书记报告新疆石油及天然气工业的发展情况，汇报中提到了塔里木油田有着大量的天然气资源亟待开发，在开采石油的过程中也会伴随有大量天然气产生，为了避免污染环境，这些天然气不得不点天灯烧掉。江泽民认为天然气资源的闲置是一种极大的浪费，与陪同考察的国家计委主任曾培炎及在场的专家对塔里木油田天然气的开发利用问题进行了详细的探讨。同年 8 月，国土资源部向国务院提交报告，建议将西气东输工程列入国家重点基础建设项目之中。朱镕基总理做出批示：抓紧西气东输的前期研究，争取在 2000 年着手实施。

西气东输工程推动了经济发展，首先是能够加快新疆地区的经济发展。工程使塔里木油田成为中国最大的天然气开采基地，将新疆闲置的天然气资源输送到东部地区，促进了新疆经济和社会的发展；工程可以带动当地天然气副产品加工利用以及相关产业的发展，创造新的就业岗位；工程对基础设施的改善提高了当地居民的生活水平以及与东部地区交流的便利程度。其次，西气东输工程也拉动了国民经济的整体增长，管道工程是连接我国东西部的能源纽带，工程的建设扩大了内需，增加了就业岗位，而且改善了沿线人们的生活质量。最后，西气东输工程也带动了相关行业的技术发展和进步。工程需要大量的钢材、建材以及配套设备，但当时中国并没有能力生产符合标准的钢材、建材。以钢管为例，宝钢、武钢等钢铁企业当时只能生产 X65 级钢管，而 X70 级钢管才能满足西气东输工程管道的实际需求。国务院想要通过西气东输工程促进国民经济增长，带动相关产业发展，所以要求在选用工程所需材料以及设备时充分考虑国产化的可能性，凡是能用国内企业生产的，一律由国内企业供货。最终在西气东输工程中，国产钢管的重量和长度比例都超过了 50%，事实也证明了该决策的正确性，国内的钢铁和建材行业由此取得了长足的进步。

西气东输工程改善了中国的能源结构。随着经济的发展，以煤炭为主的能源消费结构使中国的环境污染问题十分严重。工业燃煤会产生大量二氧化硫、二氧化碳、一氧化碳和烟尘，使大气污染问题日益严重。为了实现可持续发展，国家把开发天然气资源作为优化能源结构、改善大气环境的重要举措。燃烧天然气与煤炭相比，二氧化硫和烟尘的排放几乎可以忽略不计，二氧化碳和一氧化碳的排放也大幅度减少。西气东输工程将我国西部地区闲置的天然气输送到能源缺口极大的东部地区，一方面使西部地区的资源优势转化为经济优势；另一方面又满足了东部地区对天然气的迫切需求。

西气东输工程的立项过程

对西气东输工程是否可行，国家对其进行了项目论证、市场论证和管道工程论证。项目论证包括了“五大评估”，即地质灾害评估、活动断裂带评估、水土保持评估、环境影响评估、劳动安全卫生预评估。前两项评估主要是考察管道沿线的地理情况是否理想，防止地质灾害导致管道破裂，避免造成严重的二次灾害事故。水土保持评估是为了考证管道建设是否会造成或加剧沿线的水土流失现象，尤其是黄土高原地区，在铺设管道的同时也要植树造林，使土壤在工程恢复期中保持减沙效益，防止因为工程建设使水土流失现象进一步加剧。环境影响评估是检验管道对沿途的自然保护区是否会造成影响，若造成轻微影响在建造完成后如何恢复保护区原来的环境。劳动安全卫生预评估是研究在施工工程中是否有对施工人员人身安全及周边环境造成危害的潜在隐患，以及事故发生后如何第一时间解决处理。

市场论证主要研究了天然气的市场预测和定价方案。将工程的终点选为上海是在对目标市场进行分析和研究后决定的，具体有以下三个原因：一是长江三角洲地区市场需求大，可承受气价高，虽然管道运输天然气的单位成本低，但从我国西部到东部的距离长达数千公里，加之建设管道也需要高额的前期投入，所以对市场的需求与可承受气价都有一定的要求。二是有利于保证长江三角洲地区经济的可持续发展，该地区自产能源极少，绝大部分能源都是从外地调入，其中最多的是煤炭资源，然而燃烧煤炭会造成环境污染，对人口稠密的长江三角洲地区来说是极为不利的，引入天然气可以缓解大气污染，实现可持续发展。三是长江三角洲地区作为西气东输的目标市场与全国天然气流向一致，我国天然气的大致流向是“西气东输”和“南气北下”，按此流向建设东西大干线和南北大干线，能保证我国天然气的稳定供应。关于天然气的定价，一方面对大客户要符合市场规律，买卖双方都是自负盈亏的企业，要承担投资和市场分析；另一方面要加强监管，考虑小用户的利益和购买力，在不同地区实行不同的定价。

管道工程论证部分的工作主要是对管道的路线进行确定，工程分为西段、中段和东段。在布线规划的过程中，西段由于其地理环境复杂、基础设施建设薄弱等原因优化次数最多，最有代表性的是罗布泊地区的布线。在初步方案中，西段从库尔勒到柳园管道走了一个弧形，如此设计是为了规避罗布泊复杂恶劣的地理环境以及核试验场的辐射残留。在路线优化过程中，考察队不惧艰险，收集了大量罗布泊环境资料，经过技术经济论证，选择了中线取直方案，使路线方案缩短150公里以上。经过多次优化调整，最终确定的路线方案不仅总体上线形较直，而且多数路段沿线附近有铁路、公路可以依托，便于施工管理，并且把塔里木、长庆等油气田有机联系起来，有利于合理调配生产。管道既要考虑东部发达工业区的用气需求，又要避开人口稠密区，以便安全供气。供气管道并不是简单的地图上的一条线，而是各方专家和考察队员不辞辛苦，经过多种方案的比较和研究最终优化出来的，凝聚了无数的智慧与汗水。

西气东输工程是提高沿线人民生活质量的幸福工程，在落实西部大开发战略、加快西部地区经济发展、促进国民经济增长、充分利用和开发天然气资源以及调整优化我国能源结构等方面不但有着重要的经济作用，而且也有着深远的政治意义，是一个东部、中部、西部地区“三赢”的工程。

骏驰华夏：中国高铁的“逆袭”之路

1978 年 10 月，邓小平同志访问日本，对东京新干线高铁赞不绝口。40 年后，中国以令人难以置信的速度一跃成为世界上高速铁路系统技术最全、集成能力最强、运营里程最长、运行速度最高、在建规模最大的国家。如果说十多年前中国人对高铁还比较陌生的话，那么今天的中国高铁已经走进了中国老百姓的日常生活。2004 年 1 月，国务院常务会议讨论并原则上通过了历史上第一个《中长期铁路网规划》，以大气魄绘就了超过 1.2 万公里的“四纵四横”快速客运专线网。此后，中国高铁一路高歌猛进，以惊人的速度在中国大地快速延伸，取得了举世瞩目的成就。

据铁路部门的数据，截至 2017 年底，我国铁路营业里程达 12.7 万公里，其中高铁 2.5 万公里，占世界高铁总量的 66.3%，铁路电气化率和复线率分别居世界第一位和第二位。不仅如此，今天中国的高铁技术，还走出了国门，在激烈的国际市场竞争中初露锋芒，从亚非拉市场拓展到了欧美市场，让德、日等国如坐针毡。

就在十年前，中国高铁还仅仅处于技术进口的起步阶段。而十年后，高铁已然成为中国高端制造业的一张亮丽的名片。那么，中国高铁到底走过了怎样的发展历程，高铁给中国带来了什么，中国高铁如何做到如此华丽的转身，中国高铁的未来之路又在哪里？下面，我们将尝试探讨这些问题。

中国高速铁路新纪元

1964 年，世界上第一条真正意义上的高速铁路“东海新干线”于日本竣工，标志着世界高速铁路新纪元的到来。随后法国、意大利、德国纷纷修建高速铁路。到 1990 年，欧洲大部分发达国家都大规模参与修建本国及跨国高速铁路，形成了欧洲高速铁路网。紧接着，亚洲、北美洲与澳洲也都相继大规模建设高速铁路，掀起了世界范围的高速铁路建设热潮。

而中国人认识高铁，是从改革开放后开始的。1978 年秋天，中国改革开放的总设计师邓小平在日本考察新干线时说，新干线像风一样快，我们中国现在很需要跑！那时，国外高速铁路列车的时速已达 300 公里，而中国旅客列车的平均时速却还不到 100 公里。同时，中国是一个幅员辽阔、人口众多，且人口流动频繁的国家，尤其需要优先发展铁路。但是改革开放前 20 年的中国，国家和民众都不富裕，高铁技术的门槛又太高，因此高铁并未被纳入国家相关发展战略和规划。

2000 年以后，中国改革开放到了一个新的时期。经过几十年的积累，中国经济持续快速发展，并开始深入推进城市化、产业升级和经济结构转型，对便捷交通的要求越来越高；同时，富裕起来的广大民众对便利出行的要求也十分迫切。这些一方面给高铁的发展带来了经济条件，另一方面也使得在中国建设高铁的呼声逐渐由弱变强。最终，中国政府在21世纪之初以巨大的魄力和勇气决策开始大力发展高铁技术和产业，并且在2004年初出台《中长期铁路网规划》，进一步明确发展高铁的战略步骤和目标。强有力的国家支持和战略规划支撑，是中国高铁快速发展壮大的根本保证。此外，2008年世界金融危机以来，中国加大基础设施建设投资，中央财政在“铁、公、基”上的投入超过4万亿元。对于这次投资尽管众说纷纭，但这一决策的确在客观上促进了中国高铁的建设和发展。可以说，特殊的历史机遇成就了中国高铁。

正如前文所述，改革开放以来，中国经济的快速发展为高铁建设提供了经济支持，更重要的是，中国特殊的国情和发展阶段为中国高铁的快速发展提供了内在动力。正如交通运输专家谷中原所说的那样，“中国是一个最需要优先发展铁路的国家，幅员辽阔、人口众多，民工流、学生流、探亲流、旅游流，人口流动频繁，对作为大众化交通工具的铁路需求巨大。当铁路成为运输‘瓶颈’亟须发展时，高铁于是走上了前台”。高速铁路的发展，需要具备两个基础条件：一是要有足够的延伸空间；二是要有足够的乘坐人口。这两点都非常重要，否则高铁的效率优势将较难发挥。而中国恰恰具备这两个最重要的基础条件，使得高铁在中国有巨大的发展空间，也容易获得快速发展。像这样的先天条件，无论是日本还是欧洲诸国，都与中国不可同日而语。

除此之外，高铁相较于其他交通运输方式有较大的节能环保优势。

首先，高铁在与高速公路和民航的比较中，显示出了明显的节能优势。研究发现，如果设定普通铁路每人每公里的能耗为1.0，则高铁为1.42，小汽车为8.5，飞机为7.44。根据另外一项研究，国产CRH3型“和谐号”动车组列车每小时人均耗电仅15千瓦，从北京南站到天津站人均耗电7.5度，是陆路运输方式中最节省能源的。京广高铁上CRH380A（L）以时速300公里运行时，人均百公里能耗仅为3.64千瓦时，相当于客运飞机的1/2、小轿车的1/8、大型客车的1/3。这表明，高铁相对于其他运输方式的能耗替代效应非常明显。

其次，在大气污染日益成为社会热点话题的当下，高铁与高速公路和民航相比较，大气污染物排放量大为降低。高速动车组在行驶过程中无废气排出，并且基本上消除了粉尘、煤烟和其他废气污染，从而使铁路的环保优势更为明显。关于京沪高铁的一项研究表明，京沪高速铁路采用电力机车牵引，与内燃机车牵引对比，全线每年可减少大气污染物排放：烟尘588.7吨/年、二氧化硫124.2吨/年、二氧化碳74.3吨/年、氮氧化物734.9吨/年。以2014年为例，国家铁路化学需氧量排放量1 999吨，比上年减排108吨、降低5.1%；二氧化硫排放量3.17万吨，比上年减排0.36万吨、降低10.1%。

再次，高铁的站台建设也充分遵循节能环保的理念。比如，已建成并投入使用的北京南站、天津站均设计了超大面积的玻璃穹顶，在各层地面还做了透光处理，充分利用自然光照明。北京南站采用了太阳能光伏发电技术、热电冷三联供和污水源热泵技术，以实现能源的梯级利用；还采用地源热泵提供中央空调冷热媒水，通过地埋管与土壤进行热量交换，夏季制冷冬季供热，可以减少城市热岛效应。

总之，中国高铁在规划、设计、建造过程中，已经考虑到了节能环保这一时代主题，这是高铁赢得人心并获得快速发展的一个非常重要的原因。在发展高铁的十多年中，中国经济的崛起为中国高铁带来了发展契机，高铁的发展也加速了中国经济的进一步繁荣与发展。高铁的发展与中国的崛起相互促进，相得益彰。

从引进到引领的神奇逆袭

中国高铁在起步阶段主要还是依靠技术进口，从德国、日本、法国等引进先进高铁技术。“引进先进技术，联合设计生产”一开始就是我们的发展战略。比如，2004 至 2005 年，中国南车青岛四方、中国北车长客股份和唐车公司先后从加拿大庞巴迪、日本川崎重工、法国阿尔斯通和德国西门子引进技术，联合设计生产高速动车组。对于后发国家来说，以市场换技术是实现高技术自主的必经阶段和必要环节。中国高铁能发展到今天，离不开国际技术交流，坚持引进国外先进技术、深入推进中外合作的发展路径是中国高铁迅速崛起的秘诀。

2004 年以来，根据国务院“引进先进技术、联合设计生产、打造中国品牌”的指导方针，中国高铁攻克了高速转向架等九大核心技术，受电弓等十大配套技术难题，成功研制了时速 350 公里和 250 公里两种速度等级的高速动车组，创造了时速 486.1 公里的运营列车试验的最高速度，成功掌握了集设计施工、装备制造、车辆控制、系统集成、运营管理于一体的成套技术。

尽管中国高铁一开始并未走在世界的前列，但现在，全世界都无法否认中国高铁技术先进，中国高铁用短短十年时间实现了技术突破与领先，不断刷新世界高铁建造史。十年来，中国高铁实现了从引进高铁技术到引领高铁技术的华丽转身，让德、日等高铁技术发达国家大为惊诧。人们不禁要问，中国是怎样实现高铁技术突破的，中国何以能成功实现逆袭？

首先，坚持自主创新，根据中国实际需要研发关键核心技术和产品，是中国高铁实现技术突破的关键。新中国成立以来，特别是改革开放以来，无数次的对外合作让中国人认识到，关键核心技术，我们是买不到的，只有自主创新，才能掌握自己的命运。作为高新技术与现代产业深度融合的高端产品——高铁也是一样。发展高铁，中国人还得靠自己！正是这样的体会和认识，促进了高铁这一战略性产业的公共创新平台的诞生。坚持原始创新、集成创新和引进消化吸收再创新相结合的创新模式，以打造中国高铁品牌为目标，不断推动中国高铁技术的自主研发走向深入。

21 世纪初，我国自主研制了“中华之星”“先锋”等动车组，为高速动车组的发展奠定了坚实的基础。紧接着，作为中国高铁两大制造商的中国北车和中国南车共同实现了高铁最核心部件——牵引电传动系统和网络控制系统的百分之百中国造。牵引电传动系统被誉为“高铁之心”，是列车的动力之源；网络控制系统则被认为是“高铁之脑”，指挥着列车的一举一动。两大系统实现百分之百国产化，大大提升了中国高铁列车的核心创造能力。

其次，中国拥有完整的工业链、强大的制造能力和工程施工能力也是中国高铁成功逆袭的关键。为实现高铁成功高效运营，仅仅制造出高标准的列车还不够。正常行驶的高铁涉及动车组总成、车体、转向架、牵引变压器、牵引变流器等关键技术与配套技术，共有5万多个零部件。各项技术、各个部件协同运行，才能保障列车跑出高速。作为庞大高新技术的集合体，线路建设、运营调度系统、通信和网络系统、机械、材料，都需要相互配合。因此，高铁的发展，必须有完整的工业链、强大的制造能力和工程施工能力。没有完整的工业链，高铁研制就难以快速消化国外先进技术，更不可能独立研发；没有强大的制造能力，产品必然受制于人，发展一定受限；没有强大的工程施工能力，以中国这么辽阔的国土面积，高铁施工速度必然难以保证。幸运的是，中国恰恰具备这三种能力，于是中国仅用数年时间，就完成了对发达国家的追赶甚至超越。而高铁技术和高铁装备的高标准，又对提升传统工业基础工艺、基础材料研发、系统集成能力及制造水平，发挥着积极作用，实现了良性循环。

现在公众出行越来越多的人所搭乘的是“复兴号”动车组列车，它是由中国铁路总公司牵头组织研制、具有完全自主知识产权、达到世界先进水平的动车组列车。英文代号为CR，列车水平高于之前的CRH系列。它共有三个级别，即CR400/300/200，数字表示最高时速，而持续时速分别对应350、250和160，适应于高速铁路（高铁）、快速铁路（快铁）、城际铁路（城铁）。“复兴号”CR400系列上档时速400公里、标准时速350公里。从2018年7月1日起，全国铁路实行新的列车运行图，16辆长编组“复兴号”动车组首次投入运营。8月1日，京津城际铁路上运行的动车组列车已全部更换为“复兴号”。12月24日，时速350公里17辆长编组、时速250公里8辆编组、时速160公里动力集中等多款“复兴号”新型动车组首次公开亮相。

高铁改变中国

近代以来，伴随着铁路在中国的兴起与发展，中国的版图面貌已经因铁路而改变，曾经郑州与石家庄就被称作是“火车拉来的城市”。如今，随着高铁在中国的快速延伸、“四纵四横”高铁网的逐渐形成，中国版图的面貌同样也在发生深刻的变革。

2004 年，广深铁路首次开行时速达 160 公里的国产快速旅客列车，广深铁路由此被誉为中国高铁的“试验田”。2007 年 4 月 18 日，全国铁路实施第六次大提速和新的列车运行图。繁忙干线提速区段达到时速 200～250 公里，“和谐号”动车组亮相并从此驶入中国百姓生活。2008 年 8 月 1 日，中国第一条具有完全自主知识产权、世界一流水平的高速铁路京津城际铁路通车运营，一时惊艳世界。2009 年 12 月 26 日，世界上一次建成里程最长、工程类型最复杂的武广高速铁路开通运营，高铁经济迅速成为热议话题。2010 年 2 月 6 日，世界首条修建在湿陷性黄土地区，时速 350 公里的郑西高铁开通运营。2010 年 7 月 1 日，沪宁城际高铁开通运营，“同城生活”一时成为时尚。

根据我国发展的情况以及中国高铁技术的不断提高，我们在“四横四纵”的基础上提出了“八纵八横”新规划图。2016 年 7 月，国家发改委、交通运输部、中国铁路总公司联合发布了《中长期铁路网规划》，勾画了新时期“八纵八横”高速铁路网的宏大蓝图。2018 年 12 月 25 日，“八纵八横”高铁网中最北“一横”哈牡高铁正式开通运营。伴随着中国高铁逐渐成网，高铁辐射带来的效应越来越明显。各地之间的通行时间在高铁建成后大大缩短，相邻省会城市间 1 到 2 小时、省内城市群 0.5 到 1 小时的高铁经济圈逐渐形成，人们完全打破了以往对于地域限制的陈旧观念，高铁正逐渐拉近城市之间的距离，让各地资源共享成为可能，有效地拉动了经济的增长和缓解了“大城市的病痛”。具体而言，这就是高铁产生的“同城效应”。

2008 年夏天，京津城际高铁开通运营，从北京到天津只需短短 30 分钟，在北京和天津这两座城市过同城生活，不再是一件“瞎折腾”的事情，京津一体化战略也不再只是纸上谈兵。2009 年底，被认为是全世界一次建成里程最长、工程类型最复杂的武广高速铁路开通运营。“早餐热干面，午餐白切鸡”，“才饮珠江水，又食武昌鱼”的顺口溜应运而生，生动又贴切地说明了武广高铁给湖北、湖南、广东三省带来的巨大变化。2010 年 7 月，沪宁城际高速铁路开通运营，上海到南京的最快时间已缩短至 1 小时，苏南的镇江、常州、无锡、苏州等城市已经完全融入上海的 1 小时都市生活圈。“南京人下班后去上海听一场音乐会，无锡人到南京秦淮河赏夜景……”这便是高铁给长三角地区民众的生活所带来的变化。

正因为大家都看到了高铁的优势和可能带来的巨大改变，所以高铁沿线地区都尽可能做足“高铁经济”。正所谓“高铁一响，黄金万两”，这是中国地方政府和民众对高铁的期待。据报道，武广高铁通车之后，昔日三省之间的长途游因高铁变成“短线游”，迅速带动了粤湘鄂旅游业的持续升温。除了旅游经济，武广高铁的开通，还为广东向湖南、湖北进行“产业转移”提供了契机。这是由于广东经过改革开放 40 多年的发展，产业聚集，但也因发展而出现“地少价高”的问题，经济学者们甚至认为，在这条高铁的串联下，将会形成崭新的经济带——“武广经济带”。

再比如沪宁、沪杭等高铁线路，已经让江浙沪三地更为紧密地联系在一起，长三角地区一体化进程也在加速推进。正如江苏省社科院张颢瀚所言，“今后，沪宁城际之间将形成一个都市群，这个都市群同时又是一个1小时交通圈。在这个交通圈里，任何一个城市都可能成为工作和生活的地点”。上海与江苏之间是如此，上海与浙江之间的情况亦如此。事实上，现如今在江浙沪之间游走的“都市族”已经大大增加，江苏的昆山和浙江的嘉善，都居住着大批在上海工作的上班族。同时，随着上海至合肥、上海至南昌等地动车组的开通运营，长三角的范围也已经大大扩展，安徽、江西也将融入长三角经济圈。

高铁拉近了东西南北不同城市在人们心理上的距离，让中国“变小”了，它改变了人们的生活方式，带来了经济发展的新动力。高铁带给中国的不只是一场经济地理上的革命，也是一场时空观念上的革命，它影响着中国社会生态，改变着人们的观念和生活方式。当中国大地被四通八达的高铁网连起来的时候，中国人在经济、社会，乃至私人活动的空间、时间等各个方面，都将发生深刻变化。原来因距离阻隔而遥不可及的事情，现在由于高铁变成可能，这将极大地刺激中国人的想象力。假以时日，这种想象力将会转变成伟大的创造力。

高铁外交

高铁不仅对我国的经济、社会和科技发展产生不可忽视的作用，而且它又成为一张名片，在世界的舞台上展现风采。高铁也成为新时代中国外交的重要组成部分。

谈起我国的“铁路外交”，可以追溯到20世纪70年代。“铁路外交”是指政府在对外政策中推动海外铁路建设，以及通过修建铁路服务于本国对外政策目标和综合国家利益。在改革开放之前，中国铁路“走出去”经历了一段不平凡的历程。中国对外援建最大的成套项目之一是“非洲坦赞铁路”。当时，我国为建设这条被誉为“钢铁之路”的国际友谊铁路，共组织发运各种铁路建设设备材料约100万吨，先后派遣铁路工程技术人员近5万人，累计派遣铁路建设领域专家约3 000人。

高铁的延伸，正在和人类全球化、欧亚大陆经济整合的大趋势叠加在一起。这些有利因素的叠加，使得质优价廉的中国高铁事实上正在成为改变世界规则的有力工具。2013年9月，中国领导人高瞻远瞩，提出建设“丝绸之路经济带”的伟大构想，随后中国政府又倡议成立亚洲基础设施投资银行（简称“亚投行”）。“一带一路”倡议成立亚投行，被誉为中共十八大以来中国对外开放和对外交往中最具影响力的典范之作。“一带一路”倡议横跨欧亚非大陆，涉及65个沿线国家或地区，区域总人口达44亿，约占全世界总人口的63%；经济总量约21万亿美元，约占全球经济总量的28%。

那么，“一带一路”倡议的实施要靠什么来连接？靠什么来加强各国的贸易和人员往来？重要的途径或载体之一就是要靠高铁。亚投行的成立，就是要配合丝绸之路经济带，推进欧亚大陆之间的高铁等基础设施建设。高铁的发展使得陆上的整合变得更加容易和更有经济价值。如今，欧亚大陆上正在构筑的国际铁路网包括泛亚铁路，第一、第二、第三条欧亚大陆桥等，当这些铁路干网逐渐形成合力，高速铁路和重载铁路覆盖欧亚大陆，欧亚大陆上各国将更趋于合作而非敌对，大家都会迎来新的经济发展机遇。乐观的学者甚至认为，民族矛盾和冲突最集中的中东地区未来将会因为高铁、重载铁路支撑下的丝绸之路经济带战略而改变，民族和解和经济发展将会成为绝对主旋律，贫穷落后的非洲也会因为欧亚大陆经济的加速整合而迎来巨大的发展机遇。

如果说远洋能力拓展的是一个国家的“海权”，那么，高铁建设能力拓展的将是一个国家的“陆权”。未来将是一个“陆权”和“海权”并重的时代。我们期待中国能充分抓住时代的机遇，充分发挥自己的优势，大力发展以高铁为代表的高端制造业，做大做强集约化施工建设能力，为世界的和平与发展做出应有贡献，为实现中华民族伟大复兴的中国梦积聚力量。

沿线国家大多是发展中国家和新兴经济体，经济发展水平参差不齐，铁路基础设施相对薄弱，这对中国铁路“走出去”无疑是巨大的潜在市场。高铁的出口，也可以在最大程度上带动我国与高铁相关的所有产业的发展，进而调整我国的产业结构。高铁作为促进道路联通的重要工具，已然成为推动沿线国家和地区经济发展的新动力。中国高铁在建设和管理方面通过创新施工方法组织、组织构建动态管理模式等方式在基础建设、工程建设速度、工程质量方面都有很大程度的提高，从而极大增强了中国高铁的国际竞争力。

2014 年 7 月 25 日，中国与土耳其合作从安卡拉至伊斯坦布尔的“安伊高铁”顺利通车，全长 158 公里，项目资金达 12.7 亿美元，时速为 250 公里，它是中国在海外承建的第一个高铁项目。2017 年，中国与俄罗斯共同建设的莫斯科至喀山的高铁动工，全长约770公里，全程资金3.8亿美元，最高时速达400公里。2017年以来，中国高铁企业频频在世界高铁市场中标或者达成意向，亚洲的新加坡、马来西亚、泰国，非洲的尼日利亚、南非都引进了中国高铁。中国高铁可以为当地的经济发展提供巨大支持，客运方面可以缩短出行时间，货运方面可以便利货物运输。这里需要强调的是，印尼雅加达至万隆高铁先导段建设项目全部采用中国高铁技术和装备，是中国高铁首次全系统、全要素、全产业链对外输出的正式落地项目。

中国高铁的出口，为世界铁路交通的发展做出了突出的贡献。在中国的高铁出口最高设想里，高铁将以中国为中心并且分四个方向走向世界各地：其一，欧亚铁路，从伦敦出发经过莫斯科进入我国的满洲里；其二，中亚高铁，从我国的乌鲁木齐出发，经哈萨克斯坦等国最终到达德国；其三，泛亚铁路，从昆明出发经过越南等国最终抵达新加坡；其四，中俄加美高铁，按照规划这条高铁将从中国东北出发，一路往北最终抵达美国。

在技术方面的攻坚克难，始终是中国高铁的特点所在。在时速方面也有新的突破，我国自主研发出了200～500公里不同速度等级的动车组。我国幅员辽阔，再加上各个地区的地质情况十分复杂，南北方的气候状况也差异巨大。因此，针对各种难题我国高铁自主研发设计了耐高温、耐高湿、耐高寒、防风沙等高科技含量的动车组，可以在不同地质条件、不同气候条件下建设及运行。为降低高铁运行时的噪声，我国高铁采用无缝线路，轨道沉降误差可以以“毫米”计算。过硬的质量和不断创新的技术，是我国高铁在国际竞争中占得一席之地的重要基础保障。

中国高铁走向世界

现今，中国高铁不仅在国内蓬勃发展、开疆拓土，而且已经走向世界，成为中国制造的靓丽名片。据媒体报道，2009 年 10 月，俄罗斯总理普京访华，并参加上海合作组织成员国政府首脑理事会会议，中俄两国签署中俄发展高速铁路备忘录，中国将帮助俄罗斯建设高铁。同年 11 月，美国通用电气和中国铁道部签署备忘录，双方承诺在寻求参与美国时速 350 公里以上的高速铁路项目方面加强合作。2010 年 7 月 12 日到 15 日，阿根廷总统费尔南德斯到访中国期间，与中方签署金额高达 100 亿美元的多项铁道科技出口合约。2015 年 9 月，在“一带一路”倡议的推动下，泰国就中泰铁路建设与中国确定了合作意向，规划铁路全长 867 公里，由中铁建东南亚公司承建。

近年来，中国高铁走出国门，参与世界诸多国家的基础设施建设，已成新常态。中国高铁能够走出去，需要两个前提条件：一是有市场需求；二是中国高铁技术在国际范围内有竞争优势。接下来的问题便是，伴随着世界航空业的发展，铁路建设曾一度停滞，现在何以复兴？中国高铁具有哪些优势，何以受到世界青睐？

一名中国铁道专家认为，中国的高铁技术相对于德国、日本等有三个优势：“一是从工务工程、通信信号、牵引供电到客车制造等方面，中国可以一揽子出口，而这在别的国家难以做到；二是中国高铁技术层次丰富，既可以进行 250 公里时速的既有线改造，也可以建 350 公里时速的新线路；三是中国高铁的建造成本较低，比其他国家低 20% 左右。”

2014 年 7 月 10 日，世界银行发布了中国高铁分析报告，对中国在短短六七年时间里建成 1 万公里高铁网（按时速 250 公里 / 小时计算）的成就进行了解读。报告指出，中国的高铁建设成本大约为其他国家的三分之二。从对 2013 年末 27 条运行中的高铁建设成本的详细分析中可知，尽管各线路的单位成本差异很大（设计时速 350 公里的线路单位成本为每公里 9 400 万至 1.83 亿元。设计时速 250 公里的客运专线的单位成本为每公里 7 000 万至 1.69 亿元），但加权平均单位成本（包括工程筹备、土地、土建工程、轨道工程、车站工程、四电工程、机车车辆、维修场站，以及建设期利息等成本）为：时速 350 公里的项目为 1.29 亿元 / 公里；时速 250 公里的项目为 0.87 亿元 / 公里。相比之下，欧洲高铁（设计时速 300 公里及以上）的建设成本高达每公里 1.5～2.4 亿元，加利福尼亚州高铁建设成本（不包括土地、机车车辆和建设期利息）甚至高达每公里 5 200 万美元，约合 3.2 亿元人民币。

该报告称，以中国引进德国的板式轨道制造工艺的线路为例，由于中国的劳动力成本较低且产量很大，因此中国制造该产品的成本比德国产品低三分之一左右。因此，低成本使中国高铁在世界上具有很大竞争力。但报告也指出，中国之所以具有较低的单位成本，原因不仅在于劳动力成本较低，而且还在于其他几个方面的因素。从规划层面来说，颁布可信的中期计划——中国将在 6 至 7 年内建造高铁里程达 1 万公里——激发了施工单位及设备供应团体的积极性：迅速提升产能和采用创新技术，以利用与高铁相关的大量施工资源。同时，由于相关施工单位在机械化施工及制造过程中开发了很多具有竞争优势的本地资源（土建工程、桥梁、隧道、动车组等)，也大大降低了单位成本。此外，庞大的业务量以及可以采用摊销资金投入的方式购买可用于多个工程的高成本施工设备，也有助于降低单位成本。说到底，规模效应和集约化的强大施工能力是中国高铁降低成本的根本所在。在技术先进、质量安全的前提下，低成本无疑是中国高铁参与世界竞争的杀手锏。

我国已经确定在2019年把铁路建设投资提高到史上最高水平的8 500亿元。根据中国铁路总公司出台的年度建设计划，2019年新开工铁路里程预计达到6 800公里，比上一年增加45%。至2020年，我国铁路营业里程将达到12万公里以上。其中，新建高速铁路将达到1.6万公里以上，再加上其他新建和既有提速线路，我国铁路快速客运网将达到5万公里以上，连接所有省会城市和50万人口以上城市，覆盖全国90%以上人口，“人便其行、货畅其流”的目标将成为现实。

2019年2月18日，中共中央、国务院印发《粤港澳大湾区发展规划纲要》。按照规划纲要，粤港澳大湾区不仅要建成充满活力的世界级城市群、国际科技创新中心、“一带一路”建设的重要支撑、内地与港澳深度合作示范区，还要打造成宜居宜业宜游的优质生活圈，成为高质量发展的典范。以香港、澳门、广州、深圳四大中心城市作为区域发展的核心引擎，它们将以高铁建设为依托，推动大湾区及周边城市经济协调发展。城市间经济要素的流动和转移离不开高铁网络的合理引导和布局，中国高铁将为大湾区的发展全面提速。中国高铁也将驶向更美好的未来，为实现科技强国的战略目标锦上添花！

神奇天路：青藏铁路决策建设简史

2018 年 10 月 10 日，中共中央总书记习近平主持召开中央财经委员会第三次会议，在会上提出川藏铁路规划建设问题。会议强调，规划建设川藏铁路，是促进民族团结、维护国家统一、巩固边疆稳定的需要，是促进西藏经济社会发展的需要，是贯彻落实党中央治藏方略的重大举措。

川藏铁路规划的提出难免将人们的思绪带到 12 年前。2006 年 7 月 1 日，世界上海拔最高、线路最长的高原铁路——青藏铁路全线通车。首次进藏的“青 1”号列车与首次出藏的“藏 2”号列车经过 13 小时的行程分别实现从格尔木到拉萨及其反向的通车，雪域高原无火车的历史从此成为过去。与短短十几小时的旅程形成鲜明对比的是，此前，经过十多万铁路建设者历时 5 年的艰苦奋战，青藏铁路格尔木至拉萨段才终于建成。而中国为了实现铁路进藏的夙愿，其实已等待了近百年之久。

铁路进藏的百年构想

出版于 1930 年的《西藏始末纪要》一书中是这样描述西藏

的交通状况的："乱石纵横，人马路绝，不可名态。"由于资源、地理、环境的阻隔，西藏与外界连接受到交通"瓶颈"的制约，处于相对独立和封闭的状态。交通运输业是国民经济的基础产业，是发展经济、繁荣文化、改善民生、强化边防、推动国际交流的命脉。百年来，不断有有识之士提出铁路进藏的构想，希望通过建设发展西藏的交通运输事业来加快西藏现代化的进程。

根据现有史料，驻藏大臣有泰在1906年就曾电奏清政府，认为内地至西藏交通崎岖，可以拟修铁路，以便运送矿石等物资。1907年，清朝驻藏帮办大臣张荫棠向朝廷外务部提出《治藏大纲二十四款》，被清廷采纳作为新的治藏政策的基础，其中就提到了关于西藏铁路的构想。

1919年五四运动前后，孙中山发表了近20万字的名著《建国方略》，提出了宏伟全面的铁路建设计划，在《建国方略》的"实业计划"中，孙中山规划了"西北铁路""高原铁路"等七大铁路系统，共计106条铁路干线，其中"拉萨至兰州线""兰州至若羌线"经过今青海省的东部、南部、西部、北部，向西南通达西藏，向西北通达新疆。孙中山还进一步阐明："此是吾铁路计划之最后部分，其工程极为繁难，其费用亦甚巨大，而以之比较其他在中国之一切铁路事业，其报酬亦为至微。"但他认为，一旦"其他部分铁路完全成立，然后兴筑经高原境域之铁路，即使其工程浩大，亦当有良好报酬也。"

民国政府也曾几次尝试建设进藏铁路，中国边疆史地研究者张永攀的《旧中国的"西藏铁路"之梦》一文中就详细提到，民国政府有多位官员曾提出有关入藏交通的构想，还规划向美国借款筑路等可行性措施。英国人也曾设想在中国修建中印公路后，接着修建从康定到拉萨的铁路。但在当时物资匮乏、技术落后与世界大战的局势下谋划修建通往西藏的铁路，简直是异想天开。

新中国成立后，铁路进藏的决策更是经历了“二下三上”的坎坷，其中牵涉不同时代的政治、经济、军事、外交和科学技术发展水平的深刻背景，历时50余年之久。从清晚期算起，有关进藏铁路的构想竟酝酿了一个多世纪！

“二下三上”的青藏铁路决策过程

新中国成立初期，毛泽东以政治家的雄才伟略开始思考如何解决西藏问题。他深知，西藏的解放、藏汉民族的和睦、西藏未来的建设发展以及国防巩固等一系列问题的解决，都在于能否建设一条把西藏与内地连接起来的通途。

1951年，西藏和平解放协议签订后，毛泽东指示进藏的中国人民解放军，在进军的同时开始康（川）藏公路和青藏公路的勘测和施工工作。1954年12月25日，川藏、青藏公路通车，这是历史上首次建立起西藏与内地的通道。1955年，毛泽东亲点王震出任铁道兵司令员，王震向毛泽东表决心：“我们一定把铁路修到喜马拉雅山去。”

可是，始于1958年的天灾和人祸导致经济建设严重违背客观经济规律，铁路基本建设项目也因此增长过快，战线拉得过长。在一片“下马”声中，1960年6月，青藏铁路工程局被撤销；1961年3月，青藏铁路和内昆、川豫铁路等全国其他近千个建设项目一起被停建了。被停建的不仅包括格拉段，而且还包括西格段（其中西宁至海晏97公里于1960年11月铺通）。这就是青藏铁路的第一次下马。

1961 年，暂停的青藏铁路建设，等了整整 12 年后才被再次提起。1973 年 12 月 9 日，毛泽东在北京中南海会见尼泊尔国王比兰德拉时，向这位邻国元首表示：中国将修建青藏铁路！同年 12 月 26 日，国家建委在北京召开了青藏线协作会议。周恩来做出重要批示，要求加快进度，争取提前完成。

经过国家计委、国家建委、铁道部的部署、安排，青藏铁路西格段恢复施工。1979 年 9 月，全长 814 公里的青藏铁路一期工程——西宁至格尔木段铺轨建成，开始临管运输，1984 年经国家验收，交铁路局运营。随着历史年轮滚滚向前，第二次上马后的青藏铁路第一期工程修通了。但面对海拔更高的格拉段沿线，当时的医疗水平无法保障生命安全，冻土技术难关也没有攻克。

青藏铁路格拉段的建设与十几年前相比冷静了许多。在青藏铁路第二次上马的过程中，遇到了一些难以克服的困难。比如，当时的技术无法确保火车能安全通过长达 550 公里的多年连续冻土区；在 4 000 米以上的高海拔地区高强度工作，有数名铁道兵战士牺牲了宝贵的生命。此外，当时又有人提出修建滇藏铁路的替代方案，认为此举可避开高原、冻土两大难题。在诸多争议中，1978 年 8 月 12 日，格拉段第二次勘测设计工作宣告停止，青藏铁路第二次下马。

20 世纪 90 年代，经过十多年的改革开放，我国综合实力显著增强，已具有修建青藏铁路的经济实力，进藏铁路项目再次被中央关注。1994 年 7 月，江泽民主持中央第三次西藏工作座谈会，提出了“抓紧做好进藏铁路前期准备工作”的明确要求，并将这一战略思路写进了中共中央 1994 年 8 号文件。1996 年 3 月，第八届全国人大四次会议通过《国民经济和社会发展“九五”计划和 2010 年远景目标纲要》，提出了“下个世纪前 10 年”，“进行进藏铁路的论证工作”。

在接下来的时间里，铁道部对多种进藏线路方案进行了比较研究，最终选定青藏线。国家计委等相关部委加快开展筹备青藏铁路建设的前期工作。2001 年 1 月 2 日，国务院批准青藏铁路立项。2001 年 6 月 27 日，国务院发布《关于青藏铁路格尔木至拉萨段开工报告的批复》，标志着青藏铁路正式进入施工阶段。至此，关于铁路进藏的百年构想终于落地，既为过往曲折的决策过程画上了完美的句号，也为今后轰轰烈烈的工程建设谱写了开篇。

科技铺成雪域天路

青藏铁路全长 1 142 千米，海拔 4 000 米以上的地段有 965 千米，其中多年冻土地段 550 千米，是全球穿越高原、高寒、缺氧及连续性永久冻土地区的最长铁路。青藏铁路的正常建设运营固然与国家在经济、政策上的支持分不开，但是要把这条名副其实的“天路”建设完工，真正依靠的还是科技的力量。

多年冻土、生态脆弱、高寒缺氧是青藏铁路建设过程中不可避免的三大世界性工程技术难题。其中，冻土问题是修建青藏铁路最主要的技术难题。冻土的特性对铁路的修建有非常大的影响，其在冻结的情况下就像冰一样，随着温度的降低，体积发生膨胀，建好的路基和钢轨就会被膨胀的冻土顶起来。到了夏天，融化了的冻土体积缩小，钢轨也就会随之降下去。冻土的反复冻结、反复融化问题，无论在铁路的路基、桥梁隧道施工中还是对行车运营都有巨大影响，如不能解决，无法保证工程质量和运营安全。

我国科技工作者依靠多年来对青藏高原冻土的研究和认识，创造性地提出了以“主动降温，冷却路基”为核心的积极保护冻土新思路。这一思路变被动为主动，好比把“棉被”换成了“冰箱”，利用天然冷能保护多年冻土，通过主动降温，减少传入地基土层的热量，保证多年冻土层的热稳定性，进而保证建筑在上面的工程质量稳定。他们还采取了“以桥代路”“热棒”“片石通风路基”“通风管路基”“保温板”“抛石路基”等一系列创新性技术，成功地解决了在高原冻土地区修建长距离铁路干线的重大难题。正是在冻土问题得到解决的前提下，青藏铁路才敢最终拍板决定上马。

高寒低氧的生态环境独特原始而又敏感脆弱，一旦遭到破坏，就很难再恢复。青藏铁路建设对环保工作高度重视，为了保护好沿途的生态环境，青藏铁路全线用于环保工程的投资达 20 多亿元，占工程总投资的 8%，环保投资的金额和比例之高在中国铁路建设史上是第一次。青藏铁路还第一次使用了全线环保监理制度，由总指挥部委托第三方对全线环境保护进行全过程监控，取得了预期效果。

对于穿越可可西里、三江源等自然保护区的铁路线路，青藏铁路在工程设计中尽可能地采取绕避的方案。同时根据沿线野生动物的生活习性、迁徙规律等，在格尔木至唐古拉山一带设置了 33 条野生动物通道，并适当调整施工及取土的地点和时间以保障它们的正常生活、迁徙和繁衍。后续监测结果表明，成千上万的藏羚羊已经完全适应了青藏铁路动物通道，历史上的迁徙路线和生活习性没有受到影响和改变。

针对施工人员高原缺氧的问题，青藏铁路各参建单位采取了包括配发氧气袋、氧气瓶、建立制氧站、配置高压氧舱等手段；中央领导人还在铁路建设期间亲自过问员工的伙食营养问题。全面综合的措施有力地保障了青藏铁路工程在高寒缺氧环境下有条不紊地推进。

12 年过去，青藏铁路全线实现了线路基础稳定、设备质量可靠、列车运行平稳。科技铺就的雪域天路经受住了时间的考验。

青藏铁路的战略地位

要全面认识青藏铁路的伟大功绩，必须明白铁路对于西藏地区乃至国家的战略意义。西藏地区修建铁路的时间比国家晚了整整 125 年，比新疆晚了 44 年。2006 年，全国铁路营业里程已达 7.7 万公里，西藏面积超过 120 万平方公里，约占全国八分之一，在如此大的国土范围内这么晚才建成第一条铁路，可见西藏自然环境之严酷与交通条件之艰难。

铁路快捷的运输速度、巨大的输送能力、低廉的客货运价、优良的环保特性、突出的网络优势，使其在缩短时间距离和大幅提升运输规模量级上对改善西藏的交通可达性具有不可替代的作用。西藏自治区发展和改革委员会、自治区铁路建设运营工作领导小组办公室发布的《青藏铁路运营十年助推西藏经济社会发展情况报告》显示：自 2006 年青藏铁路开通运营以来，十年间西藏经济总量实现翻一番，地区生产总值保持两位数以上增长速度，2015 年突破千亿元大关，达到 1 026.39 亿元，增长 11%，增速位居全国第一，是青藏铁路通车前的 4 倍。

在政治方面，青藏铁路大大密切了西藏与祖国内地的联系，从根本上改变了西藏的政治、国防、经济、社会及文化结构，是民族团结的纽带。在国防方面，青藏铁路使我国在青海、西藏方向战略、战役通道上又开辟了一条新的快捷通道，在巩固西北和西南边陲安全方面具有强有力的威慑作用。在经济方面，青藏铁路把西藏的市场与全国市场连接起来，大量的人流、物流通过铁路源源不断地运进输出，有力地提升了西藏在全国经济发展中的地位。

2013 年 3 月 9 日，习近平总书记在参加十二届人大西藏代表团审议时提出“治国必治边，治边先稳藏”的重要战略思想。西藏既是我国政治地理格局中最为关键的国土安全屏障，也是具有丰富能源资源的物资储备基地。近百年来，西藏的战略地位始终是中国国家战略中高度重视的关键议题，而西藏地区的铁路建设一直就是这一议题中不可忽略的一环。

青藏铁路的决策历史与建设过程证明了西藏未来的长远发展与国家“兴民富藏、长期建藏、治边稳藏”的战略思想密不可分，在已有的青藏铁路的基础上进一步扩建铁路网是落实这一思想的关键步骤。如何构建适合西藏特点的综合交通运输体系，将在未来继续考验中国人的谋略和智慧。

能源巨网：中国特高压输电发展历程

根据“十三五”规划，国家电网计划最快在2020年建成“五纵五横”的特高压输电网络，合计27条特高压输电线路。作为国家西电东送工程的重要环节，特高压输电网络的必要性不言而喻。中国的特高压输电技术虽然已经领先全球，但在发展过程中遇到了很多困难，特别是对特高压输电方式是应该发展交流还是直流这一问题的争论最为激烈，特高压交流与直流两种输电方式能否比较出优劣，是否存在交流与直流二者只能择其一的竞争？搞清楚这些问题，就要从中国为什么要研究和发展特高压输电技术说起。

特高压输电，势在必行

中国幅员辽阔，能源分布却极不均匀。有关研究表明，中国76%的煤炭资源分布在北部和西北部，80%的水能资源分布在西南部，绝大部分风能和太阳能资源分布在西北部。与此同时，经济较为发达的东中部地区能源资源匮乏，却集中了全国70%

的用电负荷。开发西部的能源资源、实施西电东送工程是中国电力工业发展的必然选择，也是满足东中部地区电力需求，变西部资源优势为经济优势，促进东中部与西部地区协调发展的重要举措。特高压输电之所以能成为西电东送工程的重要环节，主要基于以下三点原因：

一是中国西部的能源基地与东中部的用电负荷中心距离非常遥远，在 1 000 公里到 3 000 公里左右，能源基地与负荷中心呈逆向分布的特征明显，电压为 500 千伏级的超高压输电方式已经渐渐不能匹配东中部地区日益增长的用电需求。电压在 1 000 千伏级的特高压交流输电和电压在 ±800 千伏级的特高压直流输电相较超高压输电而言，具有输电能力强、输电损耗低、输电单位成本低的优点。特高压输电适合大容量、远距离输送电能，对缓解中国的能源基地与用电负荷的分布不均衡有着巨大的帮助。

二是治理大气污染问题的根本出路是优化能源结构与布局，其关键就是要发展特高压电网，加快推进“一特四大”战略。当前中国大气的主要污染物中，约 80% 的二氧化硫、60% 的氮氧化物、50% 的细颗粒物来源于煤炭燃烧，而燃煤排放当中相当大的一部分来源于直燃煤，这种不合理的能源消费结构，对大气造成了严重污染。“一特四大”战略是指在能源资源富足的西部地区，集中建设大煤电、大水电、大核电、大型可再生能源发电基地，通过特高压输电的方式，将电力资源输送到能源需求巨大的东中部地区，以电能替代直燃煤，推进能源优化升级。

三是中国正在积极推进高端设备制造业的发展与出口，而中国特高压高端技术设备实力处于世界领先地位，且性价比极高，所以在国际市场上中国特高压输电的技术与设备更容易受到青睐。随着中国“一带一路”倡议的不断推进，特高压输电项目在国外也开始上马，巴西的美丽山项目是中国企业在海外独立投资、建设和运维的首个特高压输电项目，实现了中国特高压输电技术、电力装备、工程承包和运行管理的一体化出口，成为中国在巴西乃至整个拉美地区推动“一带一路”倡议的重要实践。美丽山项目预计带来价值约 50 亿元人民币的国产电力装备出口，为中国特高压输电技术在海外的推广和应用开辟了道路。

在建设特高压输电线路时选择特高压交流还是直流的输电方式是必须要考虑的问题，二者各自都有优势与缺陷，所以不能说一方绝对优于另一方，在实际工程问题中应该具体情况具体分析，选择合适的输电方式。

特高压交流与直流输电特点的比较

特高压交流输电有着如下的特点：

第一，由于火电、水电、核电等发电站使用的都是同步交流发电机，工厂和家庭等绝大部分用电需求也是交流电，因此相比直流输电在传输的起点和终点都要进行交流电与直流电的转换，交流输电的换流环节的成本更低，特高压交流输电在短距离上经济效益更好。

第二，特高压交流输电比直流输电变压更方便，直接使用变压器根据互感原理就可以实现变压，且效率很高，大型变压器效率可以达到 90% 以上。而直流变压则需要先经过硅整流器件，这样在容量大时会消耗大量的无功功率，导致变压的效率降低。

第三，在特高压输电时，切断回路后电压会击穿空气形成电弧维持电流，造成安全隐患，电压经过零点附近，电弧的存在时间会变短。交流输电时电压经过零点，在特高压时对断路器等开关灭弧是有利的，而直流输电时电压没有经过零点，存在断路难题，高压直流断路器技术近几年才被攻克。

第四，特高压交流输电联网是同步电网，抗击风险的能力更强，故障率更低，但一旦发生事故就会影响整个电网，造成大面积停电。

特高压直流输电有着如下的特点：

第一，特高压直流输电的线路成本比特高压交流输电的线路成本低，但换流站与变电站的成本更高。由于换流站存在于输电线路的首尾两端，因此成本固定，随着输电距离的增长，直流输电线路成本低的优势就能体现出来，所以特高压直流输电在远距离上经济效益更好。特高压交流与直流输电总投资与输电距离之间的关系如下页图所示。

第二，特高压直流只用两根架空输电线，导线电阻损耗比特高压交流输电小，没有感抗和容抗的无功损耗而且也没有集肤效应。特高压直流输电线路的空间电荷效应使其电晕损耗和无线电干扰都比特高压交流输电线路小。

第三，特高压直流输电线路的积污速度快、污闪电压低，污秽问题比特高压交流输电线路更为严重。与西方发达国家相比，目前中国的大气环境相对较差，这使特高压直流输电线路的清洁及防污闪更为困难。设备故障及污秽严重等原因使特高压直流线路的污闪率明显高于交流线路。

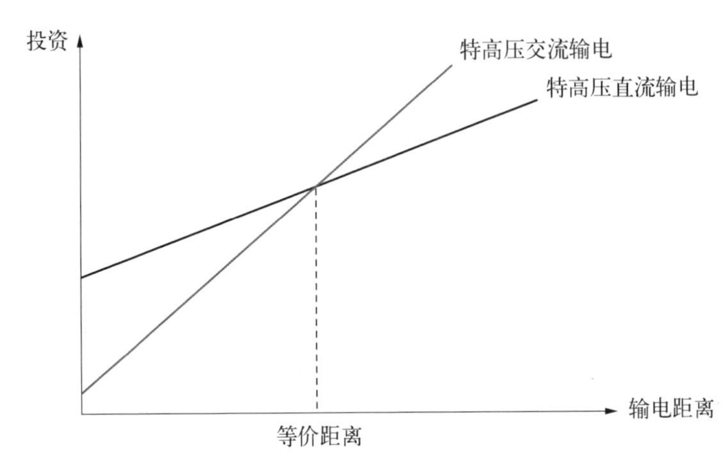

特高压交流与直流输电总投资与输电距离之间的关系

第四，特高压直流输电系统会产生谐波，尤其是低次谐波。谐波造成的额外铁耗会导致铁磁设备发热、振动和受噪声影响，降低了设备的出力、效率及寿命；谐波会使电力测控系统测量的误差增加，可能导致控制失灵，保护误动；而且谐波也会对通信线路造成干扰。

第五，特高压直流输电只能点对点传输，难以引出分支，构建电网不灵活。

特高压直流输电送电距离更远、输送功率更大，但由于其换流站和变压站的成本很高且控制复杂，所以并不适合用来构建电力系统的骨架，而适用于不同区域网架之间的连接，以及点对点的远距离大容量电力输送。而特高压交流网络具有输电和构建网架的双重功能，电力的接入、传输和消纳十分灵活，是构建电网的前提，也是电网安全运行的基础，适合作为大区域电网中枢，担当交直流混合电网的主干。特高压交流与直流二者优势互补，各有分工，前国家电网董事长、总经理刘振亚把特高压直流输电比作万吨巨轮，把特高压交流电网比作深水港，要发展万吨巨轮，就必须建设深水港，二者缺一不可。

在中国特高压电网建设中，以 1 000 千伏的特高压交流输电为主体构建特高压电网骨干网架，实现不同区域电网的同步互联。±800 千伏的特高压直流输电则主要用于远距离、大容量的点对点输电工程，成为连接不同区域电网之间的桥梁，用直流输电联接交流电网，防止在某个区域发生的事故波及整个电网。只有特高压交直流协调发展，建设“强交强直”的特高压电网，才能最大限度提高特高压电网的安全性和经济性。

中国特高压输电的发展现状

中国正在运营的特高压交流输电线路有晋东南—南阳—荆门线路、淮南—南京—上海线路、浙北—福州线路、锡盟—山东线路等。其中最具代表性的是晋东南—南阳—荆门线路，它是中国第一条特高压输电线路，也是世界上第一条投入商业化运行的 1 000 千伏级输电线路。该线路起于山西晋东南变电站，经河南南阳开关站，止于湖北荆门变电站，线路全长 654 公里，纵跨晋豫鄂三省，其中还包括黄河和汉江两个大跨越段。这条线路变电容量高达 600 万千伏安，系统标称电压为 1 000 千伏，最高运行电压为 1 100 千伏，静态投资约 57 亿元。该线路于 2006 年 8 月开工建设，历经 28 个月建设完工，2008 年 12 月 30 日完成系统调试投入试运行，次年 1 月 6 日完成 168 小时试运行后正式投入商业运行。这条线路也是中国特高压交流试验示范工程，所用的

1 000 千伏电抗器、1 000 千伏高压交流变压器等关键设备绝大部分由国内制造企业研制，证明了中国已经初步具备特高压输电工程自主设计、设备研发和施工建设的能力。该线路在施工过程中遇到了索道运输、铁塔组立、张力放线等施工技术问题，但根据电力公司做好的项目施工管理规划大纲，统筹规划并合理安排，最后在保证工程安全和质量的情况下按工期顺利竣工。晋东南—南阳—荆门线路的成功运行不仅验证了特高压交流输电的技术可行性、系统安全性、设备可靠性和环境友好性，而且培养锻炼了特高压技术和管理人才队伍，为后续特高压线路的建设打下了良好基础。

中国正在运营的特高压直流输电线路有向家坝—上海线路、云南—广州线路、锦屏—苏南线路、溪洛渡左岸—浙江金华线路等。其中最具代表性的是向家坝—上海线路，该线路起于四川宜宾复龙换流站，止于上海奉贤换流站，线路全长 1 907 公里，于 2007 年 12 月开工建设，2010 年 7 月投入运行。这条线路获得第五届中国工业大奖，其成功投入运行标志着国家电网进入特高压交直流混合电网时代。该线路不仅将输送电压提升至 800 千伏，而且使用 6 英寸晶闸管技术，将额定电流提升至 4 000 安培，使工程额定输送容量达到 640 万千瓦，最大连续输送容量达到 720 万千瓦，实现了直流输电电压和电流的双提升。这条线路在设计时进行了通道布置方案研究，在经过经济发达地区时采用极导线垂直排列的“F”形塔，有效减少了房屋拆迁导致的项目经费。该线路在世界上首次形成了从系统成套、工程设计、设备制造、施工安装、调试试验到运行维护的全套技术标准和试验规范，为未来特高压输电的规模化应用创造了条件，推动成立了国际电工委员会（IEC）高压直流输电技术委员会，并将秘书处设在北京，提升了中国在世界特高压输电领域的话语权。

总而言之，发展特高压输电对中国有着重要的战略意义，在国内能够解决能源基地与负荷中心的逆向分布问题，在国外能够提升中国的高端技术设备出口，推进“一带一路”倡议。只有将特高压交流与直流两种输电方式有机结合起来，才能构建安全经济的特高压电网，实现中国能源结构的优化升级。

后来居上："华龙一号"与中国核电的崛起

2016 年 9 月 29 日，中国广东核电集团、法国电力集团（EDF）与英国能源大臣在伦敦共同签署了英国新建核电项目的一系列协议，中方与法方将共同投资建设英国三大核电项目，其中的布拉德韦尔 B 项目拟将采用中国自主第三代核电技术——"华龙一号"。"华龙一号"是我国具有完整自主知识产权的先进百万千瓦级压水堆核电技术，它在设计上充分吸收福岛核事故的经验反馈，采用能动与非能动相结合的安全设计理念，设置了完善的严重事故预防与缓解措施以满足三代核电厂的用户要求。

众所周知，我国首座商用核电站——大亚湾核电站正是引进了法国的核岛技术装备和英国的常规岛技术装备来进行建造和管理，短短 30 年后，技术引进国与输出国之间的身份就发生了对调。因此，这一事件被普遍认为是中国由核电大国开始向核电强国迈进的关键节点。

掌握核能的和平利用不仅是人类文明进步的标志，也是一个国家科技水平和工业实力的标志。然而，作为一个有核国家，中国曾长期处于“有核无能”“有核无电”的情况。从核弹到核电，我国用了整整27年的时间，发展速度远远超过英国、法国、苏联和美国。但此后不到40年的时间里，中国就从一个未能掌握核电技术的国家跻身世界核电大国行列，成就令人惊叹。从艰难起步到飞速发展，从“门外汉”到“排头兵”，中国核电事业经历了怎样的发展历程？通过回顾中国核电事业的起步阶段、规模化建设阶段以及由核电大国迈向核电强国阶段的重要历史事件，梳理中国核电的发展脉络，或可描绘一幅中国核电事业崛起之路的蓝图。

中国核电事业的艰难起步

中国的领导人和科学家从一开始就深刻认识到核能的重要性。早在1955年1月，毛泽东就在中共中央书记处扩大会议上请钱三强等资深专家座谈我国开发原子能事业的有关问题。随后，由薄一波组织拟定的我国首部《原子能计划12年大纲》极具先见之明地指出“有计划地建造原子堆，以生产可裂变物质，建造原子能发电站”，“用原子堆建立发电站，是动力发展的新纪元，是有远大前途的”。但是，对于年轻的新中国而言，核武器显然是比核能发电更迫切的需求，从酝酿筹划到实际起步，我国的核电事业经历了较为漫长的曲折过程。

20世纪60年代，中国曾多次尝试建起用于发电的核能反应堆。1957年，由苏联援助建设酒泉原子联合企业，其中的军用钚生产堆设计时就是生产和发电的两用堆，但这个堆的发电部分最终没有建起来。1958年，由国家计委、经委、水电、机械、高教部和科学院组成了原子能工程领导小组，拟议了我国首个核电项目——代号为“581”工程，并在华北电管局设立了工程筹建办公室。我国曾设想首座核电站的建设能获得苏联援助，建成一座苏联式的石墨水冷堆核电站。但随着苏联撤走大批专家，“581”工程只得被迫中止。

1960年，国家批准北京市和清华大学研究建设一座50兆瓦熔盐增值堆核电站，代号为“820”工程，但终因前期研究和开发不到位、材料不过关、技术和工艺不成熟，只得停止开发。1966年，在决定研制核潜艇动力堆的同时，上海提出准备建一座热功率为1万千瓦的实验性核动力反应堆，但这一计划也未能实现。

20世纪60年代末期，华东用电告急。周恩来表态，要靠核电解决上海和华东的用电问题，他在1970年2月、7月、11月曾先后三次提出要搞核电建设的问题。1973年2月，上海市和二机部联合向国务院提出了建设30万千瓦压水堆核电站的方案。1974年3月21日，周恩来主持召开中央专委会，正式批准了这个方案，即“728”工程。“728”工程虽经中央专委批准，建设工作却一直未能展开。

直到中共十一届三中全会后，胡耀邦、赵紫阳先后听取了核工业部、水电部、机械部负责同志关于核电建设问题的汇报，并就核电发展规划、技术路线等问题提出了许多原则意见，核电站的建设问题才再次得到重视。

1980年10月，粤港双方签署广东核电站可行性研究报告。1981年11月，国务院再次批准了“728”工程项目。随后于1982年11月，又批准了这一工程建在浙江省海盐县的秦山，后来正式命名为秦山核电厂。同年12月，国务院常务会议确定广东核电站建设项目。至此，中国的两项核电项目才最终得以确定。以秦山一期和大亚湾核电站相继开工为标志，中国核电的建设正式起步。

中国核电的规模化发展

1983 年，国家计委、国家科委联合在北京回龙观召开了“核能发展技术政策论证会”，此次会议达成的若干条要点意见对我国核电发展中的主要问题做出了明确规定。会议首先确定了“以压水堆为主”的技术路线，并允许在压水堆型内多种机型并存；其次是确定了“引进技术和自主研发相结合”的发展道路。从秦山核电站、大亚湾核电站的建设开始，我国核电发展基本遵循了回龙观会议确立的方针，经过 20 世纪 90 年代和 21 世纪初期的建设高潮，实现了产业化、集团化、市场化。以秦山基地和大亚湾基地为代表的大型核电基地的建设历程正是我国核电规模化发展的缩影。

1991 年 12 月 15 日，秦山核电站首次实现并网发电，年发电量 17 亿千瓦时。秦山核电站的建成结束了中国大陆无核电的历史，使中国成为继美国、英国、法国、苏联、加拿大、瑞典之后世界上第 7 个能够自行设计、建造核电站的国家。

1993 年 8 月 31 日，大亚湾核电站一号机组并网发电成功。1994 年 5 月 6 日，大亚湾核电站全面建成投入商运，中国大陆有了第一座百万千瓦级的大型商用核电站。

秦山核电站与大亚湾核电站被认为是我国核电发展中自主研发路线和引进技术路线的代表，但二者并非各自独立，而是互为补充。于 1996 年 6 月开工建设的秦山核电二期工程就是对大亚湾引进的法国 M310 核电技术消化吸收的成果，秦山二期工程的成功意味着中国基本掌握了自主设计建设商业核电站的核心技术。同时，秦山二期工程的建设比投资仅为 1 330 美元 / 千瓦，远低于大亚湾核电站的比投资 2 030 美元 / 千瓦，是国际上建设比投资最低的核电站项目之一。秦山三期核电站由中国和加拿大政府合作，采用加拿大坎杜（CANDU）重水堆技术建造，该项目是中加两国政府迄今为止最大的贸易合作项目。

大亚湾核电站开始运营后，国务院制定了“以核养核，滚动发展”的方针，即核电站所得利润不上交，全部用于后续建设。1997 年 5 月，岭澳核电站一期工程在大亚湾核电基地开工建设，其设备国产化率达到了 30%。2005 年 12 月，岭澳二期开工建设，其国产化率达到 64%，岭澳核电站的实践全面实现了我国核电“自主设计、自主制造、自主建设、自主运营”。

目前，大亚湾核电基地是全球在运装机容量最大的轻水压水堆核电基地。与此同时，秦山核电基地于 2017 年 6 月 11 日已实现安全运行 100 堆年，“百堆年”表明我国已拥有运行、经营大型核电站的成熟经验。

从核电大国迈向核电强国

有学者认为，核电大国的标志是核能发电在国内竞争中取得电力市场份额，而成为核电强国则需要在国际市场竞争中赢得市场开发权。前者是以数量、质量为主导的竞争，后者是在安全条件下品牌、经济、投资等综合条件的竞争，是一个国家核电产业综合实力的竞争。

截至 2018 年 6 月，我国在运核电机组达到 38 台，装机规模

37 GW，位列全球第四；在建核电机组共 18 台，预计总装机容量 21 GW，在建规模继续保持世界第一；2017 年全年核电发电量 2 474.69 亿千瓦时，位列全球第三。长期以来，化石能源占比超过 90% 的单一能源结构一直是中国在高速发展的过程中亟待解决的难题。为了构建完整、均衡的能源体系，应对全球变暖和雾霾等气候污染问题，中国政府将大力发展核能作为保证能源可持续发展的有效途径，在我国东南沿海省份，如广东、福建、浙江和海南，核发电量占比超过 15%，最高已超过 25%，为当地经济社会发展提供了优质基荷电力，达到美、英、俄等核电先行国家的发展水平。可以说，中国已基本实现成为核电大国的目标，但要成为名副其实的核电强国，仍需付出许多努力。

从 20 世纪 90 年代开始，中国核电就开始尝试走向世界，1993 年，中国向巴基斯坦出口了恰希玛核电站，该电站完全比照秦山核电站修建，当时是中国最大的高科技成套出口项目。然而在国际核电市场上，巴基斯坦目前仍是中国唯一出口核电站并商运成功的国家，在更多的时候，中国扮演着资本输出的角色，由于复杂的历史问题和一些政治上的因素，中国核电工业在发展过程中先后引进了法国、加拿大、俄罗斯和美国的不同堆型。2000 年，中国建成及在建的 6 个核电站竟有 5 种技术路线，一度被业内戏称为“万国牌”。

尽管中国已拥有超过 20 年的反应堆运行经验，并且是三里岛核事故后唯一没有中断过核电站建设的国家，自主核心技术的缺位却使中国核电长期处于“大而不强”的局面。值得庆幸的是，随着中国核电的规模化发展，近年来核电自主化比例持续上升，从红沿河 1 号机组的 75% 到阳江核电 5 号、6 号机组的

85%，再到“华龙一号”示范工程防城港二期的 86.7%，中国核电已经形成核电科技体系和工业建造能力。

“华龙一号”充分利用了过去 30 年中国在核电站设计、建设、运营所积累的宝贵经验、技术和人才优势，作为拥有完全自主知识产权的中国三代核电堆型，充分实现了安全性与经济性的平衡、先进性与成熟性的统一。在安全性上，其各项指标均符合美国 URD（《先进轻水堆用户要求文件》)、欧洲 EUR（《水堆核电站欧洲用户要求》)、中国 HAF102（《核动力厂设计安全规定》）等国际最新的监管要求；在经济性上，其采取 18 个月的长周期换料，电站设计利用率高于 90%，电厂设计寿命高达 60 年，相比国际上现有三代核电技术具备极强的竞争力。

2015 年 5 月 7 日，“华龙一号”首堆示范工程在福建福清开工建设，在全球三代核电站“首堆必拖”的背景下，海内外“华龙一号”工程建设各节点均按期或提前完成。“华龙一号”的顺利建设意味着我国核电设备设计、制造技术水平已步入世界前列，而中国核电的出海也证明了只有拥有了自主知识产权的大型先进核电技术，中国才能像美国、法国等欧美发达国家那样，在满足国内核电自主建设发展的同时，真正实现核电成套技术“走出去”，赢得世界核电大单。

中国核电事业崛起的经验与启示

国际能源署（IEA）和核能署（NEA）共同撰写的《2015 版核能技术路线图》全面介绍了当前全球的核电发展进程，对核电区域发展情况进行了展望。《路线图》指出，在可预见的未来，中国将是核电发展速度最快的国家。

作为当今世界上可大规模持续供应的主要能源之一，核电工业的发展关系到整个国家的能源战略抉择。后发国家实现产业赶超的事例在“东亚模式”下并不少见，但中国核电在短短30余年时间里就实现从跟跑到并跑再到领跑的跨越式发展，既值得敬佩，也引人深思，我们应当以更长久、更全面的眼光来看待我国核电事业的崛起之路。

首先，核能产业的发展涉及国家总体政策目标和能源长期发展战略，属于国家长远决策范畴，不应受偶发因素和短期问题的干扰。回顾中国核电的崛起之路，有两点显得极为重要：一是在决定发展核能产业的初期审慎地进行了规划并做出了具有长远意义的决策；二是在三次大型核事故造成的全球核电发展低谷中均主动把握时机，并未中断核电站的建设以及核电技术的发展。

其次，核能产业是高技术的战略产业，其发展与各国的政治、军事、经济、资源和文化都存在着广泛而复杂的联系和互动关系。中国核电的发展历程证明了，高技术尤其是核心技术是用钱买不到的，要成为真正的核电强国，我们必须选择兼顾核电需求和核动力工业发展的自主路线。

最后，大力发展核能仍将是我国保证能源可持续发展的有效途径。相比传统化石能源，核电不仅是高效的清洁能源，还具有设计寿命长、燃料费用低等优点，核电站的全寿期成本具备非常强的竞争力。相对于中国庞大的经济体量和巨大的用电需求，核电所做出的贡献仍然是非常小的，2017年我国核电发电量仅占全国累计发电量的3.94%，核能发电比重排在世界有核国家的末尾，明显低于世界11%的平均值。因此，中国核电仍有巨大的上升空间。

自主创新：

抢占世界科技前沿阵地

碰撞前沿：三大加速器的建成与高能物理的突破

加速器（对撞机）在当下已不是一个令人感到陌生的物理学专业名词。部分中国高能物理学家于 2012 年提出在中国投资建设环形正负电子对撞机（CEPC）和超级质子对撞机（SPPC）。2016 年 9 月，著名物理学家、诺贝尔奖得主杨振宁教授公开发表对这一提议的反对意见。自此，关于是否应当修建大型对撞机的话题逐渐由学界讨论演变为社会性话题，引起社会各个层面的广泛关注。

物理学在 20 世纪一路高歌猛进，深刻地影响和改变了人类文明的进程。有关大型对撞机的争辩至今未有定论，但可以肯定的是巨大而复杂的仪器设备越来越成为基础科学研究中至关重要的一部分。大科学装置在世界各国都依赖于国家财政的支持，高能物理研究所使用的加速器与探测器牵涉广泛与复杂的技术，实际上代表了一个国家科学研究的水平，更意味着一个国家的工业与经济实力。

理论物理的研究领域总是云集着当代最优秀的物理学家，国际竞争相当激烈。物理理论的发展以实验的进展为基础，在核物理和高能物理方面尤甚。自 20 世纪 80 年代以来，以三大加速器——北京正负电子对撞机、兰州重离子加速器以及合肥同步辐射光源的建成运行为标志，我国开始在国际高能物理领域占有一席之地，时至今日已取得一系列重大突破，在粲物理和 τ 轻子研究方面继续保持国际领先地位。从艰难起步到取得丰硕成果，三大加速器的建设过程值得我们回顾与关注。

北京正负电子对撞机的建设历程

20 世纪初，人们利用宇宙线中的高能量粒子来做实验，但是宇宙线中的高能粒子比较稀少，随着人工加速粒子的能量不断提高，高能加速器就成了基本粒子物理研究的必需工具。20 世纪 30 年代，高能物理学诞生。20 世纪 50 年代，欧美已相继建设了各类高能加速器，但中国仍是一片空白。1955 年，赵忠尧利用从美国带回的部件主持建成了一台 700 keV（103 电子伏）的质子静电加速器，由此中国在此领域实现了零的突破。同年，谢家麟从美国归来，开始了电子直线加速器的研制。

新中国成立初期，不论是在科技人才的储备上，还是在资金的支持上，我国均没有条件建造高能加速器。但鉴于它的技术及应用可能与核工业有关，在国家第一个科技发展规划——《1956—1967 年全国科学技术发展远景规划》（简称《十二年规划》）中即计划“在短期内着手制造适当的高能加速器”。从新中国成立到 20 世纪 60 年代，我国先后建成了高压加速器、静电加速器、感应加速器、电子直线加速器、回旋加速器，但都是低能小型加速器，仅适于做低能的核物理实验。而“建立中国自己的加速器和对撞机”的提案却数次搁浅，高能加速器建造项目在30余年的时间里前后遭遇七次下马，第八次上马的北京正负电子对撞机才最终成功。

在苏联专家的指导下，中国在1958年就已设计出了20亿电子伏电子同步加速器，但当时这一设计因“保守落后”被否定。1960年5月，中国科学家完成了螺旋线回旋加速器的初步设计方案，后经过论证，认为该项目对物理工作意义不大。1965年，中国科学家第四次提出了建造质子同步加速器的方案，却又因故暂停。1969年，中国科学家提出建造强流直线加速器用于探索、研究、生产核燃料的计划，可是计划在与另两个方案的争论中无疾而终。1972年，张文裕、朱洪元、谢家麟等18位中国科学家联名上书中央后，国务院批准了“七五三”工程，计划10年内建造一台400亿电子伏质子同步加速器，然而计划却在1974年底和1975年底两度搁浅。1977年，“八七工程”诞生，计划投资7亿元人民币，在1987年建成4 000亿电子伏质子同步加速器。国家批准“八七工程”建设后，国内外仍不断有反对的呼声。如聂华桐等14位美籍华裔科学家曾联名致信邓小平等中央领导，认为建造50 GeV质子同步加速器耗资大，技术水平只相当于国际上50年代末的水平，没有明确的物理目标，做出有意义的研究结果的可能性十分渺茫。1980年底，在国民经济调整的大局下，中央最终还是决定缓建“八七工程”。

与此前的几次仅限于纸上谈兵的高能加速器建造计划不同的是，“八七工程”取得了如实验中心选址、10 MeV质子直线加速器的建成等实质性的进展。1981年底，李昌、钱三强致信中央领导，请求批准正负电子对撞机方案。邓小平批示："这项工程已进行到这个程度，不宜中断。他们所提方案比较切实可行，我赞成加以批准，不再犹豫。"该工程随后被命名为"8312 工程"。

对于当时从未有大科学工程建设的中国来说，北京正负电子对撞机（BEPC）的建设起步是困难的，有限的资金、匮乏的管理经验、外界的质疑无一不考验着这项工程的参与者。BEPC 最终能建造成功，国家领导人邓小平的一贯支持起到了关键作用。面对实际工程问题，谢家麟、方守贤等人发展并推广了国外对于大科学工程所采用的临界路程方法（CPM）来指导工程进展，有效促进了项目顺利完工。

1988 年 10 月 16 日，BEPC 首次实现正负电子对撞。《人民日报》称"这是我国继原子弹、氢弹爆炸成功、人造卫星上天之后，在高科技领域又一重大突破性成就"。10 月 24 日，邓小平参观北京正负电子对撞机并发表讲话，强调"中国必须在世界高科技领域占有一席之地"。

"8312 工程"在短短几年内除完成建设对撞机（BEPC）本体外，还相继建成了大型通用探测器——北京谱仪（BES）与北京同步辐射装置（BSRF）。BEPC/BES 的亮度为同能区加速器 SPEAR 的四倍。为此，美国 SLAC 决定停止 SPEAR 的物理运行，从而使得 BEPC 成为世界上唯一工作在这一能区的正负电子对撞机。BES 被公认为是当代国际同类探测器中最先进的谱仪之一。而 BSRF 是一台可提供较宽波段 X 光的光源，可提供多学科用户开展同步辐射应用研究与实验研究。

2003 年底，国家批准了北京正负电子对撞机重大改造工程（BEPCII）。工程于 2004 年初动工，2008 年 7 月完成建设任务，

2009 年 7 月通过国家验收。根据中国科学院高能物理研究所官方资料介绍，BEPCII 是一台粲物理能区国际领先的对撞机和高性能的兼用同步辐射装置，主要开展粲物理研究，预期在多夸克态、胶球、混杂态的寻找和特性研究上有所突破，使我国保持在粲物理实验研究的国际领先地位；同时又可作为同步辐射光源提供真空紫外至硬 X 光，开展凝聚态物理、材料科学以及微细加工技术方面等交叉学科领域的应用研究，达到“一机两用”。

兰州重离子加速器与合肥国家同步辐射实验室的建成

重离子加速器是指用来加速 α 粒子的重离子加速器，有时也可用来加速质子。兰州重离子加速器（HIRFL）由电子回旋共振（ECR）离子源、1.7 米扇聚焦回旋加速器（SFC）、大型分离扇回旋加速器（SSC）、冷却储存环（CSR）主环和实验环、放射性束流线、实验终端等组成。

中科院近代物理研究所于 20 世纪 60 年代初建成了 1.5 米经典回旋加速器，通过轻核反应实验研究，为我国氢弹研制做出了贡献。作为“一五”期间苏联援建我国的 156 个重大项目之一，1.5 米经典回旋加速器建设经历了三年自然灾害以及苏联政府撕毁合同、撤走专家的困境。70 年代初，在国际重离子物理迅猛发展的形势下，1.5 米回旋加速器被改建成能加速较轻重离子的加速器，在我国率先开展了低能重离子物理基础研究。

1976 年 11 月，原国家计委批准由近代物理所负责设计建造兰州重离子加速器的主加速器系统，主要建设一台大型分离扇回旋加速器及几个实验终端。同时，由中科院匹配经费把原 1.5 米回旋加速器改建成1.7米扇聚焦回旋加速器作为注入器。兰州重离子加速器的主加速器（SSC）和注入器（SFC）于1988年建成，其主要技术指标达到当时国际先进水平，1992年获国家科技进步一等奖。

为使我国重离子物理研究继续在部分前沿领域保持国际先进水平，同时深入开展重离子治疗肿瘤等交叉学科研究，在HIRFL上扩建多用途的冷却储存环（CSR）工程作为国家"九五"重大科学工程于1997年6月经国务院科技领导小组审议通过，2000年4月经国家发改委批准建设，2008年7月通过国家验收，正式投入运行。CSR的投入使用为我国重离子核物理、放射性束物理等基础研究，以及生命科学、材料科学、航天科技等应用研究提供了先进的实验条件，于2012年获国家科技进步二等奖。

同步辐射是指速度接近光速的高能电子在环型加速器中回转，沿轨道切线方向发出的一种电磁辐射。这是一种强度大、亮度高、频谱连续、方向性及偏振性好、有脉冲时间结构和洁净真空环境的优异的新型光源，可应用于物理、化学、材料科学、生命科学、信息科学、力学、地学、医学、药学、农学、环境保护、计量科学、光刻和超微细加工等众多基础研究和应用研究领域。

20世纪70年代末，中国科学技术大学在国内率先提出建设电子同步辐射加速器。1977年，同步辐射装置的建造列入全国科学技术发展规划。1978年春，中科院决定成立以中国科学技术大学为主的同步辐射加速器筹备组，并于当年3月在合肥召开了第一次筹备工作会议，讨论了我国建造电子同步辐射加速器的初步方案，这象征着我国同步辐射事业的正式启动。

1983 年，国家同步辐射实验室正式立项，这是国家计委批准建设的我国第一个国家级实验室。1991 年 12 月 26 日，国家同步辐射实验室工程顺利通过了验收。我国自行设计、研制建成的合肥同步辐射加速器的主要性能指标达到了国际上同类加速器的先进水平，已建成的五条同步辐射光束线和五个实验站的主要性能指标基本达到国际水平。

1994 年 2 月，由钱临照、唐孝威两位院士发起，王淦昌、谢希德等 34 位院士联合向有关部门提出《关于集中力量全面建设、充分利用合肥国家同步辐射光源的建议》，中国科技大学也正式提出建造国家同步辐射实验室二期工程的申请。这一项目在 1996 年启动，于 2004 年 12 月 14 日通过验收，合肥光源的潜力得到更充分的发挥，作为性能优秀、稳定可靠、部分指标相当先进的中低能区同步辐射光源，长期处于国际同类装置的一流水平。

中国高能物理的突破与展望

三大加速器自建成运行以来，取得了一系列重要的实验结果，使我国在高能物理领域跻身国际先进行列。其中北京正负电子对撞机（BES）在 1992 年获得 τ 轻子测量质量的精确结果，纠正了过去轻子质量约 7.2 MeV 实验偏差，并把精度提高了 10 倍，这个成果解决了标准模型存在的一个疑点，被国际上评价为当年最重要的高能物理实验成果之一。

BES 实验还确认了 ξ（2230）粒子的存在，并发现了它的新衰变道，这是胶子球候选粒子的重要证据。1999 年春，BES 对

2～5 GeV 能区的强子 R 值进行了测量，此测量结果将权威的粒子数据组（PDG）给出的 2～5 GeV 能区 R 值世界平均值的精度从 15%～20% 提高到 7%，使用 BES 新的 R 值，标准模型预言的 Higgs 质量（90% 的置信度）的上限从 170 GeV 改变到 210 GeV，中心值从 61 GV 改变到 900 eV。这些结果使标准模型的预言与目前 Higgs 粒子的实验直接寻找结果相符，因而得到了国际高能物理界的高度赞誉。2005 年，BES 发现的新型粒子 X1835 开辟了一个国际前沿研究热点领域，在多夸克态寻找和研究等方面做出重要贡献。

北京同步辐射装置（BSRF）则使其成为多学科的大型公共实验平台，进行过大量同步辐射专用光实验，包括曾测定 SARS 冠状病毒蛋白酶等大批重要蛋白质结构。不仅如此，BEPC 和 BEPCⅡ还带动了高稳定电源、高性能磁铁、精密机械、计算机自动控制等高新技术的发展，这些技术的产业化对我国广播通信、航空、医疗等领域都做出了重要贡献。

兰州重离子加速器（HIRFL）合成研究了 20 多种新核素并研究其衰变性质，首次测量 21 种短寿命原子核质量。由于在合成新核素领域中取得重大进展，从 2013 年起，国际原子质量评估工作由中科院近代物理研究所承担，终结了国际原子质量评估工作多年来为法国核谱质谱中心“垄断”的历史。

重离子加速器的应用还与人们的生活息息相关。对肺癌、肝癌乃至医学界最头疼的黑色素瘤，重离子治疗的局部控制率在 80% 以上。依托兰州重离子加速器开展的重离子治疗肿瘤的基础研究和关键技术攻关，先后建成浅层和深层治疗肿瘤终端，临床试验治疗肿瘤研究取得了显著疗效，使我国成为继美国、德国、日本之后，世界上第四个实现重离子治疗肿瘤的国家。利用重离子诱变技术培育出的春小麦、甜高粱、当归、瓜果、花卉等作物的优良新品种，微生物新菌种和新药，取得了显著的经济效益。

以三大加速器的建成运行为代表，改革开放以来的 40 多年间，中国高能物理研究取得了丰硕的成果。近年来，第三代光源上海同步辐射光源（SSRF）、大亚湾中微子实验室、中国散裂中子源（CSNS）等重大科学工程先后落成，并取得了诸如发现新的中微子振荡模式等里程碑式的成果。我们有理由相信，中国高能物理研究很快将迎来又一个辉煌时期。

问鼎之战：在高温超导之争中取得领先

2017 年 1 月 9 日，2016 年度国家科学技术奖励大会在人民大会堂隆重举行。赵忠贤院士因其在高温超导领域的突出贡献获得了中国科学技术奖最高等级的奖项——国家最高科学技术奖。同获此奖的还有中国中医科学院的屠呦呦研究员。

这并不是高温超导研究第一次获得国家科技大奖。以赵忠贤为代表的团队曾分别于 1989 年和 2013 年因“液氮温区氧化物超导体的发现及研究”和“40 K 以上铁基高温超导体的发现及若干基本物理性质研究”荣获国家自然科学奖一等奖。两次摘得“国自一”桂冠，在中国当代科技史上实属罕见。面对如此耀眼的荣誉，人们难免会产生疑惑，中国的超导研究到底取得了什么成果？处于什么样的地位？

在百余年的超导发展史中，中国科技工作者在高温超导领域的两次重大突破中均做出了重要贡献：独立发现液氮温区铜氧化物高温超导体，在第一次高温超导热潮中完成我国在这一领域的追赶；发现系列转变温度 50 K 以上铁基高温超导体，并创造

55 K 纪录，在第二次高温超导热潮中实现我国对这一领域的超越与引领。

超导材料与超导理论发展概述

材料在低于某一温度时的电阻将无限趋近于零，这就是超导现象，这一温度被称为超导转变温度（临界温度 Tc）。19 世纪末期，人们已经知道导体的电阻会随着温度降低而逐渐减少，但接近绝对零度时会发生什么，却众说纷纭。有人认为电子会“冻住”而无法自由移动，因此电阻将升高；有人认为温度降低到一定程度时导体会保留一个固定的剩余电阻；也有人认为导体的电阻在接近绝对零度时会降到零。

超导现象的发现正是随着低温物理学的发展而取得的重要成果。20 世纪初，获得低温的主要手段是液化气体。1908 年，荷兰物理学家卡末林・昂内斯（Kamerlingh Onnes）的团队首次液化了氦气，以 4.2 K 刷新了人造低温的新纪录，为开展极低温实验提供了可能。1911 年 4 月 8 日，昂内斯在实验中发现到达 4.2 K 时，汞的电阻率突然降到了零，他在论文中将这一现象命名为“超导”，并因此获得 1913 年的诺贝尔物理学奖。1933 年，德国工程物理学家瓦尔特・迈斯纳（Walther Meiβner）发现超导体具有完全抗磁性，所有的磁力线均无法穿过超导体，这一现象随后被命名为“迈斯纳现象”，并与零电阻效应共同作为检验超导体的标准。

超导现象为 20 世纪的物理学开辟了一个崭新的研究方向，自发现以来一直是物理学界的热门研究领域。在超导材料研究方面，人们又陆续发现原来大部分金属都存在超导现象，一些材料在常压和低温下即可超导，另一些则需要在高压和低温下才有超导电性。在元素周期表中，除了一些磁性金属、碱金属、部分磁性稀土元素、惰性气体和重元素等尚未观测到超导电性外，其他常见金属甚至非金属元素都可以实现超导。

在超导理论研究方面，自迈斯纳现象发现之后人们开始了对超导体的唯象理论认识。1934 年，哥特（Gorter）和卡西米尔（Casimir）提出了超导“二流体模型”。1935 年，德国物理学家伦敦兄弟（Fritz London，Heinz London）二人提出了两个描述超导电流和电磁场关系的方程。1950 年，德国物理学家 H. 弗勒里希（H. Frölich）揭示了电子与晶格振动之间的相互作用是导致超导电性的原因，迈出了发展超导微观理论的关键一步。1957 年，由美国物理学家 J. 巴丁（J. Bardeen）、L. N. 库珀（L. N. Cooper）和 J. R. 施里弗（J. R. Schrieffer）成功地解决了超导电的机制问题，建立了第一个超导微观理论（即著名的 BCS 理论）。

BCS 理论在解释一些超导体（比如铅）时，出现了较大的偏差。理论物理学家麦克米兰（McMillan）在考虑电子—声子的强耦合作用和材料的实际情况后，提出了麦克米兰公式，根据这一公式，超导转变温度不能超过 39 K，即“麦克米兰极限”。20 世纪 80 年代以前，超导转变温度甚至没能突破 30 K。

20 世纪 60 年代，人们开始大胆尝试超导技术的应用，如研制超导磁体、超导电机（英国，1969 年）、超导磁悬浮列车（日本，1977 年）等。然而，超导技术的应用受到转变温度 Tc 的钳制，难以实现大规模的推广。1973 年，美国物理学家发现了超导转变温度为 23.2 K 的铌三锗，之后 13 年间超导体临界温度 Tc 始终未能取得进一步的突破。此外，为安全考虑，几乎所有的实用超导装置都只能在液氦温度（4 K）下工作。制备液氦不仅成本高、价格贵，而且制冷装置复杂、体积庞大、效率低。因此，寻找高临界温度 Tc 的超导体，探寻超越“麦克米兰极限”的方法就成为下一阶段超导领域的研究重点。

中国在高温超导领域的追赶

与超导研究的总体历史轨迹相同，我国也是在低温物理学发展起来之后才得以涉足超导领域。1952 年，洪朝生毅然回国，此前他已于 1948 年取得美国麻省理工学院博士学位，并在代表低温物理学前沿的美国普渡大学和荷兰莱顿大学实习与工作。回到中国后，洪朝生在钱三强的建议下投身新中国的低温物理学事业，于 1956 年和 1959 年先后在国内首次实现了氢的液化和氦的液化。超导研究必须建立在极低温的基础上，这也意味着只有在 1959 年实现了氦的液化之后，中国才能做超导研究。此时，我们已经落后国际 50 余年。

在超导研究的起步阶段，我国取得了一些不俗的成果。1961 年，管惟炎负责的强磁场超导体研究小组独立地探索出生产实用超导材料（铌三锡带材）的扩散法新工艺，有效克服了铌三锡的脆性问题。1964 年，中科院物理所和半导体所研制成功的氦活塞膨胀机为后续超导研究提供了最基本的制冷条件。1965 年，管惟炎等人又与中科院上海冶金研究所合作，拉制出具有当时国际先进水平的铌—锆线材 6 000 米以上，并用此材料绕制了国内第一个强磁场超导磁体。1977 年，全国科学规划会议将超导技术的研究正式列为凝聚态物理研究的 5 项重点之一。

如前文所述，无法超越“麦克米兰极限”的难题在20世纪70至80年代已成为物理学界的困扰，包括美国IBM公司在内的许多单位纷纷决定把他们的超导研究和开发项目下马。但就在这疑似山穷水尽的关头，1986年，瑞士苏黎世IBM公司的柏诺兹和缪勒独辟蹊径，他们选择在一般认为导电性不好的陶瓷材料中去探索超导电性，结果在La-Ba-Cu-O体系中首次发现了可能存在超导电性，其临界温度Tc高达35 K。这一发现引发了世界范围高温超导研究的热潮，随后上演了一场科学史上十分罕见的刷新Tc纪录的争夺战，正是在这场争夺战中，我国登上了高温超导研究的国际舞台。

1975年，赵忠贤完成在剑桥大学冶金及材料科学系的进修，回到国内继续进行有关超导体材料的研究。1976年，他在《物理》上发表文章，提出寻找更高温度超导体的设想。前期学习和工作的储备使赵忠贤敏锐地意识到柏诺兹和缪勒工作划时代的意义，他马上与陈立泉等人开展合作研究，迅速开展了重复实验，并在1986年12月26日对外宣布获得了超导起始转变温度为48.6 K的La-Su-Cu-O化合物和46.3 K的Ba-Y-Cu-O化合物，率先突破“麦克米兰极限”！尽管成绩斐然，但据赵忠贤本人回忆，当时我国的科研条件其实非常艰苦，“连个像样的炉子也没有，做样品用的材料有的还是1956年公私合营时生产的”。而中国之所以能在超导领域异军突起，得益于国家对超导研究的重视和支持，也得益于优秀的人才队伍和科技工作者们不畏艰难的攻坚精神。

找到液氮温度（77 K）直至室温条件下的高临界温度Tc超导材料，一直是各国科学家努力奋斗的目标。1987年2月以来，关于高温超导研究方面的竞争，与1986年底相比已有了质的变化，即新发现的超导体可以在液氮温区工作。液氮相比液氦制冷效率要高 20 倍，资源丰富且价格便宜近 100 倍，冷却装置较简单且体积小。这一变化，标志着 1987 年的超导研究跃上了一个新的台阶。

可以说，超导领域从 1986 年底开始步入群雄逐鹿的时代，除中国外，日本和美国也相继发力，世界各国都投入了大量人力和物力进行研究，新的发现和成果不断涌现，其发展速度迅猛异常。临界温度 Tc 纪录刷新之快，令人目不暇接。

1987 年 2 月，美国休斯敦大学的朱经武、吴茂昆研究组和赵忠贤研究团队分别独立发现在 Ba-Y-Cu-O 体系存在 90 K 以上的 Tc，超导研究首次成功突破了液氮温区（液氮的沸点为 77 K），使得超导的大规模研究和应用成为可能。之后，1988 年，盛正直等人在 Tl-Ba-Ca-Cu-O 体系中发现 Tc 达 125 K；1993 年，苏黎世联邦理工学院的席林（Schilling）等在 Hg-Ba-Ca-Cu-O 体系再次刷新 Tc 纪录至 135 K；1994 年，朱经武研究组在高压条件下把 Hg-Ba-Ca-Cu-O 体系的 Tc 提高到了 164 K，这一 Tc 最高纪录一直保持至今。短短十年左右的时间，铜氧化物超导体的 Tc 值翻了几番。

不难看出，在第一次高温超导热潮中，中国虽然是该领域的后发国家，却迅速进入前沿队伍，基本确立世界高临界温度 Tc 超导体研究的三强（中国、美国、日本）地位。

中国在高温超导领域的超越

诸强问鼎的第一次超导之争，在 20 世纪 90 年代后期开始逐渐降温，全世界科学家们对超导材料的探索又一次陷入了迷茫。这是因为第一次高温超导热潮中的主角——铜氧化物为性能易脆材料，难以大范围普及应用。通过铜氧化物超导体探索高温超导机理的研究亦遇到瓶颈，有些团队甚至解散。但在中国，一大批科研人员仍在这一领域坚持深耕。等待和努力并没有白费，当属于高温超导的时代再一次到来时，中国的科学家们迎头赶上，并最终实现了我国在这一领域的超越。

2008 年，日本化学家细野（Hideo Hosono）小组报道 La-Fe-As-O 体系有 26 K 的超导电性。传统上认为铁对超导是不利的，所以 26 K 的铁基超导是非常重大的突破。赵忠贤团队经过 20 年对铜氧化物高温超导体的物理机理研究，已经意识到存在多种合作现象的层状四方体系中，有可能实现高温超导。所以日本方面消息传来后，中国科学家们立刻判断，La-Fe-As-O 体系不是孤立的，类似结构的铁砷化合物中很可能存在系列高温超导体。

实验很快开展起来。2008 年 3 月 25 日，中科大陈仙辉研究组和物理所王楠林研究组同时独立在掺 Fe 的 Sm-O-Fe-As 和 Ce-O-Fe-As 中观测到了 43 K 和 41 K 的超导转变温度，突破了“麦克米兰极限”，从而证明了铁基超导体是高温超导体。仅 4 天后，赵忠贤领导的科研小组利用轻稀土元素替代和高温高压的合成方案，报告了 Pr-Fe-As-O 化合物的高温超导临界温度 Tc 可达 52 K。4 月 13 日，该科研小组又创造了 Sm-Fe-As-O 化合物超导临界温度 Tc 进一步提升至 55 K 的纪录，创造了大块铁基超导体的最高临界温度 Tc 纪录并保持至今，为确立铁基超导体为第二个高温超导家族提供了重要依据。

铁基超导体的发现，掀起了高温超导研究的第二个热潮。铁基超导体打破了铁元素不利于超导的传统认识，推动了多轨道关联电子系统的研究和发展，有丰富的物理内涵。此外，铁基超导体具有金属性和非常高的临界磁场，材料工艺相对简单，有希望用于制备新一代超强超导磁体，有着重大的应用前景。

在这次热潮中，中国科学家走在了国际超导研究的前沿。陈仙辉小组的成果发表在《自然》杂志上，成为2008年全世界最具影响力和被引用最多的5篇论文之一。《科学》杂志3次报道与赵忠贤小组有关的工作。赵忠贤小组有4篇论文连续多次被列入世界10篇物理学热门论文，其中2008年发表在《中国物理快报》的文章单篇他引已超过1 000次。铁基超导入选《科学》杂志2008年“十大科学突破”，其中提到的“Pr元素替代La”及“超导温度提高到55 K”均来自赵忠贤小组。

2015年，在瑞士召开的第11届国际超导材料与机理大会上，赵忠贤被授予国际超导材料奖“Bernd T. Matthias奖”，这是国际超导领域重要的奖项，每三年颁发一次。此次是中国内地科学家首次获奖。

铁基高温超导体的发现是继铜氧化物高温超导体之后最重要的进展。中国科学家基于长期积累做出了大量原创性的工作，取得了突破性进展，赢得了国际学术界的广泛认可，引领和推动了铁基超导及相关领域的研究和发展。《科学》杂志在“新超导体将中国物理学家推到最前沿”专题中评述道：“如洪流般涌现的研究成果标志着，在凝聚态物理领域，中国已经成为一个强国。”

高温超导研究的启示与展望

我国的超导研究起步虽晚，却已经跻身国际先进甚至领先行列。对一个发展中国家而言，在一个落后近半个世纪的领域，能实现后来居上，其中的历史经验对其他科研领域，尤其是基础研究领域的发展具有借鉴和启示作用。

我们还应该注意到，越来越多的人不断加入超导研究的队伍中来。2018 年，就读于麻省理工学院的中国博士生，21 岁的曹原一天之内在《自然》杂志上连续发表两篇文章，论述了双层石墨烯在重叠角度为 1.1° 时，会产生超导现象。虽然其临界温度 Tc 只有 1.7 K，但这是首次发现超导行为与结构如此特别的对应关系，这一发现开辟了超导物理乃至凝聚态物理研究的新方向。曹原因此被《自然》杂志评为 2018 年度十大科学人物之首。

超导现象看似高深，离我们的生活很遥远，但实际上已经有了一些重要的应用，如医学上的核磁共振成像、高能加速器、磁约束核聚变装置等。迄今为止，已有 5 次诺贝尔物理学奖授予超导领域的研究成果。究其缘由，首先因为超导现象是凝聚态物理和量子物理交叉的前沿课题，隐含着物质结构深层次的物理规律，具有重要的理论意义。其次是它有巨大的实用价值，室温超导性材料甚至被誉为“物理学的圣杯”，这种材料一旦被发现，将会带来一系列的新技术，包括超高速计算机、全球化电力供应和数据传输，它将与可控核聚变一样成为人类突破科技瓶颈的一大标志。

生命终极：澄江古生物群的发现

西北大学舒德干院士曾说过，在唯物主义哲学革命史上与马克思比肩的达尔文，凭借《物种起源》和《人类由来》构建了进化论大厦，成为改变人类自然观和世界观的伟大思想家。然而，由于时代的局限，他遇到许多科学难题，其中一个难题至今仍是自然科学的世纪悬案。在舒德干院士的课上，他从达尔文创立进化论的传奇故事及其留下的世纪悬案，引入了中国人破解达尔文难题的最新成果“三幕式寒武纪大爆发”新假说与“广义人类由来”新概念。

达尔文的困惑：寒武纪生命大爆发

距今约5亿4 200万年至5亿3 000万年前，地质学称作“寒武纪”初始阶段。在该地层突然出现门类众多的无脊椎动物化石。然而追溯更为古老的地层，无法找到上述种类无脊椎动物的明显化石祖先。进化论之父达尔文在《物种起源》中提到了这一事实并大感不解。对于这一反常现象，他提出了自己的理论推测：寒武纪动物的祖先一定来自前寒武纪，并且已经进行了长时间的进化。他解释道，寒武纪多种类动物化石出现的“突然性”与前寒武纪动物化石的缺乏，原因应当是地质记录的不完整或是古老地层淹没在海洋中的缘故。他十分担心，认为这一事实会被用作反对其进化论的有力证据。

依照传统的经典生物学理论，即达尔文生物进化论认为：生物进化经历了从水生到陆地、从简单到复杂、从低级到高级的漫长的演变过程。这一过程是通过自然选择和遗传变异两个车轮的缓慢滚动得以逐步实现的。达尔文的困惑同时也是进化论的漏洞。这就是至今仍被国际学术界列为“十大科学难题”之一的“寒武纪生命大爆发”。如今中国科学家通过古化石研究，向这一权威理论提出了有力挑战。

寒武纪生命大爆发的起源：埃迪卡拉动物群

埃迪卡拉（Ediacaran）动物群是普里格（Sprigg）于 1947 年在澳大利亚中南部埃迪卡拉地区的庞德砂岩层中首先发现的。最初人们未能确定这一动物群的时代，后来终于确定为前寒武纪。埃迪卡拉动物群包含 3 个门、19 个属，内含 24 种低等无脊椎动物，多数被保存为印痕化石。该动物群化石包含了多种形态奇特的动物：身体巨大而扁平，多呈椭圆形或条带形，具有平滑的有机质膜。这是人们迄今为止发现的最古老、最原始的化石，也是在太古代地层中发现的最有说服力的生物证据。尽管它们的形态、结构都很原始，但它们被认为是 20 世纪古生物学最重大的发现之一。

该动物群的3个门分别为腔肠动物门、环节动物门和节肢动物门。其中水母有7属9种、水螅纲有3属3种、海鳃目（珊瑚纲）有3属3种、钵水母2属2种、多毛类环虫2属5种、节肢动物2属2种。这一发现使科学界摈弃了长期以来认为在寒武纪之前不可能出现后生动物化石的传统观念。按赛拉赫（Seilacher）的观点，该动物群可分为辐射状生长、两极生长和单极生长等三种类型。除辐射状生长的类型中可能有与腔肠动物有关系的类群外，其他两类与寒武纪以后出现的生物门类无亲缘关系。

尽管有关该动物群的性质还有许多争议，但其奇怪的形态令许多学者相信该动物群是后生动物出现后，第一次为了适应环境，它们采取不同于现代大多数动物的形体结构变化方式。从化石上可以看出，这些生物已具有高度分化的组织和器官，说明它们已不是最原始的类型。现代大多数动物在保持浑圆或球形的外部形态的同时，进化出复杂的内部器官来扩大相应的表面积（如肺、消化道）。该动物群通过不增加内部结构的复杂性，使用只改变躯体基本形态的方法，使体内各部分充分接近外表面，在没有内部器官的情况下进行呼吸和摄取营养。因此，可以认为该动物群是在远古大气氧含量较低的条件下后生动物大规模占领浅海的一次重要尝试。遗憾的是结果以失败而告终，该动物群灭绝。在后来的演化过程中，后生动物采取了现代大多数动物的方式，内部器官不断复杂化，物种朝着多样化发展。

中国人来了：地层天书的发掘

1984年7月1日，中国科学院南京地质古生物研究所助理研究员侯先光在帽天山采集高肌虫动物化石时发现了一个特殊古生物化石地层。该古生物群化石分布广泛，位于云南省玉溪市澄江县（凤麓镇）城东6公里帽天山附近。距昆明市56公里，距玉溪市87公里。生物群年代为寒武纪早期。该化石带呈带状蜿蜒分布，带长20公里，宽4.5公里，埋藏深度在50米以上。1987年4月17日，中国科学院南京地质古生物研究所在南京举行新闻发布会，宣布中国云南发现的澄江动物化石距今已5.3亿年。这批化石之精美、门类之繁多，为世界近代古生物研究史上所罕见——澄江化石最为独特之处就是5亿年前生物的软躯体构造居然成为化石而完整保存在岩层中。这些古生物化石不仅保存了生物的骨骼，还保存了表皮、纤毛、眼睛、肠胃、消化道、口腔、神经等各种软组织。

从1987年起，中国科学院南京地质古生物研究所陈均远研究员领导的研究小组就对澄江古生物化石群进行了发掘和研究，获得如下重大发现：现今世界上所有动物门类都在这一时期同时出现而之后再没有产生新的门类；这一时期出现的生命形态与今天的生物已非常相近，包括星形对称的海星、左右对称的甲壳纲动物以及具备脊椎雏形的动物等。这说明在寒武纪早期，动物多样性的基本体系就已经建立。这项研究成果发表后，在国际上引起了巨大轰动。

澄江生物化石群共169属191种，其中动物159属180种，植物藻类3属3种。藻类为最简单最古老的植物，现分布于世界各地，海水、淡水中及潮湿地区。澄江生物化石群就包括大量的藻类化石，它们常富集在岩层面上保存。其特征多为不分枝的粗细不同的丝状体，极少类型呈螺旋状体。

澄江生物化石群动物化石的种类繁多。

多孔动物门：澄江生物化石群中多孔动物丰富多彩。该种动物整个身体是由内、外两层细胞构成，固着水底生活，体型多样，均属辐射对称型。在化石群中至少包括 20 个不同属种，分属于六射海绵纲和普通海绵纲。多孔动物门也被称为海绵动物门，属于最原始的多细胞动物。

刺胞动物门：刺胞动物门也被称作腔肠动物门，组织分化上比上述多孔动物更进一步，具有神经和原始肌肉细胞。澄江生物化石群中现已发现 2 属 2 种，分属于海葵类和栉水母类。线形虫是澄江生物化石群中最常见的种类之一，体呈细长的圆筒状，有 3 属 3 种。

动吻动物门：澄江化石中的动吻动物也被称为奇虾类动物，它们身体庞大，体长可达 1 米甚至 2 米，是当时海洋中的庞然大物。澄江化石中的动吻动物也被认为是节肢动物的一个分枝，但它们的口部及附肢构造完全不同于节肢动物，至少 4 属 4 种存在于澄江生物化石群中。

叶足动物门：它包括现生的有爪类，也称栉蚕。至少 6 属 6 种存在于澄江生物化石群中，其类型的多样性令科学界大为震惊。也有部分被归入节肢动物门的有气管亚门原气管纲，全为陆生，仅分布于南半球少数地区。

腕足动物门：主要为保存肉茎的舌形贝类，是目前世界上保存最好的具肉茎腕足类化石。在澄江化石中发现了 5 属 5 种。通过和现代舌形贝相比较，显示出该类动物在漫长的历史长河中进化得极端保守。

软体动物门：软体动物门是以现已绝灭的软舌螺动物为代

表，澄江化石中有 4 属 9 种。

节肢动物超门：节肢动物和裂肢动物是澄江生物化石群中最为庞大的一类，61 属 68 种已被描述，分属于 3 个超纲。

不定类群：由于研究程度不够，还不能置于现生的各动物门中，包括水母状化石、云南虫、火把虫等。目前发现的有 24 属 25 种，不归属于任何品种。

窥伺生命终极的一角

1991 年，舒德干领导下的西北大学早期生命研究团队集中力量围绕这一世界科学前沿问题开展了持续研究，先后在云南澄江生物群、陕南宽川铺生物群找到了一系列真实可靠的世界级化石珍品。团队发现的“基础动物亚界”的春光虫、“原口动物亚界”的仙人掌滇虫、“后口动物亚界”的古虫动物门（首创肛门和鳃裂）、始祖棘皮动物古囊动物、云南虫类、低等脊索动物华夏鳗（首创肛后尾）、长江海鞘、原始脊椎动物昆明鱼类（首创头脑、眼睛、脊椎）、皱囊虫（首创口）等都是动物高阶元演化的过渡类群的可靠代表。

这些重要科学发现揭示了动物三大亚界关键门类的起源和演化关系，证实了前寒武纪与寒武纪之间动物演化的连续性，进而首次构建了完整的早期动物树框架图。舒德干指出：这是在达尔文提出地球生命呈万物共祖的“树形演化”猜想后，首次有科学家勾勒出动物门类起源爆发时，基础动物、原口动物、后口动物三大枝系演化“大树”的基本轮廓。

舒德干团队在现代科技手段的帮助下，得以与 5 亿多年前的生命体开展一场场“远古对话”。团队中的韩健等人发现了最古老的人类远祖：冠状皱囊动物。这种成体仅 1 毫米的微型动物，被认为代表着显生宙最早期的微型人类远祖至亲。2017 年 2 月 9 日，《自然》杂志以封面亮点论文的形式刊发了这一重要成果，并评价该研究“为人类远古起源研究的‘重大悬案’找到了实证”。在实证研究的同时，舒德干团队还大胆进行理论创新，提出了“三幕式寒武纪大爆发”新假说。新假说揭示了动物界在 4 000 万年的时间里，从双胚层到三胚层，再到口肛倒转，新陈代谢系统不断升级的演化过程，反映了寒武纪大爆发过程的连续性和阶段性，揭示了令达尔文倍感困惑的寒武纪大爆发事件之本质内涵。

通过不懈努力，西北大学舒德干团队在古生物学研究领域已经位居全球第一梯队，在基础科学的研究中取得了世界一流的成果，深深镌刻下了中国人的名字。在谈到为研究对象命名时，舒德干说：“我们之所以为发现的古老生物以‘华夏鳗’‘昆明鱼’‘海口鱼’‘长江海鞘’等字眼命名，就是为了纪念发现它们的地方，记载中国在科学史上的重要贡献。中国需要更多人来为这块碑培土，为我们这样一个伟大的、曾经创造过无数优秀文明的国度增添更多荣誉。”

古生物学上浓墨重彩的一笔

澄江古生物化石群生动地再现了 5.3 亿年前海洋生命的壮丽景观和现生动物的原始特征，并证明了寒武纪生物大爆炸的真实存在，打破了达尔文进化理论的局限性，被誉为“20 世纪最惊人的科学发现之一”。澄江动物化石群从实物上补充了达尔文进化论的不足，引出带有初始条件的进化论。澄江动物化石群是化石家族中的特殊成员。澄江动物化石群的研究，纠正了许多前人研究的错误。

达尔文创立了进化论的学说，推翻了神创世界、上帝创人、物种不变等宗教唯心主义的观点，完成了人类认识，特别是对自然界认识的一次伟大的飞跃。进化论的学说特别阐明了生物进化是从单细胞到多细胞，从简单到复杂，是一个“渐变”的过程，根本不存在“剧变”。研究表明，人类认识生命的演化过程又产生了一次大的飞跃，对达尔文的进化论进行了重要的补充，即地球生命在“渐变”过程中也有“突变”。

2004 年 2 月 20 日，“澄江动物群与寒武纪大爆发”荣获国家自然科学奖一等奖。这是该奖项在空缺多年后首次迎来获奖者。国家自然科学奖评奖委员会对此项成果的评价是：“澄江动物群是 20 世纪古生物学的伟大发现，为生物早期及其在寒武纪早期的大爆发问题提供了新的回答，对一些现存生物门类的早期演化进行了系统研究，是对达尔文进化论的重要发展，科学价值重大，在世界范围内影响深远。”

以毒攻毒：白血病研究与治疗

电影《我不是药神》在2018年火爆上映之际，全国各处影院排挡紧密，前往观看的影迷更是摩肩接踵。其实，这部电影之所以会如此火爆，不只因为演员的演技担当，更因为其情节戳到了不少人的痛点。有数据显示，我国每年有7.5万名白血病患者，儿童患者约占四分之一，并且以2～5岁的幼童居多。当针头扎进皮肤，第一滴干细胞输进身体，白血病病人的赌局开始了。赌注是一条命：超大剂量的放化疗已杀光异常的造血干细胞，顺便撕裂了免疫系统。漫长的排异迎接新细胞的增殖。口唇溃烂；蜕皮，严重时血肉模糊；胸闷气急，甚至窒息；骨间不分昼夜酸麻地疼。类似的赌局每天都在上演，白血病就像一头吃人的怪兽，威胁着无数人的生命。

望着一双双眼泪流干的绝望双眼，我们应该怎么做才能降服这头怪兽？

白血病的治疗

白血病是一类造血干细胞恶性克隆疾病。恶性白血病细胞因为增殖失控、分化障碍、凋亡受阻等在骨髓和其他造血组织中大量增殖累积，浸润其他非造血组织和器官同时抑制正常造血功能。临床可见不同程度的贫血、出血、感染发热以及肝、脾、淋巴结肿大和骨骼疼痛。白血病分为多种类型，不同的白血病愈后以及治疗方法如下：

第一，化疗是一种传统的治疗白血病的方法，因为骨髓中存在着大量不成熟以及低阶段的血细胞，采用化疗的目的就是减少这部分细胞的存在，化疗可以促进这部分细胞加速成熟或者使其凋亡。

第二，分子靶向治疗是指部分患者的细胞 DNA 中可能含有导致白血病的相关基因片段，而分子靶向药物可以识别这种片段并与之相结合，使其失去表达能力。那么，患者身体自然也无法转录生成相应的癌症细胞和蛋白质。

第三，骨髓移植是目前最有效根治白血病的方法。鉴于患者的骨髓中已经充满了变异的造血干细胞，最为有效的办法就是换骨髓——完全替换掉变异的造血干细胞。虽然移植可以获得较好的生存效果，但移植并发症可能严重影响患者的生活质量。而且配型是一个既复杂又严格的过程，患者有可能需要漫长的等待。

因此，选择性免疫治疗和各种分子靶向治疗是未来治愈白血病的希望。例如目前已经或正在开发的肿瘤疫苗、细胞治疗、细胞信号通路调节剂等治疗方法。总之，白血病是世界难题，现代医学对待此类病症依旧束手无策，两大基本治疗方法就是化疗和换骨髓。可惜的是病人在此过程中非常痛苦，并且治愈成功率也广受质疑。

与“血”结缘的王振义

1952年，开始研究血液病的王振义转赴血液科。在临床中，他发现有病人在拔牙这类小手术之后，血流不止，十分痛苦。因为不忍心看到病人受折磨，王振义通过反复实验，终于研究出血友病（遗传性凝血功能障碍的出血性疾病）A与B以及轻型血友病的诊断方法，把中国的血友病研究一举推向世界前沿，也使得自己成为国内血液病治疗的权威。1959年，他又进入白血病病房工作。患者的眼神中充满了对生命的渴望，却没有一个人能逃脱死神的魔爪。仅仅半年时间，王振义亲眼看见59位急性白血病人痛苦离世。急性白血病在当时属于绝症，国内没有有效的治疗方法。自1957年白血病被确定发病机理以来，全世界的学者都在研究治疗方案，然而迟迟没有结果。

对于患者怀有高度责任感的王振义毅然决定投入这一全新领域。他向医院申请了一间原来食堂用来做饭的小房间，带领几名研究生在这个小房间内开始白血病细胞诱导分化的研究。他当时选择的治疗思路是，让癌变细胞逆转成健康的细胞，那就不存在误杀健康细胞的问题，癌症就可以被彻底治愈。这一思路看似明晰，实际操作困难重重，顶着压力与嘲笑的王振义就此埋头苦干多年。1983年，美国报道了第一例用13–顺式维甲酸（13-cis-RA）治疗急性早幼粒细胞白血病的病例，但病人最后依旧医治无效死亡。当时的中国还没有药厂能合成这种维甲酸，国内唯一能找到的维甲酸是上海第六制药厂生产的“全反式维甲酸”。为此，王振义决定就用全反式维甲酸进行试验。半年之后，他终于在显微镜下看到了希望，“急性早幼粒细胞”在全反式维甲酸的作用下，顺利分化成了正常细胞。尽管如此，王振义的研究并未能够很快进入临床试验，他发明的利用全反式维甲酸进行治疗的方案遭到广泛质疑。

1986 年，王振义团队终于看见了“曙光”：上海市儿童医院血液科收治的一名患者身患急性早幼粒细胞白血病，生命危在旦夕。此时，王振义研究的全反式维甲酸治疗法已经基本成熟但还处于试验阶段。分析病情后，王振义认为可以尝试。患者只吃了一周的全反式维甲酸后，病情就出现了转机，之后情况迅速好转，并最终被治愈。这就是全球公认的诱导分化理论让癌细胞“改邪归正”的首个成功案例。急性白血病竟然被王振义这个中国老人攻破，他的治疗方案可以让患者五年生存率从 10% 提高到 93%，让急性早幼粒细胞白血病成为第一种可基本治愈的成人白血病。

在尝试了无数种方法后，王振义终于发现全反式维甲酸可在体外将 M3 细胞诱导分化为正常细胞。该疗法在日本、美国、意大利、澳大利亚、古巴等国相继获得证实。1987 年，《全反式维甲酸治疗急性早幼粒细胞白血病的研究》发表，震惊全世界！更令人意想不到的是王振义直接放弃专利申请，不收取任何专利费。时至今日，一盒十粒装的全反式维甲酸的售价也仅为 290 元，并且进入医保。“让老百姓不但有药可吃，并且吃得起！”王振义可以算得上真正的“中国药神”。

“一门四院士”再创辉煌

1924 年 11 月 30 日，王振义出生于上海的一个书香门第家庭。父亲总是教育他要与人为善并且特别重视教育。王家 8 个子女中，7 人毕业于国内著名大学，成年后均在各自领域里有所成就。1948 年，王振义以第一名的优异成绩获得震旦大学博士学位，毕业后进入广慈医院（今上海交通大学附属瑞金医院前身），他的专业方向确定为死亡率极高的血液病，在出凝血疾病研究中获得众多成果。

王振义高度重视年轻人的培养，他曾先后担任过内科学基础、普通内科学、血液学、病理生理学等领域的教学工作，共培养博士 21 人，硕士 34 人。王振义还发明了一种十分特殊的人才培养方式：每周一由学生提交临床上遇到的疑难病例，形成“考卷”，他利用一周时间搜索全球最新文献，思考、分析后“答卷”，并在每周四与大家一起探讨。中国科学院院士、上海交通大学医学院陈国强教授是王振义的得意门生。谈及老师为自己修改硕士论文的场景，陈国强记忆深刻：“王老师一遍遍地修改，我一遍遍地整理抄写。近 2 万字的毕业论文，王老师先后修改了 10 遍。”陈教授说：正是导师的言传身教，激励着他不断地攀登医学高峰。正是如此严格悉心的培养，在王振义院士的学生中涌现出陈竺、陈赛娟这对著名的“院士夫妻”以及“973”最年轻的首席科学家、中国科学院院士陈国强。为了攻克疾病，不但治疗方式需要协同作战，科研团队更需如此。王振义开创白血病治疗的“诱导分化”理念后，尝试将癌细胞改造成正常细胞。他为癌症治疗提供了全新路径，引起国际血液学界的震动。作为靶向治疗新方法，全反式维甲酸治疗急性早幼粒细胞白血病虽然获得了临床效果，但还要求明确机制。王振义把这一任务交给了陈竺和陈赛娟。

砒霜也称信石，我们常听到它的另一个名字“鹤顶红”。不纯的砒霜往往带有红色或红黄色的块状结晶或颗粒，其中含有少量的硫化砷，俗称红砷或红矾。砒霜在《开宝本草》中首次出现，属砒石经升华而得的精制品，从古至今药用已有千年。剧毒入药、以毒攻毒是中医一大特色。在领受了老师交托的任务后，经过多年不懈努力，陈竺和陈赛娟夫妇不仅阐明急性早幼粒细胞白血病发病的分子机理，同时借助中医“以毒攻毒”的思维创造性地使用砒霜入药，按照方药配伍原则联合全反式维甲酸和三氧化二砷两药协同靶向致癌蛋白治疗早幼粒细胞白血病，取得了显著效果。

王振义团队的急性早幼粒细胞白血病“中国方案”的成功，让国际同行看到了中国在转化医学上的创新能力，证明了实验研究与临床治疗结合可以取得开创性的成果。21 世纪初，“转化医学”概念由美国国立卫生研究院提出，如今已是世界医学科研的主流。其核心是将医学生物学基础研究成果迅速有效地转化为可在临床实践中应用的理论、技术、方法和药物，并在实验室与病房之间架起一条快速通道，实现基础研究与临床应用的双向转化。2016 年，美国血液学会（ASH）赞誉这一工作是“实验室到临床转化医学概念的遗产和框架性成果”。而今，王振义团队正在思考如何将这一治疗方案的成功经验拓展到其他类型的白血病上。他们的目标是，努力争取在 2025 年使我国恶性血液病患者五年生存率较目前提高 50%，到 2035 年基本攻克血液系统恶性肿瘤。

陈赛娟认为，白血病研究中，临床与基础相互转化的成功经验，必将启发其他恶性血液疾病的研究，也会对其他学科起到示范性的作用，推动“健康中国”战略实施。以攻克急性早幼粒细胞白血病为起点，依托转化医学中心这个国家级的平台，找到治疗更多疾病的有效方法，造福更多的患者，让世界医学界听到更多来自中国的声音。

中国医者的大爱无疆

关于“如何做一名医生”，王振义自身不仅医德高尚，在淡泊名利方面也是以身作则。1996 年，他获得了“求是杰出科学家奖”，奖金高达 100 万元人民币。但他坦然将这笔奖金中的 40% 捐献给上海第二医科大学（今上海交通大学医学院），40% 捐献给上海瑞金医院，10% 留在上海血液学研究所。2016 年，王振义与其他 11 名院士一起在中国红十字基金会设立了“院士博爱基金”。王振义一直热心公益慈善事业，他认为自己必须在力所能及的范围内帮助他人，这也是科研工作者的责任。有关部门希望以他的名字成立基金，却遭到他的拒绝：“培养学生又不是为我扬名，不要写我的名字。”

2010 年，王振义荣获“国家最高科技奖”这一至高荣誉。面对荣耀，他始终载誉前行，不忘初心：“我对大家有个要求，就是要在心中播下‘大医’的种子，把病人的需要放在首位，要看重事业，看淡名利。至于我自己，我只希望余生能再做些事情。50 年过去了，我们只攻克了一种白血病，还有 20 多种白血病需要我们去攻克，我们还有很多工作要做啊！”今天，在上海交通大学的讲台上，我们依然有机会看见这位老人的矍铄身影。他每年都会坚持给上海交通大学医学院的学生做报告。

在王振义看来，培养学生，首先要培养他们的德。每个医生要学会怎样热爱科学、热爱人民，学会怎样做人，想清楚所做的工作是为了谁，才能真正成为一名合格的医疗工作者。

神舟飞天：遨游苍穹的中华航天梦

航天梦是中国梦的重要组成部分，也是一个国家综合国力的象征。航天事业的腾飞，是中国快速崛起的关键一步。1986 年，我国制定了《高技术研究发展计划（863）纲要》，把航天技术列为中国高技术研究发展的重点之一。至 20 世纪 80 年代末，我国已经研制并发射了 20 多颗应用卫星，积累了大量关于连续发射并且成功回收应用卫星的经验，为我国进入载人航天领域奠定了坚实的基础。此后的载人航天工程的核心就是载人飞船的研制。根据我国现实情况，科技专家在载人飞船、航天飞机和空间站这三种载人航天器中选择从载人飞船起步。我国已经拥有一定的基础，所以我们是从第三代——三舱式载人飞船起步的。

从“无人”到“有人”

中国第一种载人航天器名为“神舟号飞船”。它是中国自行研制、具有完全自主知识产权、达到或优于国际第三代载人飞船技术的飞船。“神舟号飞船”是采用三舱一段，即由返回舱、轨道舱、推进舱和附加段构成，由 13 个分系统组成。“神舟号飞船”与国外第三代飞船相比，具有起点高、具备留轨利用能力等特点。“神舟”系列载人飞船由专门为其研制的“长征二号”F 火箭发射升空，发射基地是酒泉卫星发射中心，回收地点在内蒙古中部的四子王旗航天着陆场。

1992 年 9 月 21 日，中共中央常委会批准实施载人航天工程，并确定了三步走的发展战略：第一步，发射载人飞船，建成初步配套的试验性载人飞船工程，开展空间应用实验；第二步，在第一艘载人飞船发射成功后，突破载人飞船和空间飞行器的交会对接技术，并利用载人飞船技术改装、发射一个空间实验室，解决有一定规模、短期有人照料的空间应用问题；第三步，建造载人空间站，解决有较大规模、长期有人照料的空间应用问题。从 1992 年深秋开始，中国“神舟”的每一次飞行都在刷新一个纪录，每一次飞行都牵动国人的心。

1999 年 11 月 20 日，“神舟一号”飞船于北京时间 6 点 30 分成功发射升空。次日凌晨 3 点 41 分顺利降落在内蒙古中部地区的着陆场，在太空中共飞行 21 个小时。“神舟一号”发射成功的重要意义在于，它实现了天地往返重大突破，也是中国载人航天工程的首次飞行，标志着中国在载人航天飞行技术上有了重大突破，是中国航天史上的重要里程碑。

在“神舟一号”飞船试验过程中，运载火箭和试验飞船性能良好、飞行正常、动作准确，主要关键技术取得突破性进展，发射场设施设备和“三垂”测发模式经受住了实战考核。新建的载人航天测控通信网工作协调，数据处理正确，指挥、控制无误。载人航天发射组织指挥关系初步确立，运转正常。我国选择在世纪之交发射“神舟一号”，也预示着中国将在21世纪向科技强国的目标发起冲击，而“神舟一号”的发射成功更加增强了国人的信心，为21世纪的到来献礼喝彩。

2001年1月10日，“神舟二号”无人飞船发射成功，在太空飞行6天零18小时/108圈。1月16日19时22分，飞船在内蒙古中部地区成功着陆。“神舟二号”在太空中的飞行时间比“神舟一号”延长很多，这就为飞船能在太空中进行更多的科学研究提供了保障。“神舟二号”是第一艘无人实验飞船，由轨道舱、返回舱和推进舱三个舱段组成，其技术状态与载人飞船基本一致。它的发射完全是按照载人飞船的环境和条件进行的，凡是与航天员生命保障有关的设备，基本上都采用了真实件。在“神舟二号”无人飞船上进行的空间科学和应用研究实现重要突破，在空间材料科学、生命科学、天文探测、环境监测及预报等领域取得了一批具有重要价值的科学成果。“神舟二号”飞船的成功发射与返回，表明我国载人航天工程技术日臻成熟，为最终实现载人飞行奠定了坚实的基础。

2002年3月25日，“神舟三号”发射成功，这次飞行搭载的是模拟人。与“神舟二号”相比，“神舟三号”飞船的发射在运载火箭、飞船和发射测控系统上，采用了许多新的先进技术，进一步提高了载人航天的安全性和可靠性。这是一艘正样无人飞船，除没有航天员以外，飞船技术状态与载人状态完全一致，它也标志着中国载人航天工程取得了新的重要进展。

在“神舟三号”飞船上进行了非常重要的空间生命科学研究，包括蛋白质和其他大分子的空间晶体生长实验以及生物细胞培养实验。在这艘飞船上装载着中国自行研制的第二代空间蛋白质结晶装置，具有两种不同的蛋白质结晶方法和双温控特点，所选用的16种蛋白质大部分是利用中国现有的生物资源制备得到的。经过飞行实验，研究人员在空间微重力环境中获得了结构完整的蛋白质晶体样品，这将有利于研究蛋白质结构与其特殊功能信息的关系。这些研究成果对于获取以至生产高纯、高效的生物制品和进行生物药品研制具有重要意义。

2002年12月30日，“神舟四号”发射搭载的也是模拟人。此次“神舟四号”在经受了零下29摄氏度低温的考验后，成功地突破了中国低温发射宇宙飞船的历史纪录。“神舟四号”是我国载人航天工程第三艘正样无人飞船。除了没有载人外，技术状态与载人飞船完全一致。在这次飞行中，载人航天应用系统、航天员系统、飞船环境控制与生命保障系统全面参加了试验，先后在太空进行了对地观测、材料科学、生命科学试验及空间天文和空间环境探测等研究项目。飞船在轨飞行期间，船上的各种仪器设备性能稳定，工作正常，取得了大量宝贵的飞行试验数据和科学资料。“神舟四号”的成功返回，为我国发射“载人航天器”吹响了号角。

从“一人一天”到“多人多天”

2003年10月15日是值得所有中国人纪念的一天。中国第一艘载人飞船“神舟五号”成功发射，它搭载着中国第一位航天员杨利伟。“神舟五号”21小时23分钟的太空行程，标志着中国已成为世界上继俄罗斯和美国之后第三个能够独立开展载人航天活动的国家。“神舟五号”载人航天飞行任务主要是全面考核载人环境，获取航天员空间生活环境和安全的有关数据，全面考核工程各系统工作性能、可靠性、安全性和系统间的协调性。飞船搭载一名航天员，飞行约 1 天时间，在绕地球飞行的第 14 圈时返回地面。这里需要强调的是，载人飞船与人造卫星最大的区别在于“飞船要保证航天员的绝对安全”。“神舟五号”完成历史性的首飞返回，杨利伟走出返回舱时说的第一句话：“飞船运行正常，我感觉良好，我为祖国感到骄傲！”2008 年 7 月 22 日，总装备部举行将官授衔仪式，“航天英雄”杨利伟被授予少将军衔。

在实现了成功发射与返回载人航天器之后，中国的航天事业继续前行。2005 年 10 月 12 日，“神舟六号”搭载两名航天员费俊龙与聂海胜升空，一共在太空中运行了 4 天 19 小时 32 分。“神舟六号”是中国第二艘搭载太空人的飞船，也是中国第一艘执行“多人多天”任务的载人飞船。这也是人类的第 243 次太空飞行。飞船进行了中国载人航天工程的首次多人多天飞行试验，完成了中国真正意义上有人参与的空间科学实验。相比“神舟五号”，此次飞行在四个方面进行了升级与更新：第一，飞船围绕两人多天飞行任务的改进；第二，轨道舱功能使用方面的改进；第三，提高航天员安全性的改进；第四，部分技术升级与材料的更新。

2008 年 9 月 25 日，“神舟七号”搭载三名航天员翟志刚、刘伯明与景海鹏再一次出发。翟志刚身着中国研制的“飞天”舱外航天服，在身着俄罗斯“海鹰”舱外航天服的刘伯明的辅助下，进行了 19 分 35 秒的出舱活动。中国随之成为世界上第三个掌握空间出舱活动技术的国家。“神舟七号”载人航天飞行任务于 9 月 28 日取得圆满成功，中国人的足迹第一次印在了茫茫太空。多个国家的航天专家、宇航员和航天机构对此予以积极评价，认为这将会改变国际空间技术合作的格局，并期待中国成为太空领域国际合作的重要伙伴。

2011 年 11 月 1 日，“神舟八号”搭载模拟人在太空中运行了 18 天。此次飞行“神舟八号”虽然没有搭载真人，却执行了一次更艰巨的任务。“神舟八号”相比之前的飞船进行了较大的技术改进，它发射升空后，与“天宫一号”对接，成为一个小型空间站。“神舟八号”与此前发射的“天宫一号”目标飞行器进行空间交会对接。组合体运行 12 天后，“神舟八号”飞船脱离“天宫一号”，并再次与之进行交会对接试验，这标志着我国已经成功突破了空间交会对接及组合体运行等一系列关键技术。2011 年 11 月 16 日 18 时 30 分，“神舟八号”飞船与“天宫一号”目标飞行器成功分离，返回舱于 17 日 19 时许返回地面。

从“太空漫步”到“万里穿针”

2012 年 6 月 16 日，执行我国首次载人交会对接任务的“神舟九号”载人飞船，在酒泉卫星发射中心发射升空，顺利将三名航天员景海鹏、刘旺、刘洋送上太空，刘洋成为中国第一位飞向太空的女性。6 月 24 日 12 时许，“神舟九号”航天员驾驶飞船与“天宫一号”目标飞行器顺利对接，我国首次空间“手控”交会对接试验成功。这是中国首次在太空尝试“人工”控制飞行器运动姿态。“神舟九号”与“天宫一号”手控对接的顺利完成，标志着中国全面掌握了交会对接技术，成为中国航天事业又一个里程碑。

2013 年 6 月 11 日，“神舟十号”搭载聂海胜、张晓光与王亚平三名航天员飞向太空，在轨飞行 15 天。“神舟十号”又一次载着三名航天员与“天宫一号”相会，主要使命和任务有四项：一是为“天宫一号”在轨运营提供人员和物资天地往返运输任务，进一步考核交会对接、载人天地往返运输系统的功能和性能；二是进一步考核组合体对航天员生活、工作和健康的保障能力；三是开展航天器在轨维修等实（试）验和科普教育活动；四是进一步考核执行飞行任务的功能、性能和系统间协调性，验证有关改进措施的有效性。这次飞行的最大亮点是，我国首次开展中国航天员太空授课活动。

航天员王亚平于 6 月 20 日上午 10：04～10：55 授课，聂海胜担任指令长，授课内容是为中国青少年演示讲解失重环境下的基础物理实验。此次太空授课活动安排的实验项目，展示失重环境下物体运动特性、液体表面张力特性等物理现象。为确保太空授课活动顺利实施，航天员们进行了认真备课，载人航天工程各系统为太空授课活动提供了全面支持和保障。

2016 年 10 月 17 日，“神舟十一号”搭载景海鹏与陈冬升空，这次升空是持续时间最长的一次载人飞行任务，总飞行时间长达 33 天。“神舟十一号”飞船由中国空间技术研究院总研制，飞船入轨后经过 2 天独立飞行，完成与“天宫二号”空间实验室自动对接形成组合体。“神舟十一号”是中国载人航天工程三步走中从第二步到第三步的一个过渡，为中国建造载人空间站做积极准备。中国人离三步走的最终目标也越来越近了！

从“无人”到“有人”，从“一人一天”到“多人多天”，从“太空漫步”到“万里穿针”，“神舟家族”的成长史就是一部当代中国航天史的缩影，更是中国人奔向科技强国目标的实践史与奋斗史。中国梦连着科技梦，科技梦助推中国梦。一个国家要强盛，一个民族要复兴，科技进步是其根本支撑。每一次“神舟”翱翔太空的背后都是无数科学技术专家和许许多多默默无闻的工作人员长达几十年的辛勤付出，这更展现出几代中国人要实现科技强国梦的愿景！

神机超算：中国超级计算机的崛起

全球超级计算机500强榜单由国际组织“TOP500”编制，是给全球已安装的超级计算机排名的知名榜单与权威榜单。自1993年开始，“TOP500”国际组织以实测计算速度为基准每半年发布一次。“天河一号”“天河二号”“神威·太湖之光”等中国超级计算机频频登榜，这意味着中国已经在世界“超算”领域占有一席之地。过去几十年，我国超级计算机行业经历了从进口到自造，再到掌握核心技术的快速发展历程，走出了一条令国人扬眉吐气的道路。

何为超级计算机

超级计算机（super computer）又称为高性能计算机或巨型计算机，简称超算。它是指能够执行一般性的个人电脑无法处理的大量与高速运算的电脑。这种电脑具有很强的运算和处理数据的能力，其主要特点是高速度与大容量，并且配备了多种外围设备及丰富的、高功能的软件系统。这种电脑主要用在国家高科技领域和尖端技术研究领域，是一个国家科技实力的重要体现。超级计算机的发展对于一个国家的安全、经济和社会发展都具有举足轻重的作用，也是一个国家整体科技实力的标志，被世界各国公认为高新技术的制高点和21世纪最重要的科学领域之一。

自20世纪60年代以来，美、英、法、德、日等发达国家相继推出了系列超级计算机，引领世界计算机发展的方向。它们在量子力学、密码分析、气象和天气预报、石油和天然气开采以及军事等研究领域得到广泛应用，产生了巨大的社会效益。1976年，美国的超级计算机“Cray-1”实现了1亿次/秒的运算速度，标志着超级计算机时代的来临。“Cray-1”主要用于美国国防部、航天局、能源部及国家安全局等与军事关系密切的核心部门。

从“银河”白手起家

新中国成立后，我们在计算机领域可谓一片空白，但很早就意识到计算机在国防军事、国民经济建设与社会发展中的重要性。1952年，时任中国科学院数学研究所所长华罗庚就提出中国要发展计算机的建议。1956年，国务院制定的《十二年科学技术发展规划》将计算机列为六个重点项目之一，采取紧急措施以保证其发展，并筹建中国科学院计算技术研究所。两年后，中国在苏联帮助下试制出103计算机。1959年，第一台大型通用电子计算机104机研制成功。1967年9月，聂荣臻元帅提议研制更高水平的计算机，以满足发展尖端武器、增强国防实力的迫切需要。

众所周知，20 世纪 60 年代中国依靠自己的力量研制成功“两弹一星”，极大地提高了国防实力和国际地位。但当时中国的尖端科技也遇到了明显的发展瓶颈，有些重要理论研究和模拟实验，尤其是第二代核武器的发展、核动力装置的研究、航空航天飞行器的设计、军事情报分析和卫星图片判读等，需要解决大量的计算问题才有可能取得新的突破，因此迫切需要运算速度极高的计算机。没有超级计算机就没有第二代尖端武器，就不能进行准确的中长期天气预报、有效的能源开发和石油勘探等。

因此，研制超级计算机对加强中国的国防实力、发展国民经济、促进科学技术的进步等，都有十分重要的意义。而对于高性能的超级计算机，西方国家对中国实行严格的技术封锁，自主研究和开发是唯一的出路。在这样的历史背景下，我国“超算”事业从 20 世纪 70 年代悄悄起步。1972 年 10 月，国防科工委向中央建议将巨型计算机的研制列入国家重点工程项目计划。1978 年 3 月 4 日，邓小平决定把中国第一台巨型计算机的研制任务交给长沙工学院，由慈云桂担任总设计师。此后，国防科工委组织召开论证会，“785”工程任务正式启动。

经过 5 年的艰苦努力，1983 年 12 月，中国研制出第一台亿次巨型计算机，并且顺利通过国家鉴定，时任国防科委主任张爱萍亲自为其题名“银河”。“银河”亿次巨型机成为当时中国运算速度最快、存储容量最大、功能最强的计算机系统，其主要技术指标“具有国内先进水平，某些方面达到了国际先进水平”，打破了美国对中国长期的技术封锁。中国成为继美、日、法、英、德之后能够独立设计、制造巨型机的国家。中国继续加大在巨型机研究方面的投入，国防科大相继推出“银河”系列巨型机和仿真计算机，成为我国战略武器研制、航天航空飞行器设计、国民经济的预测和决策、能源开发、天气预报、图像处理、情报分析，以及各种科学研究的强大计算工具。在“银河-Ⅰ”之后我国又相继研制出不同量级的“银河”系列巨型机，逐渐将我国巨型机研制水平推向世界前列。

慈云桂院士是国防科技大学计算机研究所的创建者，而研究所则是“银河”系列巨型机的摇篮。慈云桂院士曾挥笔抒怀七绝《银河颂》以表达中国超算人的奋斗历程：“银河疑是九天来，妙算神机费剪裁。跃马横刀多壮士，披星戴月育雄才。”通过“银河-Ⅰ”亿次巨型机的研制，中国的“超算”队伍还形成了值得骄傲的“银河精神”，即“胸怀祖国、团结协作、志在高峰、奋勇拼搏”。这十六字“银河精神”是该团队自受领“银河-Ⅰ”亿次巨型计算机研制任务以来，在长期的银河工程科研实践中自觉形成的，成为他们凝聚队伍、发展事业的“精神圭臬”。1991年12月，在我国首台十亿次巨型机“银河-Ⅱ”即将研制成功之际，国防科技大学计算机系召开第四次党代会，正式把“银河精神”确定下来。

“天河”的脱颖而出

“银河”系列计算机的成功表明我国已经逐步迈入独立设计和制造巨型机的国家行列，但却因为核心处理器等关键部件与技术的短板只能受制于人，这直接导致了我国虽然是国外超级计算机的“大买家”，却无法拥有匹配的“议价权”。在科技强国的大道上，只有攻克核心技术才能有真正的出路！

2006年，国家科技部将高性能计算机作为国家发展战略予以实施，“天河”高性能计算机工程正是在这一背景下应运而生的。“天河一号”作为中国高技术研发计划的一个重大项目，是在国防科技大学“银河”系列超级计算机的基础上研制而成的。国防科技大学计算机学院科研人员在高性能计算领域为之奋斗了数十年。2009年10月29日，国防科技大学成功研制出峰值性能为每秒1 206万亿次的“天河一号”超级计算机，使中国成为继美国之后，全世界第二个能够研制千万亿次超级计算机的国家。“天河一号”具有低能耗、高安全和易使用三个技术特点。以生物信息学为例，“天河一号”可以打造更高效率和精度的解决方案，华大基因依托“天河一号”计算平台，仅用5天就完成了一次500人规模的基因高分辨率分析，而普通计算机需要约5年时间。

2014年8月28日，国家超级计算天津中心举行天河建筑信息模型（BIM）产业园揭牌暨天河建筑信息云平台发布仪式，这是我国首次以超级计算机为平台建成的第一个集建筑规划、三维设计、造价精算、模拟分析、施工管理、运行维护等于一体的建筑信息模型产业园，标志着“天河”超级计算机推广应用又迈上了一个新台阶。“天河一号”在国家超级计算天津中心、长沙中心和广州中心投入运行，广泛应用于大科学、大工程以及产业升级和信息化建设，在石油勘探、生命基因、脑科学、新材料、气候变化与气象预报、高端装备制造、互联网金融等20多个领域获得成功应用，取得了显著的经济效益和社会效益。

在“天河一号”的基础上，“天河二号”还增加了应用广与性价比高的优点，代表中国超算继续前行。2013 年下半年，它在广州超级计算中心投入运行，其先导系统已开始为生物医药、新材料等领域用户提供服务。此前，中国二氧化碳排放对大气的影响只能依据其他国家模拟测定的数据。自从有了自主知识产权的“天河”系列计算机，中国不仅拿出了自己的气候影响依据，而且数据计算方法模型还成为国际标准，为中国赢得了气候变化谈判的话语权。

“天河二号”落户广州超算中心之后就与中山大学联姻。为此，中山大学成立了国内首个超级计算学院，培养目前紧缺的超级计算机专业人才。“天河二号”仍然使用英特尔公司的芯片，但是中国自主研发的芯片已经达到了 4 000 块左右，这说明我国超级计算机对国外技术的依赖已经减弱。值得注意的是，“天河二号”的前端机系统采用了 4 096 个中国国防科技大学自主研发的 FT1500 中央处理器，它所采用的操作系统是中国国防科技大学自主研发的麒麟 Linux 操作系统。美国电影《阿凡达》的动漫制作动用了美国的超级计算机资源，总共耗时 1 年多才完成。同样的工作量，“天河二号”只需要 1 个月的时间就可以完成。

“神威”令中国超级计算机脱胎换骨

2015 年 4 月，美国政府宣布把与超级计算机相关的 4 家中国机构列入限制出口名单。“禁售”非但没有封锁科学技术的发展，反而使我国加快了自主研发核心处理的步伐。2016 年 6 月 20 日，第 47 次全球超级计算机会议在德国法兰克福召开，会议期间“TOP500”榜单正式发布，中国的“神威 · 太湖之光”取代“天河二号”登上榜首。最令人振奋的是，与使用英特尔芯片的“天河二号”相比，“神威·太湖之光”使用的是中国自主知识产权的芯片，由中国自主开发，而且速度更快、更节能！此次中国跻身500强的“超算”总数量也达到史无前例的167台，首次超过美国，位列第一。“神威·太湖之光”是国内第一台全部采用国产处理器构建的世界第一的超级计算机，它是根据国家科技部“863计划”研制的，研制周期用了近三年。

基于“神威·太湖之光”的“千万核可扩展全球大气动力学全隐式模拟”应用，获得2016年度“戈登·贝尔”奖，实现了我国在世界高性能计算应用领域这一最高奖项上的“零的突破”。国家超级计算无锡中心主任杨广文介绍“神威·太湖之光”时这样评价：“这个世界第一的超级计算机采用的中央处理器，是自主设计生产的国产芯片——申威26010众核处理器。”2018年11月12日，新一期全球超级计算机500强榜单在美国达拉斯发布，中国超算“神威·太湖之光”位列全球第三名。

中美超级计算机之间的“你追我赶”

进入21世纪第二个十年，中国的超级计算机在激烈竞争的世界“超算”舞台上崭露头角。这也意味着，在世界顶尖的超算领域内中美超算之间的“你追我赶”是在相当长的一段时间内的焦点话题。而中美超算之间的竞争主要体现在“质”与“量”两个方面：首先，对于世界第一运算能力的争夺趋于白热化程度。从“TOP500”榜单上头名的变化上就可管中窥豹。2010年11月，经过技术升级的中国“天河一号”登上榜首。2013年

6 月，“天河二号”从美国的超级计算机“泰坦”手中夺得榜首位置，并在此后 3 年“六连冠”，直至 2016 年 6 月被中国“神威·太湖之光”取代。2018 年 6 月，美国的超级计算机“顶点”超越“四连冠”的“神威·太湖之光”登顶。2018 年 11 月的“TOP500”榜单在美国达拉斯发布，美国超级计算机“顶点”蝉联冠军。中美超算之间形成了你追我赶的态势。

其次，数量上的实力对比也在悄悄发生变化。在 2018 年 11 月的“TOP500”榜单就可初见端倪。中国超级计算机上榜总数仍居第一，数量比上期进一步增加，占全部上榜的超算总量的 45% 以上。此次榜单显示：中国上榜的超算数量继续快速增长，从半年前的 206 台增加到 227 台，已占 500 强中的 45% 以上。在美国安装的超算数量则下降至 109 台，创历史新低。但在总运算能力上，美国占比 38%，中国占比 31%，表示美国的超级计算机平均运算能力更强。另一个值得关注的趋势是，中国的超算制造商在国际舞台上扮演日益重要的角色，十大超算生产商中有 4 家中国企业。

随着计算技术创新进入新一轮加速期，E 级计算、智能计算、类脑计算、量子计算等为代表的先进计算理念与模式纷纷涌现，先进计算平台已成为各国把握新一轮科技革命与产业变革的关键切入点。以“神威·太湖之光”为代表的超级计算机会百尺竿头，更进一步，为中国实现科技强国的战略目标继续前行。

蛟龙探海：中国挺进深蓝之路

“可上九天揽月，可下五洋捉鳖。”毛泽东当年在建立井冈山革命根据地时写下了这句诗，不仅表达了革命前辈们“世上无难事，只要肯登攀”一往无前的精神与斗志，也体现了中华民族对上天入海、探索未知的追求与梦想。近年来，中国在深海探测领域取得了长足的进展，形成了以“蛟龙号”和“向阳红 09”试验母船为核心的深海科考体系，那么我们为何对深海如此向往，要花费大量的人力物力进行深海探测呢？

深海，资源的宝库

如今，资源短缺已经成为人类不可忽视的问题，探索和开发海洋资源似乎是解决这一难题最为现实的办法。地球上海洋的总面积约为 3.6 亿平方公里，约占地球表面积的 71%，其中深度超过 1 000 米的海洋面积占整个海洋面积的 90%，然而目前人类只对约 5% 的海底区域进行了探索，还有 95% 的海底是未知的，可以说深海中的绝大部分区域人类还没有涉足。但是在这人类尚未涉足的广大区域里，却蕴藏着极其丰富的资源。所以如果人类想要向海洋拓展活动空间，向海洋要资源，对深海的探索刻不容缓。按照《联合国海洋法公约》的规定，海底区域的权力属于全人类，国际海底区域及其自然资源是全人类的共同继承财产。在深海海底开展的科学考察和资源勘探，有助于解决陆地资源短缺问题，服务于全人类的共同利益。

深海海底蕴藏着丰富的多金属结核、富钴结壳、多金属硫化物等矿产资源，开发和利用的潜力巨大。多金属结核又称锰结核，是由包围核心的铁、锰氢氧化物壳层组成的深海固体矿产，多以贝壳、珊瑚片、岩屑等为核心，广泛分布在深度为 4 000 到 6 000 米的海洋盆地中。富钴结壳又称铁锰结壳，生长在海底岩石表面的皮壳状铁锰氧化物，主要分布于深度在 1 000 至 3 000 米的海山和海台表面。多金属结核和富钴结壳都富含锰、铁、钴、铜和稀土等多种金属资源，有着极高的资源开发价值。多金属硫化物主要分布于深度约为 2 500 米的板内火山与大洋中脊，富含铜、锌、铅、金和银等多种金属资源，也有着极高的资源利用价值。

早在 20 世纪 80 年代，中国就已经开始进行深海矿产的资源调查。1990 年，中国大洋矿产资源研究开发协会经国务院批准成立，促进了中国深海高新技术产业的形成与发展。2001 年，中国大洋协会与国际海底管理局签订了中国首个深海矿产勘探合同，获得了东太平洋 7.5 万平方公里的多金属结核勘探合同区的专属勘探权和优先商业开采权。此后，中国又获得西南印度洋 1 万平方公里的多金属硫化物勘探合同区以及西北太平洋 3 000 平方公里的富钴结壳勘探合同区。2017 年，中国五矿集团获得了东太平洋7.3万平方公里的多金属结核勘探合同区，就此中国初步形成了3种资源、4个合同区的深海矿产勘探开发格局。

除了矿产资源，能源资源也是深海资源开发的重点研究方向。海底蕴藏着大量的石油和天然气资源，目前全球已有60多个国家和地区在深海区域进行油气勘探和开发活动，深海油气资源将成为油气资源开发的重要领域。海底蕴藏着大量天然气水合物，被称为可燃冰，根据《中国矿产资源报告（2018)》初步预测，中国海域天然气水合物资源量达到800亿吨油当量，是未来能源开发的重点对象。

深海中基因和微生物等生物资源也不容忽视，深海生物由于长期生存在黑暗、低温和高压的极端环境中，会在生长和代谢过程中产生一些具有特殊生理功能的活性物质，并且某些深海生物特异的基因结构在陆地生物中是罕见的，这使得深海成为创新药物和功能性保健食品的原料来源，也被公认为基因资源的宝库。深海极端环境中蕴藏丰富的极端微生物，如嗜热菌和嗜冷菌等，这些微生物为生物技术产业的发展提供独特资源。目前，深海生物资源开发在低温生物催化剂以及抗冻剂等方面已经取得了长足的进展。各类深海极端微生物及其基因资源在工业催化、日用化工、绿色农业、新药开发等领域的开发已取得了突破性进展，形成了数十亿美元的产业。

深海资源是陆地资源的重要接续，开展深海科学考察和资源勘探，不仅有助于应对全球资源短缺的危机，还能推动中国深海探测技术和装备能力的发展，更有助于促进全球深海治理体系的建设和人类深海开发利用活动的公平、有序和可持续发展。

“蛟龙号”的探海历程

2002 年，中国科技部将深海载人潜水器的研制列为“十五”“863 计划”海洋领域重大专项，启动“蛟龙号”载人潜水器的自主设计和研发工作。在国家海洋局所属中国大洋协会办公室的统一组织下，国内约百家科研单位与企业参与了联合攻关。其中潜水器系统由中船重工集团 702 研究所牵头研发，多个研究所负责子模块设计，比如中国科学院声学研究所负责潜水器声学通信系统、沈阳自动化研究所负责潜水器自动控制系统等。中船重工集团 701 研究所负责水面支持系统，国家海洋局北海分局负责“向阳红 09”试验母船的修理、管理与保障工作。在各科研单位与企业的共同努力下，“蛟龙号”载人潜水器于 2007 年底研制完成。

载人潜水器由于其工作环境的特殊性，无法在陆地实验室对潜水器本体以及各种设备的性能进行测试与验证。根据美国、俄罗斯等国的研发经验，“蛟龙号”需要到海上进行试验。海上试验的目的一是在实际海洋环境下，对潜水器各系统和设备进行功能调试、考核和验收；二是对潜水器的总体性能，与水面支持系统之间的工作匹配度进行考核与验收；三是培养锻炼潜航员和潜水器各岗位操作人员，形成与完善各项系统设备操作规程，制订维护手册与应急情况处理办法。在海上试验发现问题、解决问题，“蛟龙号”就这样一步步逐渐完善。

按照“由浅入深，循序渐进，安全第一”的原则，“蛟龙号”的试验海水深度分别设定为 50 米、300 米、1 000 米、3 000 米、5 000 米和 7 000 米。在试验过程中，首先由现场验收专家组随“向阳红 09”试验母船对 313 个试验项目进行现场验收。在每个阶段的试验结束后，由技术咨询专家组对现场验收结果进行评估，指出需要改进和完善的问题，有关技术责任单位再进行技术攻关，最后由海试领导小组决定是否进入下一阶段试验。2012年6月27日，在7 000米级海试的第五次试潜中，潜航员唐嘉陵驾驶“蛟龙号”在马里亚纳海沟创造了7 062米的载人深潜纪录，这也是同类型作业型潜水器最大下潜深度纪录。6月30日，“蛟龙号”顺利完成了7 000米级海试的第六次试潜，这也标志着“蛟龙号”海上试验阶段已经结束，可以开始转向试验应用阶段。

2013年，“蛟龙号”进行了3个航段的试验性应用。第一航段历时59天，6月10日从江苏江阴起航，完成了潜水器对超短基线定位系统的标定、冷泉区与海山区科学考察等相关任务，取得了丰富的生物地质样品与数据，深潜队伍也借此机会积累了经验，为第二航段和第三航段打下了坚实基础。第二航段历时23天，8月8日于厦门起航，主要任务是履行与国际海底管理局签订的《多金属结核勘探合同》义务，同时完成结核试采区沉积物工程力学参数测量、海底结核分布规律研究和诱捕巨型底栖生物。第三航段历时20天，主要任务是对比和研究采薇海山区不同深度底栖生物和结壳的分布特征，为今后中国参与该地区的环境管理提供技术支撑。自2014年开始，“蛟龙号”主要在西印度洋进行试验下潜任务，取得了丰富的生物、矿产、沉积物、海水等珍贵的深海样本。据国家深海基地管理中心透露，“蛟龙号”载人潜水器计划于2020年6月至2021年6月执行环球航次，预计沿途停靠“一带一路”的相关国家，推动与相关国家在深海研究领域的合作。

“蛟龙号”作为中国自主设计和研发的载人潜水器，拥有四大技术优势：一是在同类型作业型潜水器中具有最大的下潜深度7 062米，这意味着“蛟龙号”可以探测绝大部分深海区域；二是具有稳定的悬停能力，是“蛟龙号”完成高精度作业任务的可靠保障；三是配备了多种高性能作业工具，确保其能够在复杂极端的深海环境中完成复杂任务；四是拥有先进的微地貌探测和水声通信能力，可以高速传输图像与音频数据，能够对海底的微小目标进行识别和探测。

“蛟龙号”创造的7 062米同类型作业型潜水器最大下潜深度纪录是全体研发人员和参试人员智慧与汗水的结晶，其代表的中国载人深潜精神是一笔宝贵的财富，激励了海洋工作者为把中国建设成海洋强国的梦想而努力拼搏，也进一步激发了全社会关心海洋、保护海洋的热情。

中国深海探测的发展现状

除了“蛟龙号”载人潜水器，中国还研制了“海龙二号”缆控潜水器和“潜龙一号”自治潜水器，三个潜水器组成的“三龙”深海探测体系是当前中国深海探测的主要力量。

“海龙二号”缆控潜水器是一种遥控无人潜水器，作为一种无人有缆潜水器，有以下三点优势：一是“海龙二号”不用考虑潜航员的生存问题，较“蛟龙号”有更大的设计空间，能够应对更极端的深海环境；二是操作者能够通过电缆向“海龙二号”提供动力能源，使其在海底的作业时间不受能源的限制；三是操作者能够直接在水面上控制“海龙二号”，人为地介入能够更好地应对复杂多变的海底环境。“潜龙一号”自治潜水器是一种自主式水下机器人，作为一种无人无缆潜水器，“潜龙一号”没有电缆的限制，活动范围大、机动性好，而且不怕电缆缠绕，可进入复杂结构中，不像“海龙二号”一样需要庞大水上支持。但“潜龙一号”的续航能力较差，且只具备观察和测量功能，不具备深海作业能力。

“蛟龙号”“海龙二号”和“潜龙一号”都是我国自行设计和研发，具有自主知识产权，在深海勘查领域应用最为广泛的三类典型的潜水器。目前“蛟龙号”的新母船“深海一号”正在建造中，预计 2020 年就可以投入使用。届时新母船可同时搭载“蛟龙号”“海龙二号”和“潜龙一号”潜水器开展同船协同作业，实现“三龙一体”同船作业。到 2020 年末，就有望见到“七龙探海”深海探测体系基本成型。“七龙探海”立体深海探测网络就是在原有“三龙探海”的基础上，增加了深海钻探的“深龙号”、深海开发的“鲲龙号”、海洋数据云计算的“云龙号”以及作为立体深海科考支撑平台的“龙宫号”。“七龙”探南海，指日可待。

中国对深海的科学考察以及资源勘探并不是以霸占海洋资源为目的，而是通过对深海环境与资源的保护与研究，更积极地参与到全球海洋安全的维护工作中，这样中国才能在国际海洋事务中更有话语权，从而更好地为全人类和平利用海洋资源做出贡献。

东方之光：上海光源搭建大科学研究平台

上海光源（Shanghai Synchrotron Radiation Facility，简称SSRF）是中科院与上海市人民政府共同向国家申请建造的我国大陆第一台第三代同步辐射装置，是支撑众多学科前沿研究、高新技术研发的大型综合性实验平台。它由中国科学院上海应用物理研究所承建，坐落于上海市浦东新区张江高科技园区，是张江国家综合性科学中心首个地标。同时，它还是迄今为止我国最大的大科学装置，总投资约 14.34 亿元，在科学界和工业界有着广泛的应用价值。

何为同步辐射光

光对人类的生活和社会生产的重要性是不言而喻的。除去太阳光以及月球反射的光线，人类还需要大量的人工光源。因此，人类对人工光源的研究与开发从未停下过脚步。任何一种新人工光源的发明与利用，都标志着人类文明新的进步。例如，伦琴发明的X射线、爱迪生发明的电灯、第二次世界大战中发明的微波、20世纪60年代发明的激光等，都是人工光源发展史上的重要里程碑，都极大地促进了人类文明的进步。

然而，只有同步辐射的应用产生之后人类才在人工光源方面取得了重大突破。同步辐射是指以接近光速运动的电子在磁场中做曲线运动，改变运动方向时放出的电磁辐射，它的本质与我们日常接触的可见光和X射线一样，都属于电磁辐射。1947年，人类在电子同步加速器上首次观测到这种电磁波，并称其为同步辐射。当时，它被认为是一种妨碍获得高能量粒子的祸害，直到1965年发明了储存环，它由一系列二极磁铁（使电子做圆周轨道运动）、四极磁铁（使电子束聚焦）、直线节和补充能量的高频腔组成，可以把电子束（或正电子束）储存在环内长时期运行，在每一个弯转磁铁处都会产生同步辐射，同步辐射才开始走向实用。

人类发明了同步辐射光源，它是被誉为“神奇的光”的又一种人工光源，它在基础科学研究和高新技术产业开发应用研究中都有广泛的用途。同步辐射光源具有许多常规光源无法比拟的优良性能，例如宽的频谱范围、高光谱亮度、高光子通量、高准直性以及具有脉冲时间结构等。它已经成为材料科学、生命科学、环境科学、物理学、化学、医药学、地质学等学科领域的基础和应用研究的一种最先进的、不可替代的工具，并且在电子工业、医药工业、石油化工、生物工程和微纳加工等领域具有重要而广泛的应用。

自20世纪70年代开始，许多发达国家逐步开展同步辐射的应用研究。随着同步辐射技术和实验方法的发展和应用范围的不断开拓，对同步辐射光源的要求也不断提高。到目前为止，同步辐射光源的发展已经历了三代。

上海光源的建造

20 世纪 90 年代初，我国科学家就已经意识到通过搭建大科学的研究平台，并以此推进同步辐射光源的研究与应用。1993 年 12 月，在丁大钊、方守贤、冼鼎昌三位中科院院士的建议下，我国准备建设一台第三代同步辐射光源。翌年，中国科学院上海应用物理研究所（当时名为上海原子核研究所）向中国科学院和上海市人民政府提出了《关于在上海地区建设第三代同步辐射光源的建议报告》。1995 年 3 月，中国科学院和上海市人民政府商定，共同向国家建议，在上海建设一台第三代同步辐射装置。1997 年 6 月，国家科技领导小组批准开展上海同步辐射装置预制研究，国家计委于 1998 年 3 月正式批准其立项。进入 21 世纪之后，上海光源国家重大科学工程逐步进入实施过程。2010 年 1 月 19 日，上海光源工程顺利通过国家验收。

上海光源包括一台 150 MeV 电子直线加速器、一台全能量增强器、一台 3.5 GeV 电子储存环、已开放的 13 条光束线和 16 个实验站。上海光源具有波长范围宽、高强度、高亮度、高准直性、高偏振与准相干性、可准确计算、高稳定性等一系列比其他人工光源更优异的特性，可用以从事生命科学、材料科学、环境科学、信息科学、凝聚态物理、原子分子物理、团簇物理、化学、医学、药学、地质学等多学科的前沿基础研究，以及微电子、医药、石油、化工、生物工程、医疗诊断和微加工等高技术的开发应用的实验研究。

上海光源是体现国家重大创新能力的基础设施，也是支撑众多学科前沿基础研究、高新技术研发的大型综合性实验研究平台，它向基础研究、应用研究、高新技术开发研究各领域的用户开放。上海光源每年向用户供光 4 000～5 000 小时，所有用户均可通过申请、审查、批准程序获得上海光源实验机时。简而言之，普通的 X 光就能清晰拍摄出人体的组织和器官，而上海光源释放的光，亮度是普通 X 光的一千亿倍。更确切地讲，上海光源就相当于一个超级显微镜集群，能够帮助科研人员看清一个病毒结构、材料的微观构造和特性。

在建设过程中，上海光源的科研团队攻克了近百项关键技术。自主研发极大地推动了我国相关科学技术的发展，主要技术创新可概括为以下三个方面：其一，低发射度中能储存环；其二，高分辨光束线站；其三，光源高稳定性。通过上述技术创新，建成了总体性能进入国际前列的上海光源，使我国同步辐射光源的亮度提高了 4 个量级，实验能力极度增强，大幅度提高了空间分辨、时间分辨和能量分辨能力，原位动态被广泛应用，成为我国科技发展不可或缺的先进研究平台。

“一专多能”的大科学平台

上海光源在科学研究方面可谓“一专多能”，既能体现它在单一学科方面的优势与特色，又可以在多学科交叉与发展方面提供平台功能。根据中国科学院上海应用物理研究所谢红兰研究员的介绍，上海光源的先进成像技术可以在生物医学、材料科学与古生物学的研究上大显身手。

首先，在生物医学中得到广泛应用。尤其是同步辐射 X 射线相衬成像方法可以应用于肿瘤及脑血管疾病的早期发展和微细新生血管形态结构研究，展现其独特的优越性。简而言之，相对于传统医学成像，同步辐射医学成像具有如下的优势：第一，可获得高质量相衬图像；第二，辐射剂量远小于常规 X 射线成像所需剂量，可减少射线对人体的损害；第三，同步辐射光源的高通量窄脉冲时间结构，十分适合进行活体实时动态成像；第四，通过发展实时双能量减影技术可以得到比传统减影技术分辨率更高的血管或肺的造影图像；第五，通过发展多能量成像技术，可以定量检测与分析组织成分；第六，通过发展同步辐射 X 射线结构与功能荧光融合影像技术，可以定量检测分析组织微量元素。

其次，在材料科学中的应用。上海光源 X 射线成像及生物医学应用光束线站能提供 8～72.5 keV 的硬 X 射线，由于硬 X 射线在材料中的穿透深度大，因此硬 X 射线成像技术可以被应用于材料内部结构的无损研究，尤其是其第三代同步辐射光源高通量特性可实现实时观测动态过程，如金属结晶生长、薄膜电沉积中伴随的析氢反应，以及在表征材料的三维结构等方面已表现出明显优势。

最后，在古生物学中的应用。古生物学是研究地质历史时期生物及其演化历史的学科，主要研究对象是保存在沉积岩中各式各样的化石。化石按保存方式的不同可以分为实体化石、模铸化石、遗迹化石和分子化石四种。其中，实体化石（经石化作用保存了全部或部分生物遗体的化石）在地质历史时期形成的数量最多，加之其保存的生物体结构信息较其他类型化石要丰富，因而研究价值也最大。在研究实体化石的过程中，化石标本成像是不可或缺的研究手段之一。随着古生物学研究的不断深入，人们对实体化石标本的成像技术提出了越来越高的要求。无损成像作为最理想的成像方式颇受古生物学家的关注。目前在该领域中最受青睐的成像手段是同步辐射硬X射线断层显微成像技术。这一技术的出现给古生物学的发展带来了新的增长点，为研究化石，尤其是小型和微体化石的三维结构和超微构造提供了无与伦比的手段。

前文提到的只是上海光源在某一学科内展示出的卓越才能，它的大科学平台特点则体现在为不同学科间的相互渗透和交叉融合创造了优良条件，为组建综合性国家大型科研基地奠定了基础。上海光源还将会直接带动我国现代高性能加速器、先进电工技术、超高真空技术、高精密机械加工、X射线光学、快电子学、超大系统自动控制技术以及高稳定建筑等先进技术和工业的发展，这也将是新型催化剂研发中不可或缺的工具。

“东方之光”的累累硕果

自2010年1月通过验收之后，以上海光源为平台的各个相关学科都产出了一系列重要的科学研究成果。这些最新的成果都被刊登在国际顶级的科学期刊杂志上，充分凸显出其作为大科学平台的优势与特点。

2010年5月，上海光源用户中科院大连化学物理所包信和院士研究组与上海光源BL14W线站黄宇营研究员课题组人员密切合作，开展了纳米催化剂的原位化学反应条件的X射线吸收谱方法实验研究。他们的研究成果以研究报告的形式发表在5月28日出版的《科学》杂志上。此工作结果表明，上海光源为我国催化科学的研究提供了先进的研究平台，为前沿科学发展做出了重要的贡献。

2010年9月，上海光源（SSRF）生物大分子晶体学线站用户、清华大学医学院教授颜宁领导的研究组与生命学院王佳伟博士、龚海鹏博士，合作开展大肠杆菌岩藻糖（L-fucose）转运蛋白（FucP）结构与功能的研究，揭示了FucP在底物识别和转运，以及质子传递耦联过程中起关键作用的残基D46和E135，为理解MFS家族提供了一个新的重要研究系统，相关论文于9月27日在线在《自然》杂志上发表。

2011年，上海光源用户香港科技大学生命科学部讲座教授张明杰及他的研究团队在2月11日的《科学》杂志上发表了题为*Structure of My TH4-FERM Domains in Myosin VIIa Tail Bound to Cargo*的论文，该论文研究了肌动蛋白7a的突变如何导致先天性失聪失明。张明杰教授及他的研究团队利用在上海光源生物大分子晶体学线站BL17U采集的晶体X光衍射数据，成功解析了肌动蛋白7a与Sans。

2011年6月12日，清华大学生命学院柴继杰研究组在《自然》杂志发表了题为*Structural Insight into Brassinosteroid Perception by BRI1*的研究论文，该论文报道了BRI1（油菜素内酯受体）识别BL（油菜素内酯）的晶体结构，结合生化实验提出了BRI1活化的可能机制。上海光源生物大分子晶体学线站（BL17U）的优异性能为高分辨衍射数据的采集提供了关键的保障，对结构的顺利解析发挥了重要作用。

2016 年 1 月 15 日，国际权威学术期刊《细胞》在线发表了中国科学院微生物研究所、中国疾病预防控制中心高福院士研究团队的文章《埃博拉病毒糖蛋白结合内吞体受体 NPC1 的分子机制》，从分子水平阐释了一种新的病毒膜融合激发机制（第五种机制），这种新型机制与之前病毒学家们熟知的四种病毒膜融合激发机制大为不同，成为近年来国际病毒学领域的一大突破。该研究为抗病毒药物设计提供了新靶点，加深了人们对埃博拉病毒入侵机制的认识，为应对埃博拉病毒疫情及防控提供了重要的理论基础。

2017 年 9 月，世界著名物理学家、诺贝尔奖获得者、中国科学院院士杨振宁先生访问上海光源。杨振宁先生长期以来一直关心我国高增益自由电子激光的发展。自 1997 年 5 月起，他曾先后 10 次致信我国有关科技领导人，建议中国迅速发展 X 射线自由电子激光。他认为 X 射线自由电子激光将给生物学、化学等学科带来革命性的发展，对 21 世纪的科学与工业的影响是无法估量的，是中国极其值得发展的方向，应立即进军。

杨振宁先生对上海光源近些年来取得的科研成果给予了极高的评价与肯定，并且对上海自由电子激光的未来发展提出了重要建议："大科学平台的作用关键在于其对科学发展的贡献，在大科学平台建设过程中要充分考虑和准备如何利用它支撑科学研究、取得重大成果。在自由电子激光新技术创新方面，随着科技的不断进步，要勇于探索、不断突破，努力将理论变为现实。"上海光源将成为我国迎接知识经济时代、创立国家知识创新体系的必不可少的国家级大科学平台，它会用"东方之光"照亮中国科学事业前行的航程！

创新驱动：

新时代科技强国战略实践

嫦娥卫星：中国探月工程的先锋

人类发射航天器探测地外天体始于月球。月球是距离地球最近的天体，也是目前航天员唯一登陆其表面开展考察活动的星球。由于反射太阳光，它是人类观察夜空中最亮的天体，一般称之为月亮。随着科技的进步，人类不再满足利用各种先进的望远镜去观察月球，尤其是在航天技术领域取得重大突破后，人类开始迈出登月的第一步。1969 年 7 月 20 日，“阿波罗 11 号”终于将阿姆斯特朗等送上月球，实现了载人登月的伟大壮举，至此，人类登月的成功也逐渐揭开月球的神秘面纱。阿姆斯特朗从登月舱出来，慢慢走下扶梯，当他用左脚触及月面时，说出了那句载入人类史册的话：“这是我个人的一小步，却是人类的一大步。”从古至今，在中国的诗词歌赋中记录着大量关于月亮的神话与传说，如嫦娥奔月、吴刚伐桂、玉兔捣药等，而现在我国也加入人类探月的行列中，并且为人类探月贡献了众多的中国元素。

中国探月工程的筹备与实施

2019 年 5 月 16 日，令中国航天人振奋的消息传来，国际科学期刊《自然》发表了“嫦娥四号”年初实现月球背面软着陆后首次取得的重要科学成果。这也是中国探月工程取得的又一项阶段性的胜利，是几代中国航天人努力的成果。人们习惯把“2004年国务院正式批准绕月探测工程立项”作为中国探月事业的起点，但是为中国探月工程奠定基础的工作还要追溯到20世纪90年代初。1991年，我国航天专家就提出开展月球探测工程的设想。

1998年，国防科工委正式开始规划论证月球探测工程，并开展了先期的科技攻关。2000年11月22日，中国政府首次公布《中国的航天》白皮书，明确指出将“开展以月球探测为主的深空探测的预先研究”。至此，中国向全世界庄严宣告要向深空探测进军的号令。从2002年起，国防科工委组织科学家和工程技术人员研究月球探测工程的技术方案，经过两年多的努力，不断深化科学目标及其实施途径，落实探月工程的技术方案，建立全国大协作的工程体系，提出立足我国现有能力的绕月探测工程方案。

具有历史意义的时刻终于到来：2004年1月23日，国务院总理温家宝批准绕月探测工程立项。2004年2月25日，绕月探测工程领导小组第一次会议召开，会议通过《绕月探测工程研制总要求》，中国的航天工作者又结合中华传统文化为探月工程命名为“嫦娥工程”。2006年2月，国务院颁布《国家中长期科学和技术发展规划纲要（2006—2020)》，明确将“载人航天与探月工程”列入国家16个重大科技专项。中国科学院院士、中国月球探测计划首席科学家欧阳自远指出：2020年之前，我国的月球探测工程为“无人月球探测”，工程规划为三期，主要内容分为“绕、落、回”三步走发展计划。

深空探测一直是人类探索未知世界和获得重大科学发现的标志性科学工程。以月球探测为起点的深空探测工程，是一项非常复杂并具高风险的工程，集成大量高精尖技术成果，需要大量资金支持，被公认为是一个国家技术水平和经济实力的集中展示。大量新的科学发现和工程技术成果的取得激发越来越多的国家和组织积极参与其中。这里需要指出的是，尽管深空探测最终会关涉未来的日常生活，但很难在短期内收到效果，常常需要耗时数年乃至十数年才能见到成效，任何短视的考量，都可能带来难以估量的损失。比如，在能源开发领域，月球资源的开发利用凸显其重要的价值。月球上具有可供人类开发和利用的大量资源，尤其是所蕴藏丰富的氦-3 元素，可作为安全高效无污染的重要能源。如果利用核聚变发电，氦-3 是最安全、最清洁、无污染的能源。因此，加大对探月技术的转移和转化，将会带动整个国家高新技术的发展，同时也有利于提升我国的自主创新能力。

大显神通的“嫦娥卫星”

探月一期工程实现“绕”月探测，由我国首颗绕月人造卫星承担任务。它以中国古代神话人物嫦娥来命名，称为“嫦娥一号”。探月一期工程的科学目标是获取月球表面三维影像、分析月球表面有用元素含量和物质类型的分布特点、探测月壤特性、探测地月空间环境。“嫦娥一号”的总重量约为 2 350 千克，尺寸为 2 000 毫米 ×1 720 毫米 ×2 200 毫米，帆板展开长度为 18 米。

2007 年 10 月 24 日 18 时 05 分，“嫦娥一号”卫星在西昌卫星发射中心升空。它经地球调相轨道进入地月转移轨道，实现月球捕获后，在200公里圆轨道开展绕月探测。其间，8台科学载荷进行有效的探测，开展全局性、普查性的月球遥感探测。2007年11月26日9时40分许，来自“嫦娥一号”的一段语音和《歌唱祖国》的歌曲从月球轨道传回。中国首次月球探测工程也将第一幅月面图像通过新华社发布。任务取得圆满成功后，2009年3月1日，“嫦娥一号”卫星受控撞月，它的最初设计寿命是1年，而实际寿命是494天。

“落”作为探月二期工程的主要目标，实现月球软着陆和月面巡视勘察等，由“嫦娥二号”“嫦娥三号”“嫦娥四号”任务组成。“嫦娥二号”是“嫦娥一号”的备份星。因为“嫦娥一号”出色完成预期目标，因此没有必要再发射备份星。为最大限度节省国家资金，中国的航天科技人员对这颗“嫦娥一号”的备份星进行了一系列技术改进。由此，“嫦娥二号”成为二期工程的先导星。它是中国第二颗探月卫星、第二颗人造太阳系小行星，于2010年10月1日成功发射，直接进入地月转移轨道，实现月球捕获后，在100公里圆轨道，7种科学载荷开展多项科学探测，并为后续“嫦娥三号”任务验证部分关键技术。2011年6月9日，“嫦娥二号”完成预定各项探测任务后，飞离月球轨道，开展了日地拉格朗日L2点探测和图塔蒂斯小行星飞越探测等多项拓展试验，成为绕太阳飞行的人造小行星，目前距地球超过9 000万公里，预计2029年将再次飞回地球附近700万公里处。

“嫦娥三号”是二期工程的主要任务，于2013年12月2日发射，完成地月转移、绕月飞行和动力下降后，在月球虹湾预选着陆区安全软着陆，巡视器成功驶离着陆器并互拍成像，实现中国航天器首次地外天体软着陆与巡视勘察。“嫦娥三号”被誉为全球在月工作时间最长的“劳模”，超期服役 19 个月。“嫦娥三号”是“嫦娥工程”二期中的一个极为重要的探测器，也是中国第一个月球软着陆的无人登月探测器。中国也成为继苏联和美国之后第三个实现月面软着陆的国家。值得一提的是，在“嫦娥三号”上搭载的是中国首辆月球车，经过全球征名后，我国将它命名为“玉兔号”，它的巡视器全部是“中国制造”，国产率达到 100%。

“嫦娥四号”是在人类历史上首次实现航天器在月球背面软着陆和巡视勘察，首次实现月球背面同地球的中继通信，并与多个国家和国际组织开展具有重大意义的国际合作。“嫦娥四号”探测器，简称“四号星”，是“嫦娥三号”的备份星。它由着陆器和巡视器组成，巡视器被命名为“玉兔二号”。作为世界首个在月球背面软着陆和巡视探测的航天器，其主要任务是着陆月球表面，继续更深层次、更加全面地科学探测月球地质、资源等方面的信息。众所周知，月球的存在对于维持地球自转轴的稳定非常重要，而月球引力引起的潮汐作用甚至比太阳还要大。由于“潮汐锁定”的原因，月球的自转和公转速度相同，使得它总是只有一面朝向地球。因此，“嫦娥四号”能在月球背面进行软着陆是中国航天事业的一项重大成就。

随着“嫦娥四号”成功着陆月球背面，一系列新的科学发现将逐渐公布于众。中国科学院国家天文台李春来研究员领导的团队利用“玉兔二号”携带的可见光和近红外光谱仪的探测数据，证明了“嫦娥四号”落区月壤中存在以橄榄石和低钙辉石为主的月球深部物质。国际科学期刊《自然》于 2019 年 5 月 16 日凌晨在线发表这一重大发现，这是“嫦娥四号”实现月球背面软着陆后首次发表重要科学成果。李春来介绍："与地球相似，月球由核、幔、壳构成。科学家推断，随着月球岩浆演化，较轻的斜长石组分上浮形成月壳，而橄榄石、辉石等较重的矿物下沉形成月幔。但是，月壳比较厚，我们能接触到的月球样品都来自月球最表面的一层，而且月球已经基本没有火山和板块运动，所以在月球表面找到月球深部月幔物质的机会很少。"

国家航天局副局长、探月工程副总指挥吴艳华就"嫦娥四号"任务情况及我国后续深空探测计划进行了介绍，他指出：中国将继续实施月球探测工程，突破探测器地外天体自动采样返回技术，2019年底前后将发射"嫦娥五号"，实现区域软着陆及采样返回，探月工程将实现"绕、落、回"三步走目标。"嫦娥五号"探测器，是中国研制的首个实施无人月面取样返回的航天器，其计划在探月工程三期中完成月面取样返回任务，是该工程中最关键的探测器，也是中国探月工程的收官之战。

谱写人类未来探月的中国华章

作为离地球最近的一个天体，月球是人类开展空间探测的首选目标，也是向外层空间发展的理想基地和前哨站。人类探测和开发月球活动可概括为"探、登、驻（住）"三个阶段："探"是指用无人航天器探测和造访月球，加深对月球各个方面的认识；"登"是指用载人航天器送航天员登上月球，进行直接接触和实地考察，完成探测和试验任务后很快返回地球，并带回比无人探测器更多的月岩样品；"驻（住）"是在月球建立长期的基地，用于人类对于月球的全面研究与开发。

与 20 世纪冷战时期的探测思维不同，如今的探测都把重点放在月球科学领域某些科学问题方面，尤其在月球水冰探测、地质和内部结构探测等方面取得了比较丰厚的科学成果，极大地丰富和深化了我们对月球科学的认知。从“绕”月到“落”月，从月球“正”面到月球“背”面，从“前往”到将来“返回”，从传回数据到将来带回样品，伴随着一次次跨越，在人类探月的进程中，中国向世界提交的不仅仅是一份越来越长的成绩单，还有一份“系统、务实、高效、开放”的中国方案。在中国实施探月工程的过程中，始终体现着中国探月方案的初衷。

中国探月工程总设计师吴伟仁道出中国探月方案的主旨：“中国探月工程坚持和平利用、合作共赢的基本原则，主动开放部分资源，帮助搭载了多个国家的科学仪器设备，并将获得的宝贵原始探测数据陆续向全世界开放，得到了国际社会的充分肯定和广泛赞誉，是人类月球探测活动中一次具有里程碑意义的重大活动。”

如今的中国探月方案，正在用“开放”赋予“知识无国界”更为鲜活的内涵。历史总是会记住那些为了人类共同事业做出重要贡献的国家和人们。探测数据来之不易，中国科研人员却决定将其公之于世，“因为太阳系探测是全人类共同的事业”——这是来自中国的声音。2012 年的龙年元宵佳节，中国科学家给大家送上一份厚礼——“嫦娥二号”拍摄的 7 米分辨率的全月球影像图。当天上午，国防科技工业局发布这一中国探月工程取得的重大科技成果。

而在当时，除中国外，国际上还没有其他国家发布优于 7 米分辨率、100% 覆盖全月球表面的全月球影像图。2013 年，中国发射的“嫦娥三号”拍摄了迄今为止最清晰的月面高分辨率全彩照片。不久之后，这张全彩照片也及时向外界公布，给全世界科学家研究月球提供了第一手资料。2016 年 1 月 4 日，国际天文学联合会正式批准我国“嫦娥三号”着陆区 4 项月球地理实体命名，分别是“广寒宫”“紫微”“天市”和“太微”。此次成功命名，使以中国元素命名的月球地理实体达到 22 个。

而作为负责任的大国，中国将自己探月工程的科研成果积极地与其他国家进行分享。2017 年 3 月 16 日，在中沙两国元首见证下，共同签署了《中华人民共和国国家航天局与沙特阿拉伯王国阿卜杜勒阿齐兹国王科技城关于中国嫦娥四号任务合作的谅解备忘录》和实施协议有关规定，中沙双方共享此载荷数据，联合进行成果发布，这也是中国在“一带一路”倡议下与沿线国家在航天领域合作取得的又一成果。2018 年 6 月 14 日，国家航天局与沙特阿拉伯阿卜杜勒阿齐兹国王科技城在北京联合举行沙特月球小型光学成像探测仪的图像发布仪式。国家航天局局长张克俭和沙特科技城主席图尔基亲王共同为月球图像揭幕。

2018 年 7 月 29 日，中国国家航天局副局长吴艳华在沙特首都利雅得向图尔基主席交付沙特探月光学相机的第二批科学数据，中国驻沙特大使李华新出席交付仪式。交付仪式上，图尔基主席高度评价此次合作成果，坚定与中方航天领域合作信心，将中国作为沙特月球及深空探测领域首选的合作伙伴。李华新大使认为：中沙航天合作是中沙高科技领域合作的典范，并表示要积极发挥好使馆桥梁纽带作用，全力推动后续中沙两国的航天合作。在取得现有成绩的基础上，未来中国将继续探月工程的脚步，向载人登月和建造驻月基地的方向前进。

巧夺“天宫”：打造中国的空间站实验室

人类发明“空间站”的概念可以追溯到19世纪下半叶。在实践方面，20世纪下半叶苏联与美国先后建造了“礼炮”号系列空间站、“天空”实验室空间站、“和平”号空间站以及现在使用的国际空间站。他们的空间站都拥有一个特性，即都只有1个舱体和1个对接口，这种类型的空间站在同一时间只能接待一批宇航员，物资补给能力也十分有限。经过几十年潜心研究与无数次的实验，在建造空间站方面，中国已经做好了准备，将为人类探索深空建造出具有中国元素的新型空间站。

强国竞争的深空桥头堡

空间站是人类进行太空探索的中转站，也是人类步入太空的踏脚石。同时，深空技术领域对于每个国家而言也具有极其重要的价值：首先，在政治方面，开发深空，拥有空间能力，不仅可以提升一个国家的国际地位，同时深空技术能力也为大国竞争提供强有力的支撑，深空资源的开发也将成为一个国家强盛的源泉与动力；其次，在经济方面，开发深空具有庞大的经济潜能，这里主要体现的是人类面临的能源与资源危机。在世界人口急剧增长的背景下，获取越来越多的能源和资源是每个国家都面临的难题。而拥有较为强大的深空技术，无论是月球探测还是未来的火星探测，都将为人类获取新能源与资源打开一扇希望之门；最后，在军事方面，陆地时代的制陆权是战争制胜的主导因素。在海洋时代，争夺制海权成为大国军事战略的制高点。现在与未来，都是人类的太空时代，在太空领域占取先机，是一个强大国家在保护自身利益方面不可忽视的问题。

从历史来看，苏联与美国在空间站的建设上都投入了大量的人力、物力与财力。苏联人在建造空间站上为人类开创先河，从20世纪60年代末至70年代取得了诸多成绩。1969年，在载人航天领域占尽先机的苏联却在登月竞赛中落败，但他们并未因此泄气，而是寄希望于通过空间站的建设与美国分庭抗礼。两年后，苏联发射人类历史上第一个空间站——“礼炮1号”。从1971—1977年，苏联先后发射了7个空间站，其中5个被正式命名为“礼炮”1号至5号。1986年，苏联发射的“和平”号则是真正意义上的空间站。“和平”号在轨运行15年，先后接待过12个国家的135名宇航员，进行约1.65万次科学实验。2001年3月，“和平”号受控坠入南太平洋。虽然“和平”号完成了使命，但是空间站的部分特性和运营、维护及保障模式一直沿用至今。

美国人也不甘示弱，他们积极在空间站的建设方面推陈出新。但是，美国在建造空间站的道路上却采取了与苏联不一样的策略。美国并未连续、全系统地研制空间实验室，而是在确保掌握核心技术的基础上更多地采用了国际合作方式积累经验。美国人利用“阿波罗”登月的剩余火箭和飞船运营了一个大型空间站“天空实验室”。美国只在1973年发射过一个“天空实验室”，之后通过航天飞机与“和平”号空间站的合作项目获得了大量空间站飞行应用经验。从20世纪90年代开始，美国发起建设国际空间站项目，而1998年发射的第一个舱段却是由俄罗斯研制的。值得注意的是，虽然在国际空间站同时配置了美、俄两套独立的再生生保系统，但是国际空间站的运营管理却始终以美国为主导。在空间站建设方面，虽然美国没有达到绝对垄断的程度，单就关键技术和重点技术领域而言，美国始终保持着领先地位。

从前文综述的苏联和美国取得的成就来看，建设空间站已经成为强国之间竞争的深空桥头堡。着眼未来，空间站将是太空探索中的重要一步，只有将空间站的应用与后续的载人航天目标结合起来，才能充分利用好空间站资源，更好地发挥效益，起到承上启下的作用。中国如果想要在深空技术领域方面占有一席之地，建造中国人自己的空间站势在必行。

从“载人航天工程”到“天宫一号”

20世纪90年代初，我国在航天领域就提出了建造中国空间站的设想。1992年9月21日，中央政治局常委会批准我国载人航天工程按“三步走”发展战略实施：第一步，发射载人飞船，建成初步配套的试验性载人飞船工程，开展空间应用实验；第二步，突破航天员出舱活动技术、空间飞行器的交会对接技术，发射空间实验室，解决有一定规模的、短期有人照料的空间应用问题；第三步，建造空间站，解决有较大规模的、长期有人照料的空间应用问题。从“三步走”中可以明晰看出，从目标飞行器到空间站实验室再到空间站，中国航天人正在朝着宏伟的目标奋勇前进。

2010 年 9 月 25 日，中央批准实施空间站工程。在“神舟飞船”技术成熟之后，发射目标飞行器就成为中国航天人的下一项任务。2011 年 9 月 29 日 21 点 16 分，“天宫一号”目标飞行器由“长征二号”运载火箭送入太空，这标志着中国已经拥有建设初步空间站的能力。“天宫一号”全长 10.4 米，最大直径 3.35 米，由实验舱和资源舱构成。令全国人民对“天宫一号”记忆犹新的是，我国航天员在太空中现场教学引发无数国人的关注与称赞。

2013 年 6 月 20 日 10 点 04 分至 10 点 55 分，“神舟十号”航天员在太空中的“天宫一号”进行了我国首次太空授课活动，并取得圆满成功。这是中国最高的讲台，在远离地面 300 多千米的“天宫一号”上，“神舟十号”航天员聂海胜、张晓光、王亚平为全国青少年带来神奇的太空一课。此次太空授课主要面向中小学生，航天员在太空进行了质量测量、单摆运动、陀螺运动、制作水膜、水球等五项微重力环境下的物理实验，使中小学生和全国观众了解微重力条件下物体运动的特点、液体表面张力的作用，加深对质量、重量以及牛顿第二定律等基本物理概念的理解。航天员除进行在轨讲解和实验演示外，还与地面师生进行了双向互动交流。这次太空教学极大地激发了我国青少年追求科学的热情，极大地提升了民族自信心。

2014年9月10日，全国政协委员、中国载人航天工程办公室副主任、航天员杨利伟骄傲地告诉世界："中国将在2022年前后完成空间站的建造。"我国载人航天工程按照"三步走"发展战略推进实施。在2005年完成第一步任务目标后，以2017年"天舟一号"飞行任务结束为标志，工程第二步任务目标全部完成，我国载人航天工程全面进入空间站研制建设的新阶段。2018年4月2日，"天宫一号"目标飞行器已再入大气层，再入落区位于南太平洋中部区域，绝大部分器件在再入大气层过程中烧蚀销毁。

作为空间实验室的"天宫二号"

与"天宫一号"具有实质性的区别，"天宫二号"是我国打造的第一个真正意义上的空间实验室。"天宫二号"空间实验室是在"天宫一号"目标飞行器备份产品的基础上改进研制而成的。顾名思义，空间实验室是用于开展各类空间科学实验的实验室。它的建设过程是先发射无人空间实验室，然后再用运载火箭将载人飞船送入太空，与停留在轨道上的实验室交会对接，航天员从飞船的附加段进入空间实验室，开展工作。

"天宫二号"于2016年9月15日成功发射，由实验舱和资源舱两舱构成，设计在轨寿命2年。随着"天宫二号"的顺利升空，中国空间站建设的大幕正式拉开。2016年10月19日3时31分，"神舟十一号"载人飞船与"天宫二号"空间实验室成功实现自动交会对接。6时32分，航天员景海鹏、陈冬先后进入"天宫二号"空间实验室。中国空间技术研究院"天宫二号"

总设计师朱枞鹏介绍："空间实验室相当于太空中的实验平台，它是真正意义上的空间实验室。""天宫二号"主要开展地球观测和空间地球系统科学、空间应用新技术、空间技术和航天医学等领域的应用和试验。

通过"天宫二号"，我国首次系统开展航天员在轨中期驻留载人宜居环境设计工作，在有限的组合体空间内，集成了内部装饰、舱内活动空间规划、视觉环境与照明、废弃物处理、物品管理、无线视频通话等宜居技术。随着"天宫二号"飞行任务圆满收官，我国载人航天工程第三步任务——空间站工程已全面展开，各项研制建设工作正稳步推进。"天宫一号"和"天宫二号"为建成中国空间站奠定了坚实的基础。在 2018 年 9 月 26 日于北京举办的载人航天工程应用成果情况介绍会上，"天宫二号"空间实验室运营管理委员会研究决定："天宫二号"在轨飞行至 2019 年 7 月，之后受控离轨。

剑指"中国空间站"

2017 年 4 月 20 日，"天舟一号"货运飞船顺利升空，为中国空间站组装建造和长期运营的能源供给扫清了障碍，使中国成为世界上第三个独立掌握这一关键技术的国家。2018 年 3 月 3 日，杨利伟在全国政协十三届一次会议首场"委员通道"上表示："中国载人航天工程全面转入空间站建造阶段，进入空间站时代。经过 25 年艰苦努力，我国突破并掌握了天地往返、航天员出舱、交会对接三大基本技术，具备了建造空间站的能力。中国空间站的核心舱命名为'天和'，它是空间站的管理和控制中心，负责空间站组合体的统一管理和控制。”这振奋人心的宣言凝聚着众多中国人的航天梦想。

中国为什么要坚定地建造自己的空间站？全国政协委员、中国载人航天工程总设计师周建平做出了明确的回答：“中国航天人从零开始探索中国空间站建设，攻克了很多从未遇到过的问题。因为，你买不来别人的航天技术、买不来先进技术，或者即使买了，也可能不可控。”在未来航天领域的激烈竞争中，拥有自己的空间站是我们唯一的选择。如果说空间实验室是建设空间站的过渡，那么空间站则是走向更远空间的跳板。当我们的目光转向地月空间、火星乃至更远的地方，空间站是解决人类在空间长期生存、工作及研发新的空间飞行器技术的最佳验证平台。因此，建造中国空间站是我国航天领域的重大战略性目标。

我国空间站飞行任务即将拉开序幕，在 2019 年下半年，空间站核心舱、“长征五号”B 运载火箭和首飞载荷将先后运往文昌航天发射场，进行发射场合练。后续择机进行“长征五号”B 运载火箭首飞任务。在 2020 年前后，建成和运营近地载人空间站，使我国成为独立掌握近地空间长期载人飞行技术，具备长期开展近地空间有人参与科学技术试验和综合开发利用太空资源能力的国家。

周建平曾在接受记者采访时讲述了“空间站时代”的整体规划：“中国空间站基本构型由一个核心舱和两个实验舱组成，这三个舱每个都重达 20 吨以上。这种三舱构型可以对接两艘载人飞船、一艘货运飞船。我们计划在 2020 年前后发射空间站试验核心舱。”周建平还指出：“空间站的常态化模式是 3 名航天员长期飞行，乘组定期轮换。轮换期间，最多有 6 名航天员同时在空间站工作，完成交接后，前一个乘组再乘坐飞船返回地球。”建设具有国际先进水平的空间站，解决有较大规模的、长期有人照料的空间应用问题，是我国载人航天工程“三步走”发展战略中第三步的任务目标。按计划，空间站将于2022年前后建成，是我国长期在轨稳定运行的国家太空实验室，将全面提升我国载人航天综合应用效益水平。

许多国家的媒体已经关注到，目前唯一在轨的国际空间站将于2024年左右退役。届时，中国将成为唯一拥有在轨空间站的国家。那么，中国空间站谁来使用？周建平重申：“中国的空间站既是为中国科学家，也是为全球科学家提供的科学探索平台，他确信空间站里将涌现出更多的科学成果，有望揭示宇宙的诸多奥秘。”实际上，我国载人航天领域的国际合作早已呈现出良好的发展态势，在“神舟七号”任务中，与俄罗斯进行了舱外航天服技术方面的合作。在交会对接任务中已安排了中德合作的空间细胞实验项目，而我国第一位航天人杨利伟早就告诉世界：“中国早在首次载人航天飞行中，就搭载了联合国旗帜。”这也表现了中国人在太空探索的过程中向其他国家展示出友好的合作诚意。

探宇玄奇："悟空号"卫星与暗物质探索

好莱坞电影《变形金刚》中出现了一种超级装备——暗物质引擎，它将是人类进行星际穿越的必备技术。暗物质引擎通过暗物质和反物质的湮灭，产生高能粒子，释放出高达数万倍核能的能量，为飞船提供强大的动力。而飞船在空间飞行的过程中，又能源源不断地收集暗物质，为飞船的正常航行提供永不止歇的能量。或许有人以为这又是导演在异想天开，但这其实是人类宇宙探索的一个最新前沿。

1900 年，英国物理学家开尔文曾说过："将来的物理学已经不会有什么新发现了，剩下的只有越来越精确的测量。"不过 30 年后，量子力学和爱因斯坦的相对论彻底改变了这个预言。今天，没有一个物理学家敢断言我们对宇宙的物理知识接近于完整。相反，每一个新的发现似乎都解开了一个更大的，甚至更深层次的物理问题的潘多拉盒子。"悟空号"卫星与暗物质探索正是中国人的最新贡献。

什么是暗物质

暗物质起源于一系列天文观测的理论解释，完整的暗物质问题由瑞士科学家弗里茨·兹维基（Fritz Zwicky）在1933年解释天文观测的一些新现象时提出。目前为止，暗物质存在的多个科学证据均由天文观测给出，例如，1939年，天文学家霍勒斯·W.巴布科克（Horace W. Babcock）通过研究仙女座大星云的光谱研究，得出星系外围的区域中星体的旋转运动速度远比通过开普勒定律预期的要大，这也暗示着该星系中可能存在大量不可观测到的物质。这里的一段暗物质至今尚未被直接探测到，科学家仅有间接证据，例如星系旋转曲线描述了漩涡星系中可见天体的环绕速度和其距离星系中心距离的关系。根据对漩涡星系中可见天体质量分布的观测以及万有引力定律的计算，靠外围的天体绕星系中心旋转的运动速度应当比靠中心的天体更慢。然而对大量漩涡星系旋转曲线的测量表明，外围天体的运行速度与内部天体近乎相同，远高于预期。这暗示这些星系中存在着质量巨大的不可见物质。

20世纪80年代出现了一大批支持暗物质存在的新观测数据，包括观测背景星系团时的引力透镜效应、星系和星团中炽热气体的温度分布以及宇宙微波背景辐射的各向异性等。“存在暗物质”这一理论已逐渐得到天文学和宇宙学界的广泛认可。根据已有的观测数据综合分析，暗物质的主要成分不应该是目前已知的任何微观基本粒子。

根据暗物质假说，真正的宇宙组成可以概括为三个部分：正常物质、暗物质与暗能量。由此可见，我们对宇宙的了解还仅仅是冰山一角。虽然暗物质假说认为暗物质在宇宙中大量存在，但我们对此依旧知之甚少。为此，学者们发展了多种理论模型，给出了不同的暗物质候选者假说。当前暗物质主要候选者是运动速度远小于光速的冷暗物质。在很多新物理中都预言了标准模型之外可以作为冷暗物质候选者的粒子，其中弱相互作用大质量粒子和轴子等成为当前暗物质探测研究的主要对象。

2013 年 3 月 21 日，欧洲普朗克宇宙探测器团队发布了其最新全宇宙微波背景图。图像表明，宇宙年龄比研究人员之前的推测稍微古老一些。这张宇宙的“婴儿照”将细微的温度变化镌刻在深空中。镌刻下的印记反映出宇宙在初始时期“泛起的涟漪”，这些“涟漪”形成了目前星系团和暗物质共同组成的无比庞大的宇宙网络。该团队推算，宇宙的年龄为 137.98 ± 0.37 亿岁，由 4.9% 的普通物质、26.8% 的暗物质和 68.3% 的暗能量组成。

中国人的探索之路

暗物质实验探测方法主要分成直接探测、间接探测和加速器实验三大类。

暗物质直接探测实验主要指加速器暗物质实验，该试验通过探测常规粒子在高能对撞下的产物来研究暗物质。普通物质粒子以较高的能量对撞时可能会产生暗物质粒子。用探测暗物质粒子自身衰变或者相互碰撞后湮灭的产物来研究暗物质的基本性质。通过探测暗物质与普通物质相互碰撞后靶核的反冲能量、方向、数量及其随时间变化等参数和特性来研究暗物质粒子的基本性质。加速器暗物质实验要求加速器能够将标准模型粒子加速到较高的能量。随着实验技术和方法的不断提升，暗物质直接探测实验从 20 世纪 90 年代开始进入快速发展期。我国科学家也积极参与到国际暗物质直接探测实验中。

2003 年，清华大学暗物质实验组率先启动了自主暗物质直接探测实验，采用高纯锗探测器直接探测轻暗物质粒子。由于我国当时没有深地实验室，清华大学实验组利用韩国地下实验室开展了前期暗物质探测系统关键性能测试和研究，证实了低能量阈值高纯锗探测器在轻暗物质直接探测方面具有很强优势。2010 年，随着中国锦屏地下实验室的建设和运行，以及国家科技部 973 项目“暗物质的理论研究和实验预研”对于暗物质理论和实验研究的立项支持，我国暗物质研究进入发展快车道。

2012 年，上海交通大学领导的 PandaX 实验入驻中国锦屏地下实验室，利用液态氙探测。2014 年，PandaX 实验组发表了该实验组第一个实验结果。2017 年，PandaX 实验组给出了当时 100 千兆电子伏特能量以上国际最好实验结果。

“悟空号”上天探宇宙

中国科学家在世界宇宙科学研究领域中，已经逐步取得领先地位，随着中国整体基础科学水平的不断提升，物理学、天文学等都在不断进步。我国在宇宙空间研究方面的部分领域也逐渐超越世界多个航天大国，“悟空号”探测卫星就是我国近年来的一个重要创举。目前世界上研究暗物质的重大科学仪器很多，其中最有效的三件分别为：一是国际空间站上的阿尔法磁谱仪 2 号，能够进行暗物质监控工作，目前来看效果很不错；二是美国宇航局的费米太空望远镜。但上述暗物质仪器，实际上都有局限，即收集的数据区域相对来说比较狭小；三是著名的“悟空号”探测卫星，中国独立研究发射的“悟空号”探测卫星具有强大、全面的收集能力，让暗物质的研究进入了一个新阶段。这种暗物质粒子探测卫星与前面提到的直接探测不同，属于间接探测实验。“悟空号”的全称为暗物质粒子探测卫星（英文为 Dark Matter Particle Explorer，缩写为 DAMPE），是中国科学院空间科学战略性先导科技专项中首批立项研制的 4 颗科学实验卫星之一，也是目前世界上观测能段范围最宽、能量分辨率最优的暗物质粒子探测卫星。通过使用该种卫星探测暗物质粒子自身衰变或者相互碰撞后湮灭的产物来研究暗物质的基本性质。除了中国的“悟空号”暗物质探测卫星，还有欧洲 AMS−02 卫星实验等。

2015 年 12 月 17 日 8 时 12 分，“长征二号”丁运载火箭成功将暗物质粒子探测卫星“悟空号”发射升空。中科院紫金山天文台 2016 年 12 月 29 日通报：暗物质粒子探测卫星“悟空号”近两个月内频繁记录到来自超大质量黑洞 CTA 102 的伽马射线爆发。这是暗物质卫星科研团队自卫星上天后首次发布观测成果。“悟空号”观测到的现象表明黑洞 CTA 102 正经历新一轮活跃期。2017 年 11 月 30 日，《自然》在线发表了暗物质粒子探测卫星“悟空号”（DAMPE）取得的最新成果：在轨运行的前 530 天，“悟空号”采集了大量可用数据。基于这些数据，科研人员成功获取了目前国际上精度最高的电子宇宙射线探测结果。这是暗示暗物质粒子存在的最新证据。中科院国家空间科学中心主任吴季指出，美国费米卫星、阿尔法磁谱仪设计的观测能段有限，“悟空号”正好弥补这一不足。专家认为，电子宇宙射线能谱在

1.4 TeV 处似乎存在一个“尖锐结构”。对此有两种解释，但因为置信度不够，这个尖锐结构的电子能谱没有被确认。现在回答这是否是暗物质为时尚早。对于“悟空号”团队来说，最重要的是收集到足够的数据来确认是否有这个能谱结构。目前，“悟空号”卫星运行状态良好，正持续收集数据。一旦该尖锐能谱结构得以确证，将是粒子物理或天体物理领域的开创性发现，专家对此充满期待。

伟大探索不可停止

宇宙中 95% 以上是暗物质和暗能量，其中暗物质占 26.8%。暗物质不发光、不发出电磁波、不参与电磁相互作用，无法用任何光学或电磁波观测设备直接观测。暗物质可能产生于宇宙大爆炸。在宇宙早期某个时刻，宇宙温度非常高，粒子能量非常大。这些粒子剧烈碰撞，产生了包括暗物质在内的各种各样的物质。宇宙的结构也与暗物质有关，是促使宇宙中的普通物质在自身引力下形成特定结构的重要推手。暗物质对生命来说更是至关重要，假如没有暗物质的引力作用，我们所在的银河系将很可能无法在宇宙大爆炸后的膨胀过程中形成。

目前已知的暗物质属性仅仅包括有限的几个方面：暗物质参与引力相互作用，所以应该有质量；暗物质应是高度稳定的；暗物质基本不参与电磁相互作用，以至于暗物质基本不发光；暗物质也基本不参与强相互作用；通过计算机模拟宇宙大尺度结构形成得知，暗物质的运动速度应该是远低于光速。由此可见，这一领域的研究空间还很大。

我国自主暗物质直接探测实验取得的国际瞩目的研究成果进一步推动和加速了我国粒子物理前沿问题的研究工作。近年来，中国科学家提出了多个重大前沿问题研究计划，特别是其中的暗物质直接探测实验属于最前沿的科学课题。这些实验计划需要更大规模、更优化的实验平台条件来支撑，才有可能取得国际领先水平和突破性的研究成果。

诺尔贝奖获得者杨振宁先生曾对暗物质作如此表述：所谓暗物质、暗能量就是非常稀奇的事物，这里面可能引出基本物理学中革命性的发展，假如一个年轻人，他觉得他一生的目的就是要做革命性的发展，他应该去学天文物理学！

中国“天眼”：窥探宇宙奥秘的 FAST 射电望远镜

500 米口径球面射电望远镜（Five-hundred-meter Aperture Spherical Telescope，简称 FAST）是中国具有自主知识产权、世界最大单口径、最灵敏的射电望远镜，拥有 30 个标准足球场大的接收面积，因此被誉为中国“天眼”。FAST 工程是国家科教领导小组审议确定的“十一五”国家九大科技基础设施之一，主要的建设内容有：建设工艺系统 4 个，其中包括主动反射面系统、馈源支撑系统、测量与控制系统和馈源与接收机系统；配套土石方工程 1 项；配套辅助设施观测基地等工程 1 项。FAST 主要用于研究脉冲星、中性氢、黑洞吞噬小天体、星体演化、外星文明搜寻等。它在深空探测领域也有重要用途，当深空探测器飞行距离越来越远，地面接收和发送的信号强度越来越微弱时，就需要有强大的地面望远镜来接收这些微弱的信号，从而给人类发送那些遥远天体上的山河湖海、火山、大气、极光和闪电等信息。此外，作为国家基础科研工程，集多学科基础研究平台于一身的 FAST 工程，还涵盖物理、地理、光学及测量与控制等多学科工程技术，涉及多个学科领域和工程类别。

“天眼”何来

FAST 工程建设工期是从 2011 年 3 月 25 日至 2016 年 9 月 25 日，它的建成标志着中国射电天文事业取得了重大突破，也浓缩了几代中国科学家在射电天文领域内艰苦奋斗的历程。回顾这段历史，还要从 20 世纪射电天文学的新发现谈起。

1933 年，美国无线电工程师卡尔·央斯基（Karl Jansky）意外地发现了来自银河系中心的电磁辐射，由此开启了天文学的新篇章——射电天文学。这一新兴学科贡献了 20 世纪四大天文发现：类星体、脉冲星、星际分子和宇宙背景辐射。在这个研究领域内，一共产生了 5 项诺贝尔奖，也成为天文学重大发现的摇篮。

中国科学家在射电天文领域的研究要追溯到 20 世纪 50 年代末。那时，在党中央提出“向科学进军”口号的时代背景下，以吴有训为主导的中国科学家希望在北京建立一个现代化的天文台，即北京天文台。1959 年，国内开办了第一个射电天文培训班，这也表明新中国开始培养自己的第一批射电天文人才。经过几十年的努力与发展，在人才培养和科研成果方面中国射电天文事业取得了长足的进步与发展。

每个重大科技工程都会有一位核心的科学家。FAST 工程的灵魂就是中国科学家——南仁东。南仁东也是 FAST 的最早提出者。1993 年 9 月，国际无线电科联（URSI）第二十四届大会在日本京都召开，射电天文专门委员会根据各国射电天文学家的广泛建议，做出了成立大射电望远镜工作组（LTWG）的决议，以推动和促进新一代大射电望远镜（Large Telescope，LT）工程的研究和准备。这是一项广泛国际合作的大科学计划，LT 的主要性能将比现有的以及计划建造的最先进的射电望远镜还高一到两个数量级。在这次大会的推动下，南仁东与他的科研团队逐步开展相关研究。

1995 年，以北京天文台（中国科学院国家天文台前身）为主联合国内 20 余所大学和研究单位成立了射电“大望远镜”中国推进委员会，提出了利用中国贵州喀斯特洼地建造球反射面，即阿雷西沃型天线阵的喀斯特工程概念。中国科学家为进一步推进喀斯特概念，提出独立研制一台新型的喀斯特单元——500 米口径的主动球反射面射电望远镜，即 Five-hundred-meter Aperture Spherical Telescope，这就是 FAST。

2005 年 11 月，中国科学院院长办公会决议通过了 FAST 项目立项建议的汇报，南仁东担任 FAST 项目的首席科学家兼总工程师，他也成为“中国天眼”的发起者与奠基人。2007 年 7 月，国家发改委批复 FAST 立项建议书。翌年 10 月，国家发改委批复 FAST 的可行性研究报告，总投资 6.67 亿元人民币。此后，FAST 初步设计报告和投资概算通过了由中国科学院和贵州省发改委主持的专家评审。

2008 年 12 月 26 日，FAST 工程正式进入建设实施阶段。2009 年 3 月，FAST 工程初步设计得到了中国科学院和贵州省人民政府的联合批复，FAST 工程进入建设准备阶段。FAST 于 2011 年 3 月 25 日在大窝凼正式开工建设，各系统陆续进入实施阶段。这样看来，自 1994 年起 FAST 的预研究走过约 15 年的历程，由中国科学院国家天文台主持，全国20余所大学和研究所的百余位科技骨干参与其中。

在建造FAST之前，在上海佘山有一个直径65米的天马望远镜，北京密云有一个直径50米的射电望远镜，云南昆明有一个直径40米的射电望远镜，它们都是中国科学院天文台系统运行的射电望远镜，FAST的性能与规模远远超过这些“前辈”。德国波恩有一个100米口径的大型射电望远镜，但FAST望远镜的观测灵敏度将比它高10倍。与美国阿雷西博350米望远镜相比，“中国天眼”的综合性能也提高了约10倍，FAST能够接收到137亿光年以外的电磁信号，观测范围可达宇宙边缘。

2016年9月25日，FAST工程正式启用，并且开始接受来自宇宙深处的电磁波。2017年9月15日，南仁东逝世。新华社撰文这样评价他：“23年时间里，他从壮年走到暮年，把一个朴素的想法变成了国之重器，成就了中国在世界上独一无二的项目。缅怀南老，致敬科学精神。”2018年10月15日，中科院国家天文台宣布，经国际天文学联合会小天体命名委员会批准，国家天文台于1998年9月25日发现的国际永久编号为“79694”的小行星被正式命名为“南仁东星”。同日，由中国美术馆馆长吴为山创作捐赠的“时代楷模”天眼巨匠南仁东塑像，在“中国天眼”现场落成。

惠及贵州

1994年，时年49岁的南仁东抱着300多幅地图登上了北京到贵州的绿皮火车，跋涉在沟壑纵横、灌木丛生的贵州喀斯特无人山区，用11年的时间走遍了300多个候选地，最终选址在平塘县克度镇的大窝凼。FAST工程之所以选在我国贵州省有其特殊的原因：贵州省黔南州平塘县克度镇金科村大窝凼地区，是一个典型的喀斯特岩溶洼地。大窝凼的地形就像一个完美的球面，使FAST望远镜建造可以减少大量土石方开挖工程，节约研制建设经费。此外，FAST反射面并不是一块大镜子，而是由4 450块面板组成，它的相邻两块面板间存在的空隙也足以保证雨水流下。雨水集中到望远镜底部后可以通过地下暗河排出，这也是FAST望远镜选址喀斯特地区的重要优势。喀斯特地区洞穴系统十分发达，地下河网密布，有利于快速排水。

FAST建成之后迅速为贵州当地的整体发展提供巨大的契机，成为贵州发展的一个国际化的靓丽名片。首先，在学术方面，FAST成为国际天文学和大数据等相关领域的学术中心，原因有两点：其一，天文学是重要的基础科学，贵州省在未来会利用FAST国际化的科研制备成为天文学的研究中心，逐步增加中国天文学与国外天文学研究之间的交流；其二，2014年2月，贵州省政府发布了《贵州省大数据产业发展应用规划纲要(2014—2020)》，将大数据产业上升到全省的战略高度，并提出把贵州打造成“具有战略地位的国家西部大数据聚集区和国家云计算产业的厚积薄发高地”。因此，FAST建成后产生海量的天文数据。FAST所拥有的庞大的天文数据不仅给天文学家带来了巨大的机遇和挑战，同时也可以带动与大数据相关的研究和产业的发展。同时，FAST自身也需要解决大数据应用的计算存储、数据处理安全、数据共享交换等关键技术问题。

其次，在经济方面，FAST的建成在贵州形成独特的科技、人文和自然的奇观，是一笔庞大的发展资源。贵州可以依托FAST的地理优势与高铁相结合，多角度设计拓展线路，多层次开辟客源市场，加速贵州旅游走向市场化、国际化的步伐，带动贵州当地旅游文化产业的发展。在距离FAST项目直线距离5公里的克度镇，平塘县已经投资120多亿元，按照国家5A级景区建设标准打造一个3平方公里的天文小镇，努力打造集科研科普、旅游、教育、培训、休闲等功能于一体的旅游综合小镇。2017年上半年，“中国天眼”接待游客513.63万人次，同比增长40.1%，其中省外游客349.27万人次，同比增长40.75%；旅游总收入达到46.23亿元，同比增长43.07%。

最后，在教育方面，FAST可以提升中国科普活动的水平。FAST可以立足于对大中小学生和公众开展科普活动，从多个角度宣传贵州区域特色的科技知识，开展天文科学知识普及，提高公众科学文化素质，启发和培养青少年的科学探索精神，FAST也会让贵州成为西部地区重要的科普教育基地。贵州也可以借此契机将FAST打造成为重要的科学宣传新门户，提高贵州公众科学文化素质。

捷报初传

FAST虽然是一项科技工程，但它却是中国在重大科技工程领域综合实力的集中体现。因为，FAST的建设涉及众多高科技领域，例如天线制造、高精度定位与测量、高品质无线电接收机、传感器网络及智能信息处理、超宽带信息传输、海量数据存储与处理等。如果没有在各个方面过硬的整体实力，FAST的建造将会困难重重。FAST 的关键技术成果可应用于诸多相关领域，例如大尺度结构工程、公里范围高精度动态测量、大型工业机器人研制以及多波束雷达装置等。FAST 的建设经验将对我国制造技术向信息化、极限化和绿色化的方向发展产生深远的影响。

FAST 之所以被称为“中国天眼”，主要创新体现在以下三个方面：第一，利用贵州天然的喀斯特洼坑作为台址；第二，洼坑内铺设数千块单元组成 500 米球冠状主动反射面，在射电电源方向形成 300 米口径瞬时抛物面，使望远镜接收机能与传统抛物面天线一样处在焦点上；第三，采用轻型索拖动机构和并联机器人，实现接收机的高精度定位。预计 FAST 将在未来 20～30 年保持世界一流地位。

FAST 经过 1 年左右的紧张调试，已实现指向、跟踪、漂移扫描等多种观测模式的顺利运行。2017 年 10 月 10 日，FAST 首批成果新闻发布会上宣布成功发现并认证了 2 颗脉冲星，这是中国科学家利用国内自主建设的设备首次发现脉冲星。FAST 的首批成果极为重要的原因是，自 1967 年第一颗脉冲星被发现以来，脉冲星研究一直以来都是科学研究的前沿和热点，而且长盛不衰，被列为 20 世纪 60 年代四大天文发现之一。

国家天文台公布了最早通过认证的分别距离地球 4 100 光年和 1.6 万光年的 2 颗脉冲星信息：前者自转周期 1.83 秒，距离地球约 1.6 万光年；后者自转周期 0.59 秒，距离地球约 4 100 光年，分别由 FAST 于 2017 年 8 月 22 日和 25 日在南天银道面通过漂移扫描发现。截止到 2018 年 10 月，FAST 已探测到 59 颗优质脉冲星候选体，其中有 44 颗得到国际认证，被确认为新发现的脉冲星。搜寻和发现射电脉冲星是 FAST 的核心科学目标。银河系中有大量脉冲星，但由于其信号暗弱，易被人造电磁干扰淹没，目前只观测到一小部分。具有极高灵敏度的 FAST 是发现脉冲星的理想设备，FAST 在调试初期发现脉冲星，得益于卓有成效的早期科学规划和人才、技术储备，初步展示了 FAST 自主创新的科学能力，开启了中国射电波段大科学装置系统产生原创发现的激越时代。未来，FAST 将有望发现更多守时精准的毫秒脉冲星，对脉冲星计时阵探测引力波做出原创性贡献。

信息革命：“墨子号”卫星与量子通信

当今世界并不太平，一些霸权国家妄图牢牢把控信息霸权。美国军方认为：情报比导弹重要。一语道破了保密的重要性，正所谓“保密就是保安全，保密就是保战斗力”。密码学中，加密即把原始信息转换成不可读形式。解密是加密的逆过程，从加密过的信息中得到原始信息。经典加密法资讯易受统计攻破，资料越多则破解就越容易。20 世纪早期，包括转轮机在内的机械设备被发明出来用于加密，其中最著名的莫过于第二次世界大战中出现的密码机——恩尼格码。这些密码机器产生的密码，大大提高了密码分析难度。

进入 21 世纪，信息作为大国争雄的制高点，更激发了霸权国家的控制欲。未来信息网络正朝着多元化、宽带化、综合化、智能化的方向发展。随着各种智能终端的普及，面向 2020 年以后移动数据流量将呈现爆炸式增长。在未来信息网络中，超密集异构网络成为提高数据流量的关键技术。中国的信息技术公司在若干领域已经走在世界前列，但伴随而来的便是霸权国家的嫉妒和打压。

之前的信息革命，美国执牛耳。竞争激烈的信息革命新浪潮中，中国作为发展中大国又该如何作为？面对霸权国家的排挤，中国作为弯道超车的新兴技术国家又该如何应对？

量子纠缠与薛定谔的猫

量子力学是被爱因斯坦和玻尔用“上帝跟宇宙玩掷骰子”来形容的学科，也是研究“极度微观领域物质”的物理学分支，带来了许许多多令人震惊不已的结论，例如：相隔千里的粒子可以瞬间联系（量子纠缠）；不确定的光子可以同时去向两个方向（海森堡测不准原理）；更别提那只理论假设的猫既死了又活着（薛定谔的猫）。诸如以上，这些研究结果往往是颠覆性的，因为它们基本与人们习惯的逻辑思维相违背。如今与人类刚刚涉足量子领域的时候相比，人们不得不承认，量子力学虽然依然看起来奇异而陌生，但量子力学在过去的100年里，已经为人类带来了太多革命性的发明创造。正像《量子力学的奇妙故事》一书的引言中所述：“量子力学在哪里？你不正沉浸于其中吗？”“薛定谔的猫”是由奥地利物理学家薛定谔于1935年提出的有关猫生死叠加的著名思想实验，也是把微观领域的量子行为扩展到宏观世界的推演。这里必须要认识量子行为的一个现象：观测。

实验如下：在一个盒子里有一只猫以及少量放射性物质。之后，有50%的概率放射性物质将会衰变并释放出毒气杀死这只猫，同时另有50%的概率放射性物质不会衰变而猫将存活下来。根据经典物理学，在盒子里必将发生其中的一个结果，而外部观测者只有打开盒子才能知道里面的结果。在量子的世界里，当盒子处于关闭状态，整个系统一直保持不确定性的波态，即猫生死叠加。猫到底是死是活必须在盒子打开，外部观测者进行观测，物质以粒子形式表现后才能确定。这项实验旨在论证量子力学对微观粒子世界超乎常理的认识和理解，可这使微观不确定原理变成宏观不确定原理，即客观规律不以人的意志为转移，猫“既活又死”显然违背了常识。

量子纠缠与“薛定谔的猫”类似，只不过“薛定谔的猫”是同一事物处于不同状态的叠加，量子纠缠则是有两个以上事物都处于不同状态的叠加。这些事物彼此之间一定有明确的关系。例如，我们从北京买了一副手套，把手套中的一只寄到香港，另一只寄到纽约，那么寄到香港的是左手戴的还是右手戴的？如果香港的人收到后确认是左手的，那么纽约的人就必然收到右手的，因为手套是左右配对的。一旦寄出，寄的过程中不确定。但是一个人只要确定他手套的左右，另一个人不用观测就能够确认。这就是一个形象的量子纠缠比方。量子力学大量实验证明，如果把同一个量子体系分成几个部分，在未检测之前永远不能知道各个部分的准确状态；如果你检测其中之一，瞬间其他部分就会调整为与之相应的状态。这样的量子体系状态就叫作“纠缠态”。

潘建伟与量子通信

曾经，潘建伟是浙江东阳农村一个调皮的小男孩，跟着外婆在河塘里抓鱼，到山上摘果子；如今，他带领科研团队，实现了世界上首颗量子科学实验卫星“墨子号”的成功发射，被人们称为中国“量子之父”。中国科学院院士潘建伟的国际同行说：中国能够拥有他是一种幸运。关于量子通信的作用，潘建伟认为，信息安全对国家与个人都非常重要。量子通信在原理上可以提供一种无限安全的通信手段，大幅提升信息安全水平。

量子信号的传输利用量子纠缠态，比如有一对情侣相距非常遥远，一个在火星，一个在地球。他们可以用量子纠缠来传输一封情书的信息。如果女士在 A 点，她有光子 A；男士在 B 点，他有光子 B。光子 A 和 B 处于纠缠态。对 A 光子施加任何作用或任何信息，B 光子马上能得到。如果把这封情书的全部信息作用于 A 光子，那么 B 光子马上得到。这就是量子隐形传输中，最后的 B 点得到的是和原来完全一样的信息。经典物理传输后复制出来的只是纸上的图像信息，没有复制任何“实体”本身。而量子隐形传输从“实体”得到完整信息，从而复制出“实体”本身。

而如此前沿的科技必然需要国家顶层设计。潘建伟指出，中国目前在量子信息领域有一定的国际竞争力，甚至在部分方向上还处于国际领先地位，但也不能太乐观，有些优势受到欧美发达国家的强烈冲击。跟传统的国际科技强国相比，我国以往的科研组织模式以短期的科研项目为主，所以在满足国家战略紧迫需求，以及在科技资源的整合力度和支持强度上还是有所不足，企业对于前沿科技的投入热情，与发达国家相比有一定的差距。中国要做好科技创新，需要党和国家高瞻远瞩，进行整体布局。

“墨子号”卫星上天

“墨子号”量子科学实验卫星于 2016 年 8 月 16 日 1 时 40 分，在酒泉用“长征二号”丁运载火箭成功发射升空，这标志着我国空间科学研究又迈出重要一步。

通过光纤建构的城域量子网络通信已经开始尝试实际应用，我国在城域光纤量子通信方面已取得了国际领先的地位。量子保密通信技术已经从实验室走向产业化。经过多年的努力，中国已经跻身于国际一流的量子信息研究行列，后来者的中国实现了华丽转身。在量子通信的国际赛跑中，中国的城域量子通信技术也走在了世界前列，已经建设完成规模化量子通信城域网，大尺度光纤量子通信骨干网也即将竣工。然而，这只是开始。潘建伟认为：在城市范围内，通过光纤构建城域量子通信网络是最佳方案。但要实现远距离甚至全球量子通信，仅依靠光纤量子通信技术是远远不够的。受制于光纤不能放大量子通信信号，导致远距离传递效率很低，科学家们对此一筹莫展。2005 年，潘建伟团队实现了 13 公里自由空间量子纠缠和密钥分发实验，证明光子穿透大气层后量子态能够有效保持，从而验证了星地量子通信的可行性。近几年开展的一系列后续实验都为发射量子卫星奠定了技术基础。

“墨子号”的主要目标是通过卫星和地面站之间的量子密钥分发，实现星地量子保密通信。通过卫星中转可实现覆盖全球的量子保密通信。“墨子号”可以在千公里外的外太空以 10 kbps 的速率给地面站分发量子密钥，比地面同距离光纤量子通信水平提高了 15 个数量级以上。该项技术突破不仅使我国具备了对光纤无法覆盖的地区直接提供高安全等级量子通信保障的能力，并为我国未来构建覆盖全球的天地一体化量子保密通信网络提供了可靠的技术支撑。“墨子号”的另一前沿研究目标是量子物理基本问题检验。通过千公里量级的量子纠缠分发，首次在空间尺度检验量子力学的非定域性实现量子隐形传态。通过“墨子号”的星地纠缠分发，将使人类首次具有在空间尺度开展量子科学实验的能力，为未来在外太空开展广义相对论、量子引力等物理学基本原理的检验奠定坚实的技术基础，这是我国在基础物理学领域的又一重大贡献。

潘建伟为中国做的一道大菜

潘建伟喜欢做菜，有一手好厨艺的他经常说：搞科研就如做好菜，要有各种好原料。1999 年，潘建伟在维也纳大学博士毕业时就已经崭露头角。回国后他在中国科学技术大学负责组建量子物理和量子信息实验室。在各方的大力支持下，设备与人员都迅速到位，潘建伟的实验室正式开始运作。但这时，他注意到自己尽管已经在该领域取得一定成就，但是量子纠缠技术还不够强。他向中国科技大学申请在奥地利学习这项技术的同时兼顾国内的实验室。他深知，量子信息集多学科为一体。要想突破，必须融合不同的学科背景。他必须继续寻找各种“好材料”。

2003 年 5 月，正在北大读博士的陈帅到德国海德堡大学做交换学生。陈帅与潘建伟谈得很投机，潘建伟欣赏陈帅的能力，当场对陈帅发出邀请。2004 年底，正在进行博士论文答辩的陈帅突然接到潘建伟的邮件。2005 年，陈帅来到海德堡大学加入潘建伟小组，从事量子存储研究。潘建伟还刻意把国内实验室一批有科研潜力的学生派往国外一流大学攻读博士或者从事博士后研究。就这样，潘建伟“做菜”所需的“好原料”慢慢齐备了。2009年，潘建伟为祖国带回了一个一流科研团队。《新科学家》这样评价潘建伟团队：潘和他的同事改变了这些，使得中国科学技术大学——因而也是整个中国——牢牢地在量子计算的世界地图上占据了一席之地。2017年6月，工信部中国通信标准化协会（CCSA）成立量子通信与信息技术特设组，围绕量子保密通信标准体系的术语、应用场景、网络架构、技术要求、测试方法、应用接口等内容编制有关国家标准和行业标准。我国专家在ISO/IEC国际标准化组织也启动了QKD的全球首个国际标准项目，正式开启QKD的国际标准化进程。

相信不久的将来，量子通信与信息技术将被打上深深的中国烙印！

一飞冲天：中国大飞机的翱翔之路

2017年5月5日是一个值得纪念的日子。这一天，中国自主研制的C919大型民用客机试飞成功。前事不忘，后事之师。中国大飞机的翱翔之路历经坎坷，回顾中国的航空工业梦想与奋斗之路，对于理解今天的中国航空业发展战略，无疑是有启发意义的。

大飞机研发具有巨大潜在经济价值

21世纪之初，在中国政府酝酿大飞机工程的过程中，其实是有很大争议的。最终，中国政府下决心研发大飞机，这里的原因既简单又复杂。简单来说，研发大飞机的原因就两点：一是有钱可赚；二是具有深远的战略意义。

为什么大飞机研发具有巨大的经济价值？

2009年，波音和空客分别发表了关于未来20年的全球民航市场展望的报告。大体来说，他们的展望和预测是可信的。在干线客机方面，两家航空寡头对于2009—2028年全球民用干线飞机（100座级以上）的市场需求预测是一致的，更有意思的是，他们都认为中国经济的平稳较快增长将对市场需求产生重要的推动作用。据他们估算，中国未来20年将需要新增大飞机3 689～3 800架，直接经济价值达到4 000亿美元左右。4 000亿美元仅仅是中国市场，那么全世界呢？如果我们认同和平与发展是世界发展的主流这一判断，那么可以推断，全球大飞机市场的经济价值将是一个天文数字！

看到这里，有人要质疑：即便你造成了大飞机，国际市场也不一定买，因此，大飞机也仅限于国内市场。可是上面的论述却没有计算研发出大飞机要花多少钱。保守估计，大飞机项目的前期直接投资超过2 000亿元人民币，要真正做成，还不知道要投入多少钱。因此，即便做成了，也不一定赚钱，说不定还要赔钱。有这样疑问的人可能还不少，我们不妨来分析一下。

研发大飞机不一定赚钱这个说法本身就是有问题的。确实，如果只把未来某一段时间我们造出的飞机的售价总和与投资总额进行比对，可能会得出不合算的结果。但是，这种说法有个极大的漏洞，就是没有考虑到大飞机产业的经济溢出效应。航空工业是知识密集、技术密集、资本密集产业，产业链很长，其发展不仅能够促进本国科技进步，而且能带动大批相关产业的持续发展，其智力、技术和经济的溢出效应是难以估量的。仅以航空发动机的研制为例，据日本业界的一项研究，在单位重量创造的价值比这一数值上，船舶为1，轿车为9，计算机为300，支线飞机是800，而航空发动机高达1 400，被称为世界工业产品“王冠上的明珠”。因此，研发大飞机赚不赚钱、合不合算，根本就不是一个问题。

研发大飞机主要不是为了赚钱

研发大飞机的战略意义更是深远，非经济价值所能衡量。

先讲两个小例子。2008 年汶川特大地震令中国人民难以忘却。地震发生的最初几天，震区交通中断，地面人员难以接近受灾最严重的核心区。此时，最好的救灾方式就是空投救灾人员和物资，并通过空中力量运出受灾人员。必须肯定，人民子弟兵尽了最大的努力，媒体上已有充分的报道。可是，大家能够看到多少空投的画面和空运伤员的镜头？另一个例子，是关于中国南海的。至少现在大家都承认，我们要更好地保护祖国南海的广袤海疆，不仅海军力量要强，空中力量也要强。相当长一段时间我们在南海处于被动的局面，与我们的海空力量薄弱有很大关系，这是人所尽知的。

那么，上面这两个例子与大飞机的研发有什么关系呢？

现代航空业从其诞生开始，就带有明显的国防工业色彩，早期的飞机就最先用于军事用途上。因此，现代航空工业被认为是典型的“军民结合”产业，世界上所有的航空工业企业（尤其是波音和空客两大寡头）都是同时生产军用飞机和民用飞机，美国军方就一直是波音公司的大客户。道理很简单，主要原因在于降低成本、增加利润，根本在于技术的通用性。对于一个国家而言，民机的水平上不去，军机的水平也好不到哪里。这一点就特别适合解释中国的状况。因此，中国通过大飞机工程，提高飞机研制的水平和能力，不仅具有潜在的经济价值，其战略意义更不能用经济价值来衡量。也就是说，即使大飞机不赚钱，我们也必须研发。研发大飞机，我们的目的主要并不是为了赚钱。这一战略意图，即便我们不说，人家也是懂的，自从 2007 年中国正式立项大飞机工程以来，西方媒体已经不知道多少次在这一点上做文章了。

飞机在现代社会的特殊功能与价值日益凸显。如果说核武器是战略威慑力量，那么飞机就是战略任务的执行力量。核武器是不能轻易用的，核战争的门槛是极高的，大量的常规战略任务是要靠飞机去执行完成的。在未来，飞机将在国家的重大紧急状态中发挥无可替代的重大作用，比如抢险救灾、大规模人员与物资的紧急调动等。一旦国家进入紧急状态，95% 的民用飞机都可以转为战机使用或其他特殊用途。因此，对中国而言，不是要不要研发大飞机的问题，而是怎么样又好又快研发成功的问题。

至此，研发大飞机的重大战略意义已无需更多的讨论。接下来的问题是，中国人的航空工业梦想有着怎样的曲折历史呢？

先发展导弹还是先发展飞机

中国人的航空工业梦想，可以追溯到 20 世纪初。1909 年前后，冯如在中国大地上制造并试飞了中国人的第一架飞机。而世界上的第一架飞机，也不过是在早几年（1903）被美国人莱特兄弟发明出来。就此而言，中国人研制飞机的最初实践并不落后于世界太多。然而，当时处于列强瓜分下的中国，注定难成大事。

中国人开始认真考虑研制飞机这件大事，是在抗日战争时期。侵华日军凭借其强大的空中力量，不仅肆无忌惮地用飞机轰炸中国军队，而且还大肆轰炸中国的城镇和无辜百姓，其目的在于摧毁中国人的抗战意志。历史证明，日本帝国主义错了。面对侵华日军的暴行，中国人没有被吓倒。有识之士开始思考克敌良方，“航空救国”思潮便在这种反思中萌发，并最终成为国民政府的战略决策。

一方面，国民政府大量买进美国军用飞机，组建中国人自己的空中武装力量，甚至还邀请美国空军直接来华参加对日作战，著名的“飞虎队”和“驼峰航线”就在中国抗日战争史上留下了深刻的印记。另一方面，国民政府也为制造飞机做准备，成立航空委员会和航空研究院，建造飞机制造及修理厂，在大学里开设航空工程相关专业与课程以培养人才。钱学森就是在交通大学读书期间，受“航空救国”思想影响，毅然改变学业方向，转而主攻航空工程，并以此作为赴美深造的专业。

1949 年新中国的成立，开创了中国历史的新纪元。出于国防需要，制造飞机成为必需的战略选择。不过，那时领导人考虑的主要是制造战斗机以充实空军力量，民用飞机难以顾及。即便是制造战斗机，也主要是在苏联的帮助下进行的，后来中国自己制造的比较有名的“歼击机”系列和“歼教机”系列，都有很深的苏制飞机烙印。更重要的是，即便是空军所需的战斗机，也主要是向苏联购买，大规模研制飞机并没有成为新中国成立初期国防战略的重点，而原子弹、导弹才是重中之重。因为仅凭中国当时的经济实力、工业水平和制造能力，短时间内大批量造出飞机并入列部队用于实战，是不可能做到的事情。

中国人的航空工业梦想

中国的飞机事业，尤其是大飞机事业的转折，发生在 1970

年。那年夏天，毛泽东在上海视察，指示上海工业基础好，要造大飞机。在最高指示下，史上被称为“708”工程的研制大飞机专项任务很快上马，大型客机“运 10”的研制任务在极其艰难的状况下，快马加鞭，竟真的造出来了。

必须承认，“运 10”是一个奇迹。在不到 10 年的时间里，中国航空人用汗水和生命制造出了一架真正意义上的“运 10”大飞机！“运 10”不仅试飞成功了，而且在中国大地上进行了长时间大规模的试飞，几乎飞遍了中国的大江南北，甚至飞到了世界屋脊——西藏拉萨。按说，有了这么好的基础，假以时日，中国大飞机的辉煌应该指日可待。然而，“运 10”大飞机却于 20 世纪 80 年代中期悄然下马了。至今，除了少量航空史爱好者和老一辈航空业内人士，大部分国人并不知道历史上还有“运 10”大飞机！在很多国人的意识里，似乎中国没有能力研制大飞机！这不能不说是一个大大的遗憾。

“运 10”大飞机的下马，原因是多方面的，教训是惨痛的。有人从政治上解读，说它是特殊历史时期的产物，这注定了它的命运；有人从技术上解读，说它是模仿抄袭波音 707 飞机，并无新意，而且已经落后，还存在大量严重技术问题；有人从时代背景上解读，说改革开放之后中国急需发展航空运输业，急需购买大型民用飞机，必须走市场换技术的道路；也有人从阴谋论的视角解读，说外国势力巧妙干预，麦道和波音公司为减少竞争对手，迎合中国政策意图，以合作生产、低价提供大飞机为诱饵，让中国航空业自废武功，从此一蹶不振。

“运 10”大飞机下马的严重后果是，20 世纪 80 年代以来，中国与麦道、波音（1996 年麦道被波音兼并）的合作一次次令人沮丧地失败，让人谈大飞机色变，在此后20年的时间里，国家竟然没有发展大飞机的战略规划。而近30年却是世界航空业深刻变革的30年。且不说军事上的战略意义，单是庞大的世界民航市场的大飞机需求，全部被美国的波音和欧洲的空客两家公司瓜分，中国每年要支付巨额资金高价购买波音和空客的大飞机。令人震惊的是，空客的起步，仅仅比中国“运10”大飞机的起步早3年！

“心脏病”与“神经病”

在航空业界，有这样一个形象的说法：中国要研制成大飞机，必须攻克两大病症——“心脏病”和“神经病”。“心脏病”的意思是说，航空发动机是飞机的“心脏”，航空发动机制造技术、中国的研制水平还不过关；“神经病”是说，航电系统是飞机的“神经”，中国的研制水平也不过关。

研制大飞机，航空发动机是关键。时至今日，航空发动机已经成为人类有史以来最复杂最精密的工业产品之一，每台零件数量在万件以上，其研制工作被称作是在挑战工程科学技术的极限。正因为如此，航空发动机素有“工业王冠上的明珠”“工业之花”之美誉，被认为是人类工业革命300年来最重要的技术成果之一。从这些美誉之词中，我们可以看出航空发动机地位之重要、技术难度之高。2009年初，中国政府斥巨资在上海成立中航商用航空发动机有限责任公司；2016年8月，又成立了中国航空发动机集团公司，举全国之力，目的就在于研制出大飞机的“中国心”。

如果说发动机、机身、机翼等是飞机的硬件装置，那么航电系统就是飞机的软件装置。航电系统是飞机信息化装备的核心，是信息感知、显示和处理的中心，如果用人体器官来比喻的话，航电系统就像我们的头部器官：它是飞机的眼睛、耳朵、嘴巴和大脑。航电系统的性能和技术水平直接决定和影响着飞机的整体性能，对发挥飞机效能、节能减排、降低运输成本等方面起着十分重要的作用。可以说，没有高性能、高水平的航电系统，就不可能有真正意义上的大飞机。

简单来说，航电系统就是指飞机上所有电子系统的总和，主要包括飞行控制系统、飞机管理系统、导航系统、通信系统、显示系统、防撞系统、气象雷达等主要功能系统。时至今日，航电系统的发展经历了三代（分立式、联合式、综合模块化）、五个阶段（离散式、集中式、集中分布式、综合式、先进综合式）的演变。当前，欧美民用航空电子产业中，主要以美国的霍尼韦尔集团、柯林斯集团、法国的泰勒斯集团为主，作为系统供应商，为波音、空客的大飞机提供配套产品。欧美还有一些中小型企业也生产航电系统，主打改装或者中小型飞机市场。因此，我们不得不面对的现实是，先进的航电系统主要是欧美航空业发达国家的天下。

我国航电系统的研究主要集中在军用飞机领域，民用大飞机航电系统的研发工作起步比较晚，尚未形成有竞争优势的民机航电系统设计和综合能力。因此，国产大飞机 C919 不仅在发动机上要“借船出海”，就是在航电系统上也未能实现完全的国产化。国产大飞机 C919 航电系统的主供应商是一家名叫昂际航电的中外合资公司。

2012 年 3 月，中航工业集团和美国 GE 公司以 1∶1 的比例合资成立中航通用电气民用航电系统有限责任公司，也被叫作昂际航电。它为国产大飞机 C919 项目以及其他下一代民机项目研发基于开放平台的综合航电系统，并力图成为全球知名的一级民用航电系统公司。目前，昂际航电的主要任务是为国产大飞机 C919 项目提供综合模块化航电系统（IMA），包括核心航电系统、飞机管理系统、综合显示系统、机载维护系统和飞行记录系统。

当前，电子信息技术、网络技术、软件技术和微电子技术等高新技术飞速发展，推动着航电系统向模块化、标准化、结构化、软件化和开放化快速演变，从而进一步推动航电系统向综合化、智能化、信息化、网络化、自动化和一体化方向深入发展，中国有可能在这一进程中迎头赶上，并有所超越。

适航证与大国博弈

大飞机产业的特殊性在于，即便我们有能力制造出一架质量完全合格的大飞机，这架大飞机也未必就能飞上天。因为飞机和汽车一样，是要有合格证的。比如，路面上奔跑的每一辆汽车都是有行驶证的，这个行驶证是对汽车出厂质量的认可，有了这个行驶证，这辆汽车才能取得牌照，上路才是合法的。飞机的情况也是一样的，飞机要想飞上蓝天，也必须取得合格证。这个合格证被称为“适航证”。中国的大飞机要想取得适航证进而飞遍全球，也是非常困难的。

从专业上讲，所谓适航证，是指由适航当局根据民用航空器产品和零件合格审定的规定对民用航空器颁发的证明该航空器处于安全可用状态的证件。适航是构成国家航空安全的重要组成部分，是民机进入市场的通行证。适航的目的是保证飞行安全、维护公众利益、促进行业发展。那么，谁有资格给大飞机颁发适航证呢？在我国，当然是中国国家民航管理总局主管此事，中国的大飞机取得中国民航局的适航证，是没有问题的。关键问题是，中国的大飞机要飞出国门，单有中国政府认可的适航证是不行的，也就是说，我们必须取得世界其他国家的认可。

那么，世界上的情况是怎样的呢？目前，全世界多数国家都认可美国联邦航空管理局（FAA）和欧洲航空安全局（EASA）的审定能力及其所颁发的适航证。因此，中国的大飞机 C919 要想卖到全世界去，就必须获得这两个机构的认可。按理说，我们造好了质量过硬的大飞机，直接去申请 FAA 或 EASA 的适航证不就行了吗？而关键问题就在这里。

正因为 FAA 或 EASA 的适航证是一架大飞机得以进入国际市场的通行证，所以，适航证已经逐渐演变成航空大国保护本国民机市场的手段。如果 FAA 或 EASA 不配合我们的适航审定申请工作，后果就是大大拖延我国大飞机的研制进程，并且由此导致我们的大飞机不能及时投放市场，错失市场需求的一个个高峰期，从而直接导致我国大飞机在国内外市场上处于不利的竞争地位。因此，适航证被认为是我国研制大飞机的“软肋”，甚至被认为是决定我国民用飞机成败的重要因素。

欧美航空大国在适航证上的垄断地位和先天优势，我们是无法动摇的。我国大飞机产业还没有走完一个真正意义上的先进民用飞机研制的全过程，如何取得国外航空当局尤其是 FAA 和 EASA 的认可，获取这些机构的适航证，不仅需要航空人的努力，更需要国家力量的介入与支持。

当前，中国大飞机已经翱翔蓝天，尽管翱翔之路并不平坦，但大鹏展翅，志在寰宇。我们相信，在党中央的坚强领导下，中国大飞机事业一定能突破重重困难，在不久的将来翱翔全世界。

造岛神器：“天鲲号”自航绞吸挖泥船

海上大型疏浚装备，俗称“挖泥船”，是我国远海大规模高效吹填造陆的国之重器。大型现代化挖泥船是结构复杂、技术含量高的特种工程船，其核心技术长期被欧洲垄断并严格封锁。

2002 年，上海交通大学和上海航道局等单位开始了自主研制现代海上大型疏浚装备的步伐。在研发过程中，上海交大船舶设计团队经过大量的实践调研和分析，并在借鉴和吸收世界先进的特种作业船舶设计的经验基础上，逐步建立了集特种作业船舶环境载荷分析和作业载荷计算于一体的系统的理论分析计算方法和设计理论，完全掌握了绞吸挖泥船挖掘、定位和输送三大核心设备系统设计的核心技术和特种船舶设计开发的核心内涵，大大提升了我国疏浚业的国际竞争力，打破了国外对绞吸挖泥船的技术封锁和高度垄断。

填海造岛与海权争夺

沿海城市因为受到建设用地保有量有限和发展经济等因素的压

力，亟须向海岸开辟新土地。人工填海就是指将海岸线向前推，用人工建设的方式扩充土地面积。荷兰自13世纪起就开始大规模围海填地，如今荷兰国土的百分之二十为人工填海所得，因此有“上帝造海、荷兰造陆”之说。当今海洋强国往往会利用先进技术，以人工造地的方法扩充海权。填海造地往往采用三种方法：利用一定高度的围堰以框围一定范围，利用潮汐带来的泥沙淤积成高于海平面的陆地；或直接用海堤框围潮上带乃至潮间带以由海边取得土地；或在海岸浅水区、海岛周围，将大量沙石倾入海中造陆或构筑人工岛。其中尤以我国一衣带水的海上强邻日本为甚。

冲之鸟礁位于日本南部、西太平洋海域，属于珊瑚环礁。日本方面的描述为：高约1米，由直径仅为数米的两块岩石组成。事实上，涨潮时冲之鸟礁只有两块礁石露出水面，即东露岩（日本称“东小岛”）和北露岩（日本称“西小岛”），面积分别为1.6平方米和6.4平方米。自1987年，日本依仗自己的财力与技术开始围礁造岛，筑起混凝土墙。通过不断努力，竟然使这个不足10平方米的礁石成为人工“岛”。也就是依靠这两处弹丸大小的礁石，日本方面强力主张冲之鸟礁为岛屿，并以此为依据主张47万平方公里的专属经济区和25.5万平方公里的外大陆架。日本指“礁”为“岛”，根本目的在于扩大日本海域管辖面积。如果冲之鸟礁被认定为“岛”，将使日本得到其周边200海里的专属经济区，同时也将有助于日本争夺该区域的战略资源。该区域蕴藏大量金属矿、海底热水矿床、石油及天然气等资源。如果冲之鸟礁被认定为“岛屿”，那么周边丰富的天然资源即归日本独占。冲之鸟礁还具有非常重要的军事战略地位，其扼守东海进出太平洋的主要航道，靠近关岛、塞班岛、菲律宾和中国台湾，战略位置非常重要。

“天鲲”出航南海变

2017 年 11 月 3 日，亚洲最大绞吸挖泥船“天鲲号”在江苏启东下水，相比之前的绞吸挖泥船，“天鲲号”能够在同一时间内将更多的泥沙送至更远的目的地。2014 年以来，我国为了改善驻岛官兵和渔民的生活对若干南海岛礁进行的大规模填海造陆工程开始走上快车道。放眼全球，只有极少数海洋技术大国具备大规模填海能力并掌握大型挖沙船制造技术，后来居上的中国成功掌握了这一核心技术。中国商务部发布的 2017 年第 28 号公告显示：2017 年 6 月 1 日起为了维护国家安全，对大型挖泥船实施出口管制，未经许可，任何单位和个人不得对外出口。

“天鲲号”绞吸式挖泥船由中交天津航道局有限公司投资并设计，上海振华启东造船厂建造。“天鲲号”长 140 米，宽 27.8 米，吃水 6.5 米，设计航速 12 节，总装机功率 25 800 千瓦，最大挖深为 35 米。通过连接到船体的输送管道，“天鲲号”可以把搅碎的岩石泥沙输送到最远 15 千米以外的指定地点。额定工况下，每小时输送的固体疏浚物达 6 000 立方米。这个工作量如果换作载重 10 方的大型装载车，需要 600 辆连续工作才能完成。因此，“天鲲号”15 千米的运送距离为目前世界之最。“天鲲号”配有钢桩台车定位和三缆定位的双定位系统来作为稳固定位的双保险。此外，桥架采用了波浪补偿系统，保证了在大风浪条件下的施工安全。这些设计使“天鲲号”拥有超强的抗风浪能力。特别需要指出的是，常规绞吸挖泥船在工作时，船体会发生剧烈的震动，机舱的噪音会达到 110 分贝，这样的工作环境对船上的工作人员会造成身体和精神的巨大伤害。而“天鲲号”解决了这一公认的难题，为船上工作人员创造了一个相对舒适的工作环境。在船舶开始工作时，利用主动空气减震装置中的气囊，开始调节自身储存的空气，通过调整气囊的高度，由此隔绝船体的震动。这样的减震装置在“天鲲号”上有 148 个，分布在工作人员所在舱室的下方。当船体开始工作时，这些气囊就开始充气与放气，把震动与工作人员的所在区隔离开，保证了船上工作环境的舒适。

可见“天鲲号”的综合性能在整体上已经大大超过了此前的同类型船只。而且更重要的是，此次“天鲲号”从设计到建造完全是由中国公司完成的，中国拥有完全自主知识产权。可以说这次中国填海造陆装备得到升级后不仅会使中国填海造陆的能力得到很大提升，还会更好地促进基础设施的建设以便刺激经济的发展。而随着“天鲲号”的出现，南海周边国家深深感受到了“中国创造”所带来的巨大压力，以其微末国力数十年填海所得到的土地面积与“天鲲号”相比完全微不足道。一些西方国家不得不揭下自己的假面具，赤膊上阵公开反华。南海局势尽管依旧波云诡谲，但在一系列“中国创造”提供的澎湃力量的支持下，胜利的天平终将向正义的中国倾斜。

神器：百年磨一剑

“天鲲号”的主要制造单位，也是中国资历最深的天津航道局（前身为海河工程局）早于 1902 年即从荷兰购进了首艘挖泥船。这一时期的旧中国疏浚船舶主要以购置为主，装配、建造为辅。新中国成立后，国家增加基建投资，逐步充实船舶设备。疏浚船舶设备转为进口为主，建造资金大多依赖国家扶持，但也没有自我造血功能。2000 年以后，中国自主创新能力明显提升，由国产化改造转为完全自主设计建造，实现了质的飞跃。直到今天“天鲲号”缓缓驶出船坞，坚定而又沉着地驶向江海交汇处。这艘新晋“亚洲第一”，承载了三代中国疏浚人的梦。

第一代疏浚人的工作年代里中国的疏浚船舶主要以改造、引进国外设备为主。1964 年引进的“航津浚 102 轮”动用了国家巨额资金。这一历史阶段，国外厂商始终对中国进行技术封锁。在外国厂家的嘲笑声中，以李毓璐为代表的老一辈中国疏浚人走上了疏浚装备国产化的道路。王玉铭是李毓璐的弟子，属于第二代疏浚人。1985 年，天津航道局开始引进我国第一艘现代化大型绞吸挖泥船“津航浚 215”。王玉铭协助李毓璐负责有关国外进口零件的谈判采购工作。也是从“津航浚 215”为起点，王玉铭开始独当一面。他作为建造组组长监造的第一艘挖泥船，舱容仅 5 400 立方米。这艘船直到 2009 年仍是天航局最大主力耙吸船。

海上大型绞吸疏浚装备是远海岛礁大规模高效吹填造陆的国之重器，是南海资源开发、“一带一路”港口建设等国家战略任务和重大工程的紧迫需求。2002 年之前，中国尚不具备设计和制造大型现代化挖泥船的经验和能力，国际招标的大型疏浚与填筑工程，主要被世界上若干大型疏浚公司夺得。国家意识到如果继续依赖进口设备不仅需要巨额资金，也不能自主掌握关键技术。而且因相关公司的生产能力有限，不能满足国内基础建设和参与国际竞争的需求，严重制约了我国疏浚企业发展。

直至 2000 年前后，我国深水港建设，包括很多地区的吹填造地均急需疏浚船装备，因此天航局等单位立志于自主创新。当时促使我国自主设计制造的一个重要契机是中国第一艘大型耙吸式挖泥船“新海虎号”遭遇外国刁难：原本想由外方做设计，我们中国自己建造，但是对方拒绝了。外方一定要打包进口所有设备！如此一来，我国建造这艘船的成本会变得很高。也是自此以后，中国第三代疏浚人就开始坚持：一定要靠自己制造出世界一流的疏浚船装备。据中国船舶工业集团第708研究所副总工程师费龙透露，中国疏浚船跨越式发展正是从2004年开始。2005年，中国交建以新设合并方式重组并于2006年在香港上市。中国交建在融资200余亿港币后，拿出160多亿港币来更新装备，疏浚船装备更新也列属其中。这个过程，极大地刺激了我国疏浚船设计和制造的发展：用融资来更新装备，发展技术，做成了之前想都不敢想的超级工程。

在这样的发展环境下，天津航道局联合多个单位经过攻关，顺利完成5 000千瓦重型自航绞吸船“天鲲号”的研发设计工作。费龙回忆这段艰难曲折的历程时说：“如果我们没有十多年的装备技术建设，我们现在某些海域的建造工程，根本不可能实施。装备到了一定程度，才让人们有信心去做那种大型的工程。”

大国重器筑梦深蓝

中国人民热爱和平，“中国创造”的伟大产品可以驱赶恶狼，也可以造福人类。2018年6月，“天鲲号”于海上试航，其间，“天鲲号”进行了诸如航速测定、停船试验、回转试验、抛锚试验、操舵装置试验、船舶动力系统功能试验及其他辅助系统功能试验。白发苍苍的王玉铭始终关注着这艘巨舰。因为功勋卓著，王玉铭在本应退休的年纪多次被挽留，直到2008年才以66岁的高龄退休。但他退休后仍作为顾问奔波各地，继续为我国疏浚船的建造出力。

今天，我国自主研发制造的绞吸挖泥船要求拥有强大的挖掘和输送能力。可以在不同海况和海底地质条件下进行作业，既可疏浚坚硬的风化岩或者珊瑚礁，也可疏浚疏松的沙土、黏土和淤泥。在借鉴和吸收世界先进特种作业船舶设计经验的基础上，逐步建立了集特种作业船舶环境载荷分析和作业载荷计算于一体的系统的理论分析计算方法和设计理论，完全掌握了绞吸挖泥船挖掘、定位和输送三大核心技术和特种船舶设计开发的核心内涵。建造的系列绞吸挖泥船无论是哪种作业条件，都可以获得可观的产量。这一突破极大提升了我国疏浚业的国际竞争力，打破了国外对绞吸挖泥船的技术封锁和高度垄断。

以“天鲲号”为代表的新中国系列绞吸挖泥船现在是南海快速吹填造陆的主力军，在永兴岛、美济岛、永暑岛等 8 个岛礁建设中得到应用，依靠其强大的挖掘能力，打通了坚硬环礁口门，在不到 20 个月内吹填造岛近 14 平方公里、增加永陆面积 17 倍，创造了世人瞩目的中国速度。如今“天鲲号”早已声名远扬，后续建造的中国绞吸挖泥船也将远赴加纳助力“一带一路”建设，上海交通大学船舶设计研究所等团队仍在继续坚守，坚守造船人的精神，坚守中国造船人的担当。从 1937 年冒着战火硝烟回到祖国、103 岁高龄还牵挂着年轻人培养的杨槱院士，到深藏功名三十载、终生报国不言悔的黄旭华院士，从谭家华、何贵平到他们身后的交大造船人，一以贯之的是永恒的海洋精神，一以贯之的是那份坚守和从容。站在新时代的起点，中国造船产业必将继续展翅翱翔。

不叹伶仃：港珠澳大桥的建设历程

公元1279年，南宋爱国词人文天祥被元军押解横渡伶仃洋，在元军的船上他不禁望洋兴叹："惶恐滩头说惶恐，零丁洋里叹零丁。"《过零丁洋》这首悲壮的诗如黄钟大吕回荡在伶仃洋上。700多年后，在同一片海域上，港珠澳大桥腾空而起，将"三地相隔一水间"的香港、珠海与澳门连接起来。

港珠澳大桥的前世今生

早在1983年，香港合和实业有限公司主席胡应湘就已经提出要在珠海和香港之间修一座大桥，加强香港和广东的整体竞争力，从而使香港不再是一个孤立生存的经济区域，这也就是所谓的"伶仃洋大桥设想"。这个设想得到了时任珠海市委书记梁广大的支持，"跳出珠海论珠海"是他最常说的一句话。梁广大认为建造伶仃洋大桥能缓解珠江口东西两岸经济发展不平衡的状况，能带动珠海及整个珠三角的经济发展。1992年，珠海委托交通部公路规划设计院，对伶仃洋大桥的可行性进行研究，《伶仃洋跨海工程预可行性研究报告》就此出炉。报告为这座跨海大桥列出了两个方案：一是南线方案，在香港大屿山至珠海和澳门之间的海域建造人工岛，从人工岛再分出两路进入珠海和澳门；二是北线方案，在珠海唐家湾镇和香港屯门烂角嘴之间，跨过淇澳岛和伶仃内岛直接建桥，当时国家计委在考量资金、技术等问题后倾向于北线方案。但由于珠海、香港与澳门三方难以达成一致，珠海主导的伶仃洋大桥建设最终只修了珠海唐家湾镇至淇澳岛的一小段，伶仃洋两岸的人民还是只能望伶仃洋而兴叹。

1997 年 7 月 1 日，英国将香港交还中国。两年后的 12 月 20 日，葡萄牙将澳门交还中国。香港与澳门主权的相继回归，从政府层面上解决了港澳与内地之间大型工程合作的沟通障碍，港珠澳大桥的建设也就自然而然地再次成为各方关注的焦点。各方都清楚地认识到，这座大桥关系着粤港澳三地和珠江两岸未来经济发展格局，既涉及“一国两制”又牵动“三地”利益，容不得半点马虎。与此同时，中国内地的情况也发生了很大的变化，大桥的建造不再是珠海一市推动，深圳也想参与大桥的建设。珠海方面的态度一以贯之，由于澳门的经济辐射能力不强，只有造一座大桥解决交通限制才能享受到香港的经济辐射，缩小与深圳为代表的珠江口东岸城市的发展差距。深圳享受了第一个经济特区的改革开放红利，经济迅猛发展，俨然有成为珠三角经济圈新龙头之势。在这种情况下，深圳主张大桥要为深圳预留通道。珠海与深圳之间的竞争最终演变成大桥建造方案的争论，也就是港珠澳大桥“单双 Y”之争。

所谓“单 Y”，就是大桥一头从香港出发，另两头分别到达珠海和澳门，该方案与伶仃洋大桥的南线方案类似，为香港、珠海方面所支持。所谓“双 Y”，就是在“单 Y”方案的基础上再斜拉出一条通道连接深圳，该方案由中山大学港澳珠三角研究中心的郑天祥教授提出，“谁被边缘化了都不好！双 Y 是最好的选择”是郑教授的核心观点，“双 Y”方案也因此为深圳、广东方面所心仪。“双 Y”派认为珠江如天堑阻隔深圳与珠江西岸的沟通，大桥建成后深圳的位置变得尴尬，可能在珠三角经济圈中被边缘化，广东省方面也支持“双 Y”方案。

经过多次各方交流沟通以及专家技术研究，交通部负责人于 2004 年 11 月向媒体证实，国务院已完成对港珠澳大桥的技术研究，不考虑“双 Y”方案，倾向于“单 Y”设计。就此“单 Y”“双 Y”之争告一段落。中央“单 Y 选择”方案主要有工程技术和环境保护两方面原因，“双 Y”难以选址且初期的一次性资金投入巨大，还可能破坏白海豚栖息的水质环境。经过 5 年的环境评估和落点位置选择，港珠澳大桥工程于 2009 年 12 月 15 日正式开工。

“四化”与钢箱桥梁

伶仃洋是货运船的主要航道，每天有数千艘船舶在此穿梭航行，为了减小对海上航运的影响，港珠澳大桥的建设必须要在短时间内高效完成。为了应对这一挑战，港珠澳大桥项目设计总负责人孟凡超带领的设计团队提出了“四化”的解决办法。所谓“四化”，就是指大型化、工厂化、标准化以及装配化：大型化是把大桥的主体工程的部件化零为整，在实际装配的过程中使用大尺度的钢箱桥梁和沉管隧道构件；工厂化是指桥梁、隧道等预制构件的生产制造都在工厂里完成；标准化是指同一种构件都按照统一的工艺、统一的标准进行制造与管理；装配化是指在现场仅进行装配作业以及必要的小规模调整。“四化”的核心目标就是把传统的现场浇筑设计转化为陆上工业预控制，将生产制造以及主要的控制工作在陆上工厂预先完成，仅在海上以“搭积木”的方式完成作业，这样可以大幅减少海上作业时间与工作量，减小对船舶通行的影响，也有利于保护环境。

“四化”的提出也意味着港珠澳大桥的建造不再沿袭几十年来国内桥梁建造的传统，需要对设计、制造、装配等环节进行重新审视，下文就以钢箱桥梁为例，探讨“四化”对港珠澳大桥建设的影响。为了加快施工速度，港珠澳大桥采用了正交异性桥面板钢箱梁，这种结构的优势在于桥梁的上部结构所需的钢材较少，同时墩台等桥梁下部支撑结构的工程也相应减少，使桥梁的整体建造速度可以大幅加快，但其板件受力特性复杂，很容易出现疲劳导致的裂缝。西安交通大学的卜一之教授及其团队前后花费一年的时间，对最容易出现疲劳问题的横隔板 U 肋开槽部位、横隔板与 U 肋间焊缝部位、钢箱梁顶板与 U 肋焊缝部位、U 肋纵向对接连接部位进行多次加速加载实验，最终优化设计出的模型符合 120 年使用寿命的要求，同时也使正交异性桥面板钢箱梁的抗疲劳技术取得了重大突破。

港珠澳大桥有着全世界最长的钢箱梁造段，加上组合梁段共 29.6 公里，大桥主桥总用钢量相当于 60 座埃菲尔铁塔，但工期只有短短 36 个月，在这种工期短、工作量大、标准严的要求下，对生产制造的技术创新改革势在必行，这就催生了无马焊接技术的出现。传统的钢结构装配需要使用马板支撑底座，以保证焊缝平整，方便施工，但马板强度较低容易损毁，在对大型装置进行焊接安装时，无法提供稳定有力的支撑，对于港珠澳大桥大型化的构件来说是致命的缺陷。负责 CB01 标段钢箱梁拼装的中山马鞍岛基地的团队开发出了一种无马焊接的技术，通过焊接变形监测、翻面焊接、无损检测等措施有效地控制了 150 毫米厚板焊接变形，保证了焊缝质量，同时也为超厚板的焊接提供了借鉴和参考。

像正交异性桥面板钢箱梁的抗疲劳技术以及超厚板的无马焊接技术这样的例子在港珠澳大桥的建设过程中还有很多。港珠澳大桥的建造不仅连接了香港、珠海、澳门，推动了三地的经济发展，许多工程创新的出现也推动了国内相关学科领域的研究。

岛隧工程与沉管对接

2004 年初，时任中交公路规划设计院副院长，后来成为港珠澳大桥总设计师的孟凡超率领项目组进驻珠海，研究港珠澳大桥项目的可行性。大桥的总体设计有三种方案：全部桥梁、全部隧道、桥隧结合。全部隧道方案由于其高造价、高风险的特性首先被否决，全部桥梁的方案由于其造价低和成本低的特性受到青睐。但经过实地考察，项目组发现珠江航道船流密集，需要保证 30 万吨级油轮和 15 万吨级集装箱轮通过，同时也要保证 70 多米高的石油钻井平台通过。这样大桥高度就要修得超过 80 米，那么桥塔的高度就会超过 200 米，这在技术上和经济上都是一个巨大的挑战。同时，香港国际机场周围有着 120 米的航空限高，因此全部桥梁方案也被否决，桥隧结合方案就成了唯一选项。然而附近海域中没有合适的岛屿连接桥梁与隧道，建造两个人工岛作为桥梁与隧道的转换器这一方案的提出也就顺理成章，岛隧工程的雏形就此完成。

目前世界上有两种主流的隧道结构，即盾构隧道和沉管隧道。通俗来讲，盾构隧道就是用盾构机在海底泥土下挖出一条隧道，而沉管隧道就是在陆地上预先做好管子，再在水下一节节拼成隧道。项目组在对两个方案进行衡量后发现，虽然盾构隧道技术比较成熟，但是如果采用盾构法，会对珠江水环境造成巨大影响，且盾构法要求的人工岛的长度很长，出于环保性和经济性的考虑，项目组选择了沉管隧道方案。

由于港珠澳大桥的隧道长度很长、水深很深，且沉管隧道技术在国内还尚未成熟，所以项目组前往西方发达国家“取经”。2007 年，港珠澳大桥岛隧工程项目总经理、总工程师林鸣带领考察小组前往荷兰阿姆斯特丹，向荷兰隧道工程咨询公司（TEC）讨论隧道沉管安装合作的可能性。然而，TEC 方面开出了 1.5 亿欧元咨询费的天价，且只愿意派出 26 名咨询人员。面对这样一个近乎侮辱性的报价，林鸣沉住了气，给 TEC 方面开出 3 亿元人民币咨询费的条件，要求仅在风险最大的部分合作，但 TEC 方面仍然拒绝。考察小组引进国外先进海底沉管安装的技术和经验的想法被现实击得粉碎，同时小组成员们也意识到，天价买不回核心技术，只有走自主创新之路，才能真正解决问题。西方能做到的，中国也一定能做到！ 2010 年，“港珠澳大桥跨海集群工程建设技术研究与示范”进入科技部国家科技支撑计划项目，外海厚软基大回淤超长沉管隧道设计与施工关键技术位列五大课题的第一位。经过课题组科研人员的共同努力，终于在五年内将这一难关攻克。在此期间，课题组共发表论文 67 篇，其中被 SCI/EI 收录 37 篇；申请自主知识产权 42 项，其中已授权专利 24 件……中国沉管隧道技术就此达到世界领先水平。

港珠澳大桥的隧道部分由 33 节沉管组成，以 E1～E33 依次编号。其中第一阶段自西向东安装 28 节，第二阶段自东向西安装 5 节，最后安装 E29，通过一个长 12 米的“接头”与 E30 对接。这次“深海穿针”被媒体广泛报道，认为其堪比“神舟九号”和“天宫一号”的“太空对接”，但这次“深海穿针”也并非一帆风顺。2017 年 5 月 3 日，林鸣在项目部大本营指挥沉管的最终接头工作，但作业开始数个小时后，前方的贯通测量人员传来消息，沉管出现了 15 厘米的南向偏差，而按设计计划，南北向的偏差在 5 厘米之内。林鸣立刻召集各设计、技术方面负责人，前往现场调查。在实地勘探过程中，有的专家认为隧道内没有出现漏水的状况，而且 15 厘米的偏差并不会影响行车界限，没有必要重新来过；也有的专家提出，接头虽然在理论上是可逆的，但没有人进行过实际操作，没有 100% 成功的把握。虽然并没有造成实际问题而且重新施工难度很大，但 15 厘米偏差仍让在场的所有人如鲠在喉。最后总工程师林鸣拍板，不能让港珠澳大桥留下任何遗憾，“拔出线头，重新穿针”。经过 30 多个小时的连续施工，接头重新安装，贯通测量后显示的数据，南北向偏差 2.5 毫米，比精调前的误差降低了 60 倍。沉管对接是港珠澳大桥建设过程中的一个缩影，构成港珠澳大桥的不只是钢筋和水泥，还有无数中国劳动者的智慧与汗水。

港珠澳大桥全长 55 千米，桥梁长度为世界上最长；总投资额 1 269 亿元人民币，投资规模为世界最大；其使用 120 年的技术指标与对白海豚生态环境的保护标准放眼全世界也屈指可数，是名副其实的超级工程。港珠澳大桥建成后，将原来耗时 3 个多小时的路程缩短到 30 分钟，使内地到港澳的交通状况得到质的飞跃。港珠澳大桥背后有着一个国家、两种体制、三个特区，紧紧将祖国与港澳人民联系在一起，让今天的我们不用再在伶仃洋前叹伶仃！

万物互联：从“时代的 5G”到“5G 的时代”

如果要问 2019 年在世界科技领域内谁是最耀眼的明星，5G 将会毫无争议地当选！世界各个科技强国都将 5G 视为下一代通信技术的制高点。换言之，5G 正在全球各地生根发芽，如火如荼，势不可挡。我们也可以通过世界移动通信大会来管中窥豹：在 2 月 25 日开幕的 2019 年世界移动通信大会上，全球各大手机厂商争相发布旗下首款 5G 手机，直接将 5G 作为主题关键词的论坛和研讨会超过 20 场。

对于我们而言，5G 不仅提高了人们在日常生活中的便利，更重要的是它在未来会极大地推动中国的经济发展，根据中国信息通信研究院《5G 经济社会影响白皮书》的预测，至 2030 年，5G 技术带动的直接产出和间接产出将分别达到 6.3 万亿元和 10.6 万亿元。在建设“数字中国”的过程中 5G 不可或缺，它将继续吹响新时代科技成就中国的号角。

5G 是什么

第五代移动通信技术（The 5th Generation Mobile Communication），

缩写简称为5G。按照国际电信联盟的规定，5G网络应该满足以下四个条件：第一，下载速度达到100 Mbps；第二，上传速度达到50 Mbps；第三，延迟不超过4毫秒；第四，支持终端最高移动速度每小时500千米。要弄清楚什么是5G，还得从人类通信技术发展史中追溯答案。

人类通信技术的升级换代从1G至5G经过了约30年的历程。20世纪90年代初，人类历史上产生的第一代无线网络技术被称为“1G”，我们也可以把它称为“无线网络1.0时代”。在1G的基础上，通过不断的技术改进与升级，人类逐步迈进了2G时代。从2G技术开始，手机之间实现了可以互相发送短信息的功能。随后的3G时代迅速到来，3G时代网络更加强大。人们在2G时代能够接打电话、收发短信，3G时代还能够以一定的网速进行网页浏览。而4G时代的到来，网速极大地提高，用户能够获得比3G时代更好的网络体验。现在大多数手机用户正在享用着4G技术带给人类的各种便利。到了5G时代，得益于5G标准的统一，消费者用户只需要一种制式的手机就可以漫游天下了。

5G移动通信技术所采用的标志性的核心技术主要体现在具有超高效能的无线传输技术以及高密度的无线网络技术上。凭借“高速率、低时延、广联接”三大特征，5G不仅能提供更好的移动上网体验，更将加速社会经济变革。5G技术相比目前4G技术，从速度方面来看其峰值速率将增长数十倍。在5G时代，同一基站下的两个用户互相进行普通的通信沟通时，他们的交流数据将不再需要基站转发，而是直接从一部手机到另一部手机。这样不仅大大节省了空中资源，也加快了信息传播速度。5G的理论延时只有 1 毫秒，基本达到准实时水平。以无人驾驶车为例，在十几公里外控制中心下达一个指令，无人车几乎可以实时接收，进而执行操作。这就为无人车、无人机等无人控制设备研发和远程急救医疗等行业发展突破了现有技术的瓶颈，打开了一扇明亮的窗口。

4G 改变生活，5G 改变社会。4G 主要解决的是人与人的沟通，5G 主要解决物与物以及人与物之间的沟通。5G 技术主要面对的是“全面考虑非人之间的通信，是支撑未来数字社会的基础”，它将会重构人类的社会关系和智力水平，并且推动人类进入智慧社会阶段。由于智能终端的大规模出现，很多的工作和生活可以通过终端来解决，很多的事情也会搬到智能终端上来。物联网会在未来对大流量数据传递和高速率的需求变大，届时需要 5G 技术来支撑这一诉求。5G 时代已经到来，但是 5G 技术还能引起什么变革，仍是众多科技专家和学者探索的问题。

5G 崭露头角

有人称 2019 年是 5G 商用的元年，自 1 月开始，5G 网络就逐渐拉开神秘幕布，关于 5G 的相关话题与报道就频频出现在民众视野中。5G 技术的应用首先在视频的传输上让人耳目一新。在 2019 年春节联欢晚会上，中央广播电视总台携手中国电信、中国移动、中国联通三大电信运营商以及厂商，成功实现了基于 5G 网络的 4 K 超高清直播，不仅创造了春晚举办 37 年来的“第一次”，更充分彰显了 5G 技术的魅力。2019 年 3 月 5 日至 15 日全国“两会”在北京召开。电信运营商一如既往地给予两会最为周密的通信保障服务。与往年不同的是，2019年有了新技术的加入，5G信号覆盖“两会”新闻中心，中央广播电视总台首次实现了5G+4K+VR直播，把浓厚的科技感带上“两会”。

5G技术的又一个亮点就是在医疗领域的应用。2019年3月16日，位于解放军总医院海南医院的神经外科主任医师凌至培，通过中国移动5G网络实时传送的高清视频画面，跨越近3 000公里远程操控手术3个小时，成功为身处北京的中国人民解放军总医院的一位患者完成了“脑起搏器”植入手术。这是中国移动携手中国人民解放军总医院开展的全国首例基于5G的远程人体手术。2019年4月1日，广东省第二人民医院完成省内首次端到端双向5G + 4 K远程手术直播，让远在200公里外的基层医生看到了身临其境、纤毫毕现的“示教大片”。这是广东首例5G远程外科手术直播，也是广东在“互联网 + 医疗健康”与健康扶贫上的又一新举措。

通过上述实例可以看到，5G技术已经在人们日常生活中崭露头角，而随着技术的不断升级与相应政策的颁布，5G将在未来大有可为。2018年11月21日，重庆首个5G连续覆盖试验区建设完成。5G远程驾驶、5G无人机、虚拟现实等多项5G应用同时亮相。2019年1月，四川移动在成都地铁10号线太平园站开通全国首个5G地铁站。此后，四川移动联手成都地铁、四川铁塔及华为公司成功完成了地铁10号线从太平园站往簇锦站方向轨行区的5G测试验证，建成了全球首条5G地铁轨行区线路。

2019年2月18日，“全国首个5G火车站”在上海虹桥站启动建设。这一消息在各大媒体平台广泛传播，再度引爆公众对5G的关注。5G网络入驻年发送旅客超6 000万人次的大型高铁枢纽站，成为当下距离普通民众最近的场景之一。2019 年 3 月 30 日，全国首个行政区域 5G 网络在上海建成，随着首个 5G 手机通话的拨通，上海也成为全国首个中国移动 5G 试用城市。随着未来通讯基础设施的升级与改造，5G 会逐渐进入寻常百姓家，为人类的生活提供更多的便利与舒适。

5G 时代的世界与中国

对 5G 的重视与研发，各个国家早就摩拳擦掌。早在 2013 年 2 月，欧盟宣布将拨款 5 000 万欧元用于加快 5G 移动技术的发展，计划到 2020 年推出成熟的标准。2013 年 5 月 13 日，韩国三星电子有限公司宣布已成功开发第 5 代移动通信（5G）的核心技术，这一技术预计将于 2020 年开始推向商业化。2015 年 3 月 3 日，欧盟数字经济和社会委员古泽·奥廷格正式公布了欧盟的 5G 公司合作愿景，力求确保欧洲在下一代移动技术全球标准中的话语权。

而从 2018 年开始，5G 已经在国际重大的体育赛事上发挥作用。2018 年 2 月，韩国在平昌冬奥会上采用 5G 技术进行同步直播，是全球首次 5G 大规模应用，互动时间切片、360 度 VR 直播、自动驾驶等多项基于 5G 技术的应用给用户带来全新体验。与此同时，俄罗斯数字化经济非营利组织信息基础设施工作组同意建立 5G 网络的投资计划。2018 年 12 月，高通（Qualcomm）公司宣布推出首款商用 5G 移动平台——Qualcomm 骁龙 855 移动平台。2019 年 2 月 20 日，韩国副总理兼企划财政部部长洪南基提道：2019 年 3 月末，韩国将在全球首次实现 5G 的商用。日本也出台相应的计划在2020年东京奥运会前实现5G商用以此来支持东京奥运会。2019年2月，日本首次使用5G网络在公共道路上远程控制无人驾驶汽车。全球移动通信系统协会预测，到2025年全球5G连接数量将达14亿个，广博的市场为5G技术提供了巨大的发展空间。

面对世界各国争相投入5G的研发，中国通信技术的发展可以说是从跟跑者向领跑者角色的转变。改革开放以来，中国在通信技术领域内取得了令人瞩目的进步，但我国的通信技术起步晚于西方国家。1987年，我国部署了第一代移动通信，比世界主流晚了8年。那时，我国的移动电话公众网由美国摩托罗拉移动通信系统和瑞典爱立信移动通信系统构成。1995年，我国开始建设2G网络，比欧洲晚了4年。2G时代也意味着从模拟调制进入数字调制阶段。相对于1G，2G技术具备了高度的保密性，系统的容量也在增加，同时从这一代开始，手机也可以上网了。2G时代也是移动通信标准争夺的开始，最终GSM（全球移动通信系统）脱颖而出，成为应用最广泛的移动通信制式。

2009年，中国第一个3G网络开通，比世界上第一个3G网络开通晚了8年。3G的推广让影像电话和视频传输成为可能，使通信形式更加多样化。随之而来的是大量支持3G网络的电子产品的诞生，其中智能机的出现更是通信行业的巨大变革，这也催生了像苹果、三星这样的巨头移动电话商，同时也间接造成了曾经通讯领域的巨无霸——诺基亚迅速衰落。2013年，中国4G牌照发放，比全球第一个4G网络晚了3年。我国的通信行业正经历着从3G时代的明显落后、跟跑，到4G时代的缩小差距、并跑，再到5G时代的提前布局、领跑。而进入5G时代，中国正式从跟跑者变成领跑者。华为早在2013年11月6日宣布在2018年前投资6亿美元对5G的技术进行研发与创新，并预言在2020年用户会享受到20 Gbps的商用5G移动网络。

中国人在5G领域的努力终于得到丰硕的回报。在刚刚结束的3GPP RAN1 87次会议的5G短码方案讨论中，经过艰苦卓绝的努力和万分残酷的竞争，以中国华为公司主推的Polar Code（极化码）方案，成为5G控制信道eMBB场景编码方案。这就意味着在即将到来的5G时代，中国通信核心技术站到了世界技术制高点！这标志着中国通信标准在世界标准中实现了从一位追随者到引领者的伟大跨越。这是通信史上举世瞩目的成就，也将成为中国实现科技强国战略目标的重大突破。

国际合作与未来展望

2019年5月30日，英国主要电信运营商EE公司在英国6个城市开通5G服务，这是英国首个正式启用的5G服务。EE公司的5G服务首先在伦敦、卡迪夫、爱丁堡、贝尔法斯特、伯明翰以及曼彻斯特这六个英国主要城市开通，接下来还会陆续在布里斯托尔、利物浦等其他10个城市开通。EE公司表示，该公司的5G网络是基于现有的4G网络，选择新服务的用户将能同时接入4G和5G网络，即便在最拥挤的区域也能获得非常好的联网体验。英国EE公司首席执行官马克·阿莱拉说："在遍布英国的电信网络的基础设施中，华为的设备是重要的组成部分，我们使用的也是华为的设备。"从英国的5G使用来看，华为通过自己的努力让英国电信商肯定了中国通信技术的进步。

根据3GPP公布的5G网络标准制定进程，到2019年12月，完成满足国际电信联盟（ITU）全部要求的完整的5G标准。所以，5G对于我们而言不是将来时，而是进行时！工信部于2019年6月6日正式向中国电信、中国移动、中国联通、中国广电发放5G商用牌照。至此，我国正式进入5G商用元年。值得注意的是，中国广电成为除三大基础电信运营商外，又一个获得5G商用牌照的企业。工信部部长苗圩表示："5G支撑应用场景由移动互联网向移动物联网拓展，将构建起高速、移动、安全、泛在的新一代信息基础设施。"与此同时，5G将加速许多行业的数字化转型，并且更多用于工业互联网、车联网等，拓展大市场，带来新机遇，有力支撑数字经济蓬勃发展。

中国信息通信研究院《5G产业经济贡献》认为：预计2020至2025年，我国5G商用直接带动的经济总产出达10.6万亿元，5G将直接创造超过300万个就业岗位。多年来，我国企业积极参与全球通信标准组织、网络建设和产业推动，为全球移动通信产业的发展做出贡献。我国在5G的研究、推进过程中，也吸纳了全球的智慧。诺基亚大中华区总裁马博策（Markus Borchert）表示："将一如既往坚定地支持中国通信产业的发展，借鉴诺基亚与中国运营商及其他合作伙伴共同实现TD-LTE全球化的成功经验，支持中国在全球5G生态系统中发挥更重要的作用。"

他还指出："诺基亚对于工信部表示大力支持、鼓励跨国企业参与中国5G建设感到格外振奋，相信这一举措将确保中国5G产业健康、有序、可持续地长期发展，为中国的数字化经济转型及腾飞奠定坚实的基础。诺基亚将凭借端到端5G技术及产品，充分利用中欧合作创新的资源优势，发挥在国际化标准组织中的领导作用，结合服务全球客户的经验，为中国打造全球化的5G生态系统而努力。”工信部表示，我国将一如既往地欢迎国外企业积极参与我国5G网络建设和应用推广，共谋5G发展和创新，共同分享我国5G发展成果。显然，在5G建设方面，中国展现出与其他国家共同合作与分享的诚意。

人类对于移动通信技术的研发与需求却一刻也没有停歇。5G方兴未艾，6G已经进入各国科技专家讨论的范围之内了。第六代移动通信技术的相关概念已经在萌芽之中，而中国也丝毫没有停留在已经取得的成功之上。2018年3月，工业和信息化部部长苗圩接受央视采访时已透露：“我们已经开始着手研究6G，也就是第六代移动通信。”除了中国，美国、俄罗斯、欧盟等国家和地区也在进行相关的概念设计和研发工作。在科技强国的历史背景下，无论是5G还是6G或是更先进的通信技术，中国人通过努力与创新必定会在不远的将来创造出自己的时代！

主要参考文献

周均伦. 聂荣臻年谱 [M]. 北京：人民出版社，1999.

聂荣臻. 聂荣臻元帅回忆录 [M]. 北京：解放军出版社，2005.

葛能全. 钱三强年谱长编 [M]. 北京：科学出版社，2013.

宋任穷. 宋任穷回忆录（第 2 版）[M]. 北京：解放军出版社，2007.

叶永烈. 钱学森 [M]. 上海：上海交通大学出版社，2010.

东方鹤. 张爱萍传 [M]. 北京：人民出版社，2000.

梁东元. 中国飞天大传 [M]. 武汉：湖北人民出版社，2007.

樊洪业. 中国科学院编年史（1949—1999）[M]. 上海：上海科技教育出版社，1999.

陈建新. 当代中国科学技术发展史 [M]. 武汉：湖北教育出版社，1994.

中国原子能科学研究院. 中国原子能科学研究院简史 [M]. 北京：原子能出版社，2010.

董光璧. 二十世纪中国科学 [M]. 北京：北京大学出版社，2010.

李觉. 当代中国的核工程 [M]. 北京：当代中国出版社，2009.

刘戟锋. 两弹一星与大科学 [M]. 济南：山东教育出版社，2004.

陶纯，陈怀国. 国家命运——中国“两弹一星”的秘密历程 [M]. 上海：上海文艺出版社，2011.

[美] 约翰・W. 刘易斯. 中国原子弹的制造 [M]. 北京：原子能出版社，1990.
中国科学院学部联合办公室. 中国科学院院士自述 [M]. 上海：上海教育出版社，1996.
中国工程院学部工作局. 中国工程院院士自述 [M]. 上海：上海教育出版社，1998.
杨连新. 见证中国核潜艇 [M]. 北京：海洋出版社，2013.
饶毅，张大庆，黎润红. 呦呦有蒿——屠呦呦与青蒿素 [M]. 北京：中国科学技术出版社，2015.
《屠呦呦传》编写组. 屠呦呦传 [M]. 北京：人民出版社，2015.
屠呦呦. "523" 任务与青蒿素研发访谈录 [M]. 武汉：湖南教育出版社，2015.
吴文俊. 走自己的路：吴文俊口述自传 [M]. 武汉：湖南教育出版社，2015.
柯琳娟. 吴文俊传 [M]. 南京：江苏人民出版社，2009.
胡作玄. 吴文俊之路 [M]. 上海：上海科学技术出版社，2002.
姜伯驹，等. 吴文俊与中国数学 [M]. 上海：上海交通大学出版社，2010.
吴文俊. 吴文俊全集 [M]. 济南：山东教育出版社，1986.
王元. 华罗庚（修订版）[M]. 南昌：江西教育出版社，1999.
丘成桐，等. 传奇数学家华罗庚：纪念华罗庚诞辰 100 周年 [M]. 北京：高等教育出版社，2010.
顾迈南. 华罗庚传 [M]. 上海：复旦大学出版社，1998.
文璐. 华罗庚 [M]. 北京：中国和平出版社，1996.
王元，等. 华罗庚的数学生涯 [M]. 北京：科学出版社，2000.
林承谟. 华罗庚的故事 [M]. 武汉：华中科技大学出版社，2000.
汤钟音. 百年华罗庚 [M]. 南京：江苏教育出版社，2008.
陈景润. 哥德巴赫猜想 [M]. 沈阳：辽宁教育出版社，1987.
陈景润. 陈景润文集 [M]. 南昌：江西教育出版社，1998.

王丽丽，等. 陈景润传 [M]. 北京：新华出版社，1998.
刘培杰. 从哥德巴赫到陈景润 [M]. 哈尔滨：哈尔滨工业大学出版社，2008.
罗声雄. 一个真实的陈景润 [M]. 上海：长江文艺出版社，2001.
林文力. 陈景润的故事 [M]. 呼伦贝尔：内蒙古文化出版社，2012.
宋力. 铸梦：追忆舅舅陈景润 [M]. 厦门：厦门大学出版社，2013.
庞力生. 摘取数学皇冠上的明珠——著名数学家陈景润的故事 [M]. 长春：吉林人民出版社，2011.
高以信，等. 西藏土壤 [M]. 北京：科学出版社，1985.
中国农业科学院草原研究所，等. 西藏草原 [M]. 北京：科学出版社，1992.
李炳元，等. 西藏第四纪地质 [M]. 北京：科学出版社，1983.
文世宣，等. 西藏地层 [M]. 北京：科学出版社，1984.
李吉均，等. 西藏冰川 [M]. 北京：科学出版社，1986.
高由禧，等. 西藏气候 [M]. 北京：科学出版社，1984.
关志华，等. 西藏河流与湖泊 [M]. 北京：科学出版社，1984.
张荣祖，等. 西藏自然地理 [M]. 北京：科学出版社，1982.
程鸿，等. 西藏农业地理 [M]. 北京：科学出版社，1984.
舒德干团队. 寒武大爆发时的人类远祖 [M]. 西安：西北大学出版社，2016.
侯先光. 澄江动物群 [M]. 昆明：云南科技出版社，1999.
刘永珏. 澄江古生物群 [M]. 昆明：云南教育出版社，2000.
[美] 托姆・霍姆斯. 早期生命（寒武纪）[M]. 上海：上海科学技术文献出版社，2017.
陈挥. 走近王振义 [M]. 上海：上海交通大学出版社，2011.
陈挥，等. 国家最高科学技术奖获得者书系：王振义的故事 [M]. 合肥：安徽少年儿童出版社，2015.

陈挥. 中国工程院院士传记：王振义传 [M]. 北京：人民出版社，2015.
王振义，等. 肿瘤的诱导分化和凋亡疗法 [M]. 上海：上海科学技术出版社，1998.
上海交通大学医学院. 绚丽的生命风景线：记陈竺、陈赛娟院士 [M]. 上海：上海交通大学出版社，2006.
叶恒强，等. 科学与人生中国科学院院士传记：郭可信传 [M]. 北京：科学出版社，2014.
刘有延，等. 准晶体 [M]. 上海：上海科技教育出版社，1999.
郭可信. 准晶研究 [M]. 杭州：浙江科学技术出版社，2004.
丛中笑. "当代毕昇"与我国第二次印刷技术革命——王选的创新思想与实践对建设创新型国家的示范意义（一）[J]. 人民论坛，2018（12）：119－123.
李金雨. 简述我国排版技术发展史 [J]. 沈阳大学学报（社会科学版），2017，19（6）：716－719.
大寻访报道组. 肖建国：忆恩师王选，谈拼搏之路 [J]. 印刷工业，2018（9）：124－125.
余瑞轩. 中国高速铁路发展进程与发展前景展望 [J]. 科技经济导刊 2018，26（32）：69.
钟准，杨曼玲. 中国"铁路外交"：历史演变与当前类型 [J]. 国际关系研究，2018（3）：139－152.
郑美君，刘宁. "一带一路"背景下中国高铁出口研究 [J]. 合作经济与科技，2017（12）：60－62.
李彦，王鹏，梁经伟. 高铁建设对粤港澳大湾区城市群空间经济关联的改变及影响分析 [J]. 广东财经大学学报，2018（3）：33－43.
从"神一"到"神十"的创新接力——神舟飞船系统创新发展纪实 [J]. 科技传播，2013（6）：20－21.
郭兆炜，付毅飞. "神舟"拉动千亿元产业链——解读航天技术的"辐射效应”[J]. 今日科苑，2013（6）：12－16.
黄震，朱光明. 从神舟飞天看我国国防知识产权保护 [J]. 重庆工学院学报（社会科学），2009（2）：47－54.
陈晓丽. 国家有特殊需要时要有特殊精神——专访我国首任神舟飞船总设计师戚发轫院士 [J]. 中国航天，2016（3）：3－8.
上海光源工程经理部. 上海光源 [J]. 物理，2009（7）：511－517.
李浩虎，等. 上海光源介绍 [J]. 现代物理知识，2010，22（3）：14－19.
马礼敦. 威力强大的上海光源 [J]. 上海计量测试，2009（4）：2－4.
谢红兰，等. 上海光源先进成像技术及应用 [J]. 现代物理知识，2010（6）：42－50.
李白薇. 天河二号：重回超级计算机之巅 [J]. 中国科技奖励，2013（11）：21－24.
赵阳辉，陈方舟，温运城. 国之重器：“天河”高性能计算机发展历程 [J]. 科学，2016（5）：50－53.
刘瑞挺，王志英. 中国巨型机之父慈云桂院士 [J]. 计算机教育，2005（3）：4－9.
张云泉.2018 年中国高性能计算机发展现状分析与展望 [J]. 计算机科学，2019（1）：1－5.
尹怀勤. 我国探月工程的发展历程 [J]. 天津科技，2017（2）：79－87.
赵琳琳. “嫦娥”探月开启中国航天新征程 [J]. 现代工业经济与信息化，2014（1）：80－81.
刘继忠. 传承航天精神谱写“探月”华章 [J]. 国防科技工业，2016（10）：36－37.
杨吉. 将天宫二号打造成“最忙碌”空间实验室 [J]. 中国航天，2016（11）：11－12.
邓薇. 天宫二号——中国首个真正意义上的空间实验室 [J]. 卫星应用，2016（10）.

杨华星，赵金才，高莉黄，应春.空间实验室与中国载人空间站 [J].科学，2017（7）：1－3.
陈善广.我国载人航天成就与空间站建设 [J].航天医学与医学工程 2012（12）：391－396.
张立云，皮青峰.500 m 口径球面射电望远镜对贵州发展推动 [J].中国新技术新产品，2016（1）：1.
南仁东.500 m 口径球面射电望远镜（FAST）[J].机械工程学报，2017（9）：1－3.
胡明.国家重大科技基础设施建设项目管理的规划与组织——以我国 500 m 口径球面射电望远镜（FAST）工程为例 [J].建设管理，2017（9）：8－18.
"中国天眼"之父南仁东 [J].理论与当代，2018（4）：34－36.
来逸晨，唐骏垚.5G 将这样改变世界 [J].决策探索，2019（3）：42－43.
刘瑞明.5G—"互联网 +"的基础设施 [J].智能城市，2017（12）：89.
北大科技园创新研究院.5G 产业发展现状及趋势浅析 [J].科技中国，2019（4）：56－64.
王丹娜.5G 之争：军备竞赛、经济博弈亦或政治操纵 [J].中国信息安全，2019（2）：12－15.
陈培儒.C919："中国智造"新名片打造 [J].大飞机，2017（6）：36－41.
徐宇.C919 的市场前景研究 [J].现代商贸工业，2017（17）：96－97.
郭师绪.从运－10 到 C919：新中国大飞机研发简史 [J].新产经，2017（7）：65－67.
陆叶.国产大飞机 C919 面临的机遇和挑战 [J].管理观察，2018（7）：39－40.
王君平.屠呦呦打开一扇崭新的窗户 [N].人民日报，2015－10－06（004）.
赵小平.20 世纪中叶中国科技法制与科技文化探析——兼谈牛胰岛素人工合成成果与诺贝尔奖擦肩而过 [J].山西大学学报（哲社版），

2010，33（04）：1－6.
韩广甸，金善炜，吴毓林.黄鸣龙——我国有机化学的一位先驱［J］.化学进展，2012，24（07）：1229－1235.
周维善.为我国甾体激素药物工业奉献一生——纪念黄鸣龙教授逝世十周年［J］.中国药物化学杂志，1990（01）：1－10.
朱作言，李明，康乐，郝宁.中国生物克隆技术之父——童第周［J］.生物物理学报，2010，26（10）：853－854.
周静书.世间克隆技术第一人——纪念著名科学家童第周诞辰100周年［J］.宁波通讯，2002（06）：43.
朱洗.从山村里走出来的“蛤蟆博士”［EB/OL］.（2017－03－16）［2019－06－01］.https：//www.sohu.com/a/129048296_181847.
朱英国.杂交水稻研究50年［J］.科学通报，2016，61（35）：3740－3747.
辛业芸.袁隆平科学思维之我见［J］.科学通报，2016，61（35）：3735－3737.
曾平标.中国桥——港珠澳大桥修建始末［J］.中国作家纪实版，2018.
田川，董娅宇，圣晓灵，等.港珠澳大桥的前世与今生［N］.民营经济报，2005.
岳靓.3亿元买技术却换来一句嘲讽［N］.科技日报，2018.
廖明山，陈新年.一次“多”出来的“深海穿针”［N］.珠海特区报，2017.
李将辉.加快发展智能电网承载和推动第三次工业革命［N］.人民政协报，2014.
刘振亚.发展特高压电网破解雾霾困局［N］.人民政协报，2014.
朱怡.向家坝——上海特高压直流工程投运5周年［EB］.中电新闻网，2015.
刘永刚，姚会强，于淼，等.国际海底矿产资源勘查与研究进展［J］.海洋信息，2014.
中华人民共和国自然资源部.中国矿产资源报告2018［M］.地质出版社，2018.

冯华.2018，这些重大科技值得期待 [N]. 人民日报，2018.
张国宝. 西气东输工程意义重大 [J]. 能源杂志，2018.
中国共产党中央委员会. 中共中央关于制定国民经济和社会发展第十个五年计划的建议 [R]. 中华人民共和国中央人民政府，2000.
刘书永. 西气东输带出一批创新科技 [N]. 光明日报，2011.
从秦山核电站到“华龙一号”——记中国核电事业的逐梦努力 [J]. 国防科技工业，2018（10）：12-14.
俞培根. 华龙一号：我们的核电强国梦 [J]. 中国核电，2017，10（04）：446-447.
IEA/NEA, Technology Roadmap: Nuclear Energy [EB/OL]. (2015-11-23) [2018-12-25] https://webstore.iea.org/technology-roadmap-nuclear-energy-2015-chinese.
李莉. 中国共产党领导中国石油工业发展历程研究（1949—1978）[D]. 东北石油大学，2016.
孙学民. 大庆油田的发现与建设（1959—1966）——黑龙江省石化工业的历史性巨变 [J]. 黑龙江史志，2010（18）：33-35.
李国玉. 中国油气勘探60年回顾与展望 [J]. 石油科技论坛，2009，28（05）：1-8.
冯志强，冯子辉，黄薇，梁江平，乔卫，赵波. 大庆油田勘探50年：陆相生油理论的伟大实践 [J]. 地质科学，2009，44（02）：349-364.
赵文津. 中国石油勘探战略东移与大庆油田的发现 [J]. 中国工程科学，2004（02）：17-27.
江世杰. 跨世纪的英明决策——青藏铁路建设的曲折历程 [J]. 中国铁路，2002（12）：13-27.
谯珊. 孙中山与川藏铁路建设的构想 [J]. 福建论坛（人文社会科学版），2013（05）：92-97.
张永攀. 旧中国的“西藏铁路”之梦 [J]. 世界知识，2010（08）：66-67.

张永攀. 西藏铁路筹建的历史考察 [J]. 中国边疆史地研究，2015，25（03）：32-43.
王蒲. 阴法唐谈青藏铁路建设的决策 [J]. 百年潮，2006（11）：12-14.
卓嘎措姆，图登克珠，徐宁. 西藏交通运输与经济发展关系研究 [J]. 西藏大学学报（社会科学版），2018，33（02）：205-211.
杨玉哲，龚永强. 青藏铁路战略地位和作用探析 [J]. 国防交通工程与技术，2011，9（04）：12-13.
王晓义，白欣. 北京正负电子对撞机方案的初步提出与确立 [J]. 中国科技史杂志，2011，32（04）：472-487.
丁兆君，胡化凯. “七下八上”的中国高能加速器建设 [J]. 科学文化评论，2006（02）：85-104.
我国第一台专用同步辐射装置合肥同步辐射加速器建成 [J]. 物理教师，1992（02）：21.
夏佳文，詹文龙，魏宝文，原有进，赵红卫，杨建成，石健，盛丽娜，杨维青，冒立军. 兰州重离子加速器研究装置 HIRFL [J]. 科学通报，2016，61（Z1）：467-477.
李斌，李思琪. 兰州重离子加速器经济社会效益调研 [J]. 工程研究——跨学科视野中的工程，2015，7（01）：3-15.
丁兆君，汪志荣. 中国粒子物理学家学术谱系的形成与发展 [J]. 中国科技史杂志，2014，35（04）：411-432.
罗家运. 超导百年发展历史回顾与展望 [J]. 科技传播，2013（3）：91-92.
朱斌，王新荣，周发勤. 对超导研究怎样发展到中国的历史探索 [J]. 科学技术与辩证法，1990，7（1）：33-37.
赵忠贤. 百年超导，魅力不减 [J]. 物理，2011（6）：351-352.
荆鸿. 半个世纪的超越与导引——记国家最高科学技术奖获得者赵忠贤 [J]. 金秋，2017（11）：17-18.

中国船舶及海洋工程设计研究院海工部."天鲲"号超大型自航绞吸挖泥船[J].船舶,2018(1).

王健,等.新一代重型自航绞吸挖泥船"天鲲号"技术特点[J].航海技术,2018(2).

刘若浦.亚洲最大重型自航绞吸船"天鲲号"出港海试[J].中国设备工程,2018(12).

卢炜.揭秘亚洲最大造岛神器"天鲲"号[J].中国船检,2018(3).

王楠楠."中国已经具备了在全球任何海域建港的技术和能力""天鲲号"下水记[J].交通建设与管理,2017(11).

常进,等.悟空号:暗物质粒子的探索者[J].科学,2018(3).

王晋岚."悟空"号获得世界上最精确的太电子伏(TeV)电子宇宙射线能谱[J].科学,2018(1).

潘建伟,等."黄金时间"搞科研必有更大作为——量子科学实验卫星首席科学家潘建伟访谈[J].空间科学学报,2018(3).

谢飞君.潘建伟:让中国量子科学从追随者变超越者[J].中国高新科技,2017(1).

齐琪.领跑世界"量子梦"如何照进现实——专访中国科学院院士、量子信息研究专家潘建伟[J].保密工作,2017(3).

倪伟波.基础研究领域科学家潘建伟:量子通信引领者[J].科学新闻,2017(1).